Nicolaus Copernicus

Jürgen Hamel

Nicolaus Copernicus

Leben, Werk und Wirkung

Mit einem Geleitwort von Owen Gingerich

Mit 95 Abbildungen

Spektrum Akademischer Verlag Heidelberg · Berlin · Oxford

Anschrift des Autors:
Dr. Jürgen Hamel
Anklamer Straße 28
D-10115 Berlin

Das **Titelbild** auf dem Einband gibt das im Jahre 1509 entstandene Copernicus-Porträt von Lucas Cranach d. Ä. wieder. Wie die Inschrift besagt, stellt es Copernicus im Alter von 26 Jahren dar, als er zum Studium des Kirchenrechts in Bologna weilte. Cranach lag offenbar das Selbstbildnis aus dem Jahre 1498 vor, nach dem unter Milderung der ursprünglich scharfen Gesichtszüge das heute verschollene Ölgemälde entstand.

Die Deutsche Bibliothek – CIP-Einheitsaufnahme

Hamel, Jürgen:
Nicolaus Copernicus : Leben, Werk und Wirkung / Jürgen Hamel. Mit einem Geleitw. von Owen Gingerich. – Heidelberg ; Berlin ; Oxford : Spektrum, Akad. Verl., 1994
  ISBN 3-86025-307-7

Lektorat: Peter Ackermann, Caputh
Produktion und Buchgestaltung: Karin Kern
Satz: Satz & Reprotechnik GmbH, Hemsbach
Druck und Verarbeitung: Franz Spiegel Buch GmbH, Ulm

Spektrum Akademischer Verlag GmbH Heidelberg · Berlin · Oxford

EIN VERLAG DER *SPEKTRUM FACHVERLAGE GMBH*

Für Marita

Inhalt

Geleitwort
von Owen Gingerich

Im Jahre 1543 erschien bei Johannes Petreius in Nürnberg, dem führenden europäischen Drucker wissenschaftlicher Bücher, das Werk, welches das bedeutendste seiner Berufskarriere sein sollte. Auf die Titelseite setzte er vorsorglich einen Werbetext, um auf der halbjährlich stattfindenden Leipziger Messe Käufer anzulocken:

„Geneigter Leser, Du erhältst in diesem erst kürzlich entstandenen und beendeten Werk die Bewegungen der Gestirne, sowohl der Fixsterne, als auch der Wandelsterne, aus alten und neuen Beobachtungen hergeleitet und mit neuen und wunderbaren Hypothesen ausgestattet. Zugleich findest Du hier die brauchbarsten Tafeln, aus denen Du dieselben für jede beliebige Zeit so bequem wie möglich berechnen kannst. Daher kaufe, lies und genieße!"

Gelang die Herausgabe eines voranstürmenden Bestsellers? Mitnichten! Joachim Camerarius, rangältester Professor in Leipzig, schrieb ein Poem auf das neue Werk. Darin fragt ein Gast: „Was für ein Buch sehe ich? Was bringt es Neues? Ich sehe in allen Teilen geometrische Figuren!" Und der Gelehrte antwortet: „Den Ungelehrten ist eine solche Vorstellung merkwürdig. Aber Du, o Gast, sollst nicht bloß staunen und auch nicht, wie es die Dummen tun, dagegen sprechen, ehe Du es gelesen hast. Es wird nützlich sein, die alten Sätze des Euklid und die des Archimedes zu kennen."

Hier ist die Rede von dem Buch „De revolutionibus" von Nicolaus Copernicus, eine schwierige Abhandlung zur Planetenastronomie, nicht von der Art dickleibiger Bücher, von denen man vermuten würde, daß sie eine geistige Umwälzung hervorrufen würden. Dennoch, dieses trockene Fachbuch löste eine Revolution aus, die auf unsere moderne Welt von solchem Einfluß war wie Luthers Reformation oder Magellans Weltumsegelung, und sicher viel folgenschwerer als Drakes Sieg über die Spanische Armada oder das Konzil von Trient.

Wie können wir nach vier und einem halben Jahrhundert die Bedeutung dieses Ereignisses verstehen? Sicher muß eine Revolution – in diesem Fall eine wissenschaftliche – auftreten gegen alles Herkömmliche. Deshalb erfordert die Beurteilung der Rolle des Buches „De revolutionibus" einige Kenntnisse der tradierten astronomischen Ideen aus der Zeit, als Copernicus Student in Krakau, Bologna und Padua war. Folglich widmet auch Jürgen Hamel nahezu ein Viertel seiner neuen Copernicusbiographie der antiken und mittelalterlichen Astronomie. Er beschreibt die miteinander konkurrierenden Kosmologien des Altertums und schildert detailliert den Erfolg des geozentrischen „Standardmodells" (um einen Begriff aus der modernen Teilchenphysik zu entlehnen). Wenn heute bereits die Schulkinder gründlich in der diesem Modell direkt entgegenstehenden Lehre einer sich drehenden, in rascher Bewegung um die Sonne begriffenen Erde unterwiesen werden, ist es schwer vorstellbar, daß die Astronomen vor Copernicus eine recht gute Möglichkeit gefunden hatten, die Bewegungen der Sterne und Planeten, wie sie von der im Zentrum ruhend gedachten Erde aus wahrgenommen werden, vorauszuberechnen.

Geometrisch war recht einfach zu sehen, daß bestimmte eigene Bewegungen der Planeten ohne weiteres mit einer bewegten Erde zu verstehen sind. Aus physikalischer Sicht war es jedoch zur Zeit des Copernicus enorm kompliziert, zu begreifen, wie die Erde wirklich in einer schwindelerregenden Weise rotieren könne und dabei Vögel und Wolken behalte, oder wie sie um die Sonne kreise, ohne den Mond zu verlieren. Dieses Spannungsverhältnis zwischen Geometrie und Physik ist ein durchgehendes Thema in Hamels Darstellung, ein bedeutsamer Gegenstand, den er sehr treffend darstellt.

Über „den Menschen Copernicus", oder warum er beschloß, eine radikal abweichende Kosmologie zu verteidigen, wissen wir alles in allem recht wenig. Copernicus war hinsichtlich seiner Beweggründe, sich den heliozentrischen Standpunkt zu eigen zu machen, nicht sehr mitteilsam. Und was das biographische Material betrifft, so ging der größte Teil der Dokumente, ebenso wie die von seinem einzigen Schüler Georg Joachim Rheticus verfaßte Biographie schon vor Jahrhunderten verloren. Hamel behandelt das wenige, was von der Lebensgeschichte des Copernicus übriggeblieben ist, sehr sorgsam und geht sensibel mit der übel mißbrauchten Frage der Nationalität von Copernicus um. Hinsichtlich des Rätsels, wo, wann und warum sich Copernicus entschied, die Erde in Rotation und in eine Bahnbewegung um die Sonne zu versetzen, nennt er Gründe für verschiedene Möglichkeiten, ohne eine dogmatische Haltung einzunehmen.

Die Geschichte von Copernicus und damit die des Autors wäre unvollständig ohne eine Darstellung der schließlichen Anerkennung des heliozentrischen Entwurfs. Da ist Galilei mit seinen teleskopischen Zeugnissen, die halfen, die Anordnung einer zentralen Sonne verständlicher zu machen, ebenso seine großartige rhetorische Verteidigung der Ideen von Copernicus. Da ist ebenso Kepler, der es unternahm, eine Sonnenphysik zu entwickeln und seine Erforschung der elliptischen Planetenbahnen sowie sein sogenannter Flächensatz, die den Weg für Newton und seine tiefgreifende Reformation der Physik ebneten. Newtons „Philosophiae naturalis principia mathematica" (1686) darf als das größte Werk angesehen werden, das je in den Wissenschaften verfaßt wurde, aber es ruht sowohl auf den Schultern von Copernicus' „De revolutionibus orbium coelestium", Galileis „Discorsi ... à due nouve scienze" und Keplers „Astronomia nova" als auch auf Ptolemäus' „Almagest".

Hamel skizziert zunächst den ersten Teil dieser Geschichte, indem er zeigt, wie der philosophische Realismus von Galilei und Kepler schließlich den Versuch untergräbt, das Werk von Copernicus lediglich als mathematische Hypothese zu betrachten und nicht als zwangsläufige physikalische Beschreibung der realen Welt. Danach springt er in die Jahre um 1830, die Zeit von Bessel und des teleskopischen Nachweises der Sternparallaxe, der scheinbaren jährlichen Bewegung naher Sterne als Konsequenz der Bahnbewegung der Erde. Copernicus hatte bereits erkannt, daß seine Theorie diesen Effekt voraussetzt, doch sei dieser, so erläutert er, nicht zu beobachten, weil die Sterne allzuweit von uns entfernt sind: „Wahrlich, so groß ist dieses erhabene Werk des besten und höchsten Gottes." Das Ausbleiben jeglichen empirischen Nachweises beunruhigte die Naturphilosophen lange Zeit. Im Jahre 1674 schrieb Robert Hooke, Mitglied der Royal Society: „Dieser gewichtige Einwand der Anti-Copernicaner hält mich davon ab, mich uneingeschränkt zur copernicanischen Hypothese zu bekennen, obschon ich niemals irgendeine Absurdität fand, die aus ihr folgte." Hooke versuchte selbst unverdrossen, die jährliche Parallaxe aufzufinden und am Ende war er sogar, jedoch irrtümlich, davon überzeugt, erfolgreich gewesen zu sein. Noch weit mehr als ein Jahrhundert verging, bevor die von ihm erwartete Folgerung aus dem copernicanischen System schließlich nachgewiesen werden konnte.

Bessels Nachweis der Sternparallaxe ist ein guter Abschluß einer Copernicusbiographie, so auch für Hamels Darstellung. Historisch ist dies allerdings ein merkwürdig simples Ende der Geschichte. Denn es gab keinen allgemeinen Jubel darüber, daß die copernicanische Theorie endlich überprüft wurde, daß sie wirklich richtig ist; es gab keine massenhafte Bekehrung anticopernicanischer Zweifler. Denn im 19. Jahrhundert hatte längst jeder, der sich mit diesem Gegenstand beschäftigte (eingeschlossen die einst widerwillige katholische Hierarchie), das copernicanische Bild als wahr anerkannt – auch ohne direkte Nachprüfung. Warum? Deshalb, weil Wissenschaft nicht als eine Reihe positiv ausgehender Nachprüfungen wirkt, sondern als ein System, das ein einheitliches Bild der Welt entwirft. Selbst Isaac Newton hatte keine positiven Beweise der Erdbewegung, aber die Physik seiner „Principia" war so faszinierend, von solch eleganter Einheitlichkeit, daß sie sich durchsetzte. 150 Jahre später, als Bessel schließlich die Sternparallaxe beobachtete, war die Schlacht längst vorüber.

Die zur Zeit von Copernicus akzeptierte Vorstellung von der Einheit der Welt beschrieb diese mit der Hölle in ihrer Mitte und dem nicht sehr weit entfernten Empyreum der Seligen gerade jenseits der Fixsternsphäre. Copernicus, ein engagierter Katholik und Kanoniker am Frauenburger Dom, mußte erkannt haben, daß sein neues System eine furchteinflößende Konsequenz in sich barg, indem es den Himmel in eine unvorstellbare Entfernung rückte. Vielleicht rührt sein Zögern, die letzten Details seines „Magnum opus" zu verbessern, wesentlich daraus, daß es unvermeidlich war, an der tradierten Weltanschauung Korrekturen vorzunehmen. Vor allem konnte die Interpretation der Bibel im strengen Literalsinn innerhalb des Rahmens der copernicanischen Kosmologie nicht aufrechterhalten werden. Der junge Rheticus, ein Protestant, dessen „Narratio prima" dazu beitrug, Copernicus zur Veröffentlichung seines Werkes zu bewegen, schrieb folglich eine „Narratio secunda", in der er einige Beziehungen zur Bibel untersuchte. Sein „Zweiter Bericht" war lange verschollen, wurde ein Jahrhundert später anonym veröffentlicht und erst in unserer Zeit als solcher wiedererkannt.

Galileo Galilei, ein treuer Katholik, und Johannes Kepler, ein treuer Lutheraner, bemühten sich gleichermaßen darum, die neue Astronomie mit der Heiligen Schrift zu versöhnen. Galilei meinte, „die Bibel sagt, wie wir in den Himmel kommen, nicht wie sich der Himmel bewegt". Die Theologen nördlich und südlich der Alpen widersetzten sich der Vorstellung, die Astronomen könnten ihnen sagen, wie die Bibel zu lesen sei, doch schließlich, nach langer Zeit, gaben die kirchlichen Autoritäten, sowohl der katholischen Kirche, als auch die führenden Protestanten, nach und verließen die strikte wörtliche Interpretation der Genesis, der Psalmen und der anderen biblischen Schriften. Hand in Hand gehend mit der sich verändernden Sicht einer einheitlichen Vorstellung der Wissenschaften verschwand nach einem langsamen und schmerzhaften Übergang auch die mittelalterliche Kosmographie mit Himmel und Hölle.

Hamels „Copernicus" handelt von einem bedeutenden intellektuellen Wandel in der westlichen Zivilisation, von den Grundlagen einer wissenschaftlichen Weltanschauung, die in ihren Konsequenzen international ist. Dennoch ist dies nur der eine Teil der Geschichte, deren religiöse Dimension beispielsweise wird nur kurz gestreift, während der Autor die astronomischen Aspekte, gestützt auf viele authentische Zeugnisse, sehr klar erzählt. Es ist dies eine Geschichte, die jeder gebildete Mensch kennen sollte, weil die Geschichte von Copernicus ein grundlegender Teil unseres modernen intellektuellen Erbes ist.

Owen Gingerich
Harvard-Smithsonian Center for Astrophysics
Cambridge, Massachusetts
August 1993

Vorwort des Autors

Über die Bedeutung des Werkes von Copernicus, das weit über die Astronomie hinaus für nahezu alle Bereiche des Denkens tiefe Konsequenzen hatte, gibt es heute keinen Streit. Jedem ist der Name dieses Mannes geläufig, der zu den größten Persönlichkeiten der Kulturgeschichte der Menschheit gehört. In merkwürdigem Gegensatz dazu steht der Mangel an umfangreicheren biographischen Darstellungen dieses Gelehrten. Gewiß, es gibt gute kleinere Biographien, in der Regel sehr populär gehalten, und es gibt umfangreiche Werke für Copernicus-Spezialisten – ganz abgesehen von der Unzahl kleiner Beiträge in Zeitungen und Zeitschriften, die in jedem Gedenkjahr zu lesen sind. Das Leben und das Werk von Copernicus bietet dennoch scheinbar wenig Anreiz zu seiner Darstellung. Ohne Zweifel hat es uns sein großer Fortsetzer Johannes Kepler einfacher gemacht – er läßt seine Leser an jedem Schritt der Erkenntnis, an jedem Irrweg teilhaben, wodurch man beim schweren, ermüdenden Studium seiner Werke immer wieder „Erholungsphasen" durchlebt und sich am Ende ein recht farbenfrohes Bild ergibt; ein übriges tun die vielen persönlich gehaltenen Briefe aus seiner Hand. Das Werk von Copernicus ist da ganz anders: geometrische Ableitungen, lange Tafeln, Termini, mit denen selbst der heutige Astronom nichts mehr anzufangen weiß. Nur an wenigen Stellen ist dies anders, in einigen Passagen schwingt sich Copernicus zu einem Stil höchster literarischer Meisterschaft auf, würdig, den großen Schriftstellern der Renaissance an die Seite gestellt zu werden.

Die „Tat des Copernicus" ist in aller Munde, er hielt die Sonne an, ließ Erde und Himmel kreisen. Soweit mag das recht einfach zu verstehen sein, aber – warum vollzog Copernicus die Umkehr in der Astronomie, warum gerade er, warum zu Beginn des 16. Jahrhunderts, welche astronomischen Hintergründe hatte dies, welche philosophischen, theologischen, weltanschaulichen...? Vieles von dem sträubt sich gegen eine populäre Darstellung, setzt allzuviel Wissen aus den verschiedensten Gebieten voraus, weshalb die Darstellung auszuufern droht. Vieles andere harrt noch heute der wissenschaftlichen Aufarbeitung. Das „Forschungsfeld Copernicus" ist bei weitem nicht so gut bestellt, wie dies nach der Zahl der Veröffentlichungen zu diesem Thema den Anschein haben könnte. Noch immer ist beispielsweise unklar, in welchem Maße mittelalterliche Denker Vorleistungen für die copernicanische Wende erbrachten. Genauso ist manches an der Rezeptionsgeschichte offen. Neu durchdacht werden muß die Rolle Galileis in den Auseinandersetzungen um Copernicus und die umfangreiche Literatur des späten 17. Jahrhunderts zu Copernicus ist bis heute nicht systematisch bearbeitet worden.

Diese Vielseitigkeit des „Problems Copernicus" birgt einerseits die Chance, in weite Bereiche der Kulturgeschichte des Menschen einzugehen, aber damit auch die Gefahr, ausführlich Themen darzustellen, die möglicherweise in unterschiedlichem Maß das Interesse finden werden. So scheint hier ein Wort an die Leser notwendig, ungeachtet der Einheit der vorliegenden Biographie einige spezielle „Lesewege" anzubieten. Wer der Darstellung nicht in jeder Richtung folgen möchte, kann durchaus einige Kapitel überspringen, um an späterer Stelle wieder einzusetzen, wobei folgende Möglichkeiten genannt seien:

– für die Biographie von Copernicus im engeren Sinn: Kapitel 4–8
– für die Darstellung des astronomischen Werkes von Copernicus:
   Kapitel 7–9.2
– für die Geschichte der Astronomie seit der Antike bis in die Gegenwart:
   Kapitel 1–3 und 9.3–12.

Die nicht geringe Zahl offener Fragen um Copernicus, sein Werk und seine Wirkung, müssen sich in einer tiefergehenden Copernicusbiographie natürlich niederschlagen. Darüber hinaus hat jeder Autor besonders bevorzugte Themen, besondere Sichtweisen und zudem bereitet es nicht unbedeutende Schwierigkeiten, jeder wichtigen Veröffentlichung habhaft zu werden. Ich danke vielen Kollegen und Freunden sehr herzlich, die mich in diesem Zusammenhang in unterschiedlichster Weise mit Rat und Tat unterstützt haben; in erster Linie Herrn Heribert M. Nobis, dem langjährigen Leiter der Deutschen Copernicus Forschungsstelle in München, Herrn Owen Gingerich, Professor für Astronomie und Wissenschaftsgeschichte am Harvard-Smithsonian Center for Astrophysics in Cambridge, Mass., Herrn Menso Folkerts, Ordinarius für Mathematikgeschichte an der Ludwig-Maximilians-Universität in München, Herrn Pfarrer Horst Koehn (†), der mir großzügige Benutzungsmöglichkeiten in der von ihm viele Jahre betreuten Marienbibliothek in Halle/Saale einräumte sowie Herrn Dieter B. Herrmann, Direktor der Archenhold-Sternwarte, der meine wissenschaftlichen Interessen stets wohlwollend förderte, auch über die Zeit des leider notwendigen Ausscheidens aus diesem Institut hinaus. Mein Dank gilt den Bibliotheken und Archiven, die freundlicherweise Bildmaterial zur Verfügung stellten und besonders Herrn Peter Ackermann in Caputh b. Potsdam, der sich der Mühe unterzog, das Manuskript schon in einem recht frühen Stadium kritisch zu sichten und mit vielen Hinweisen zu dessen Verbesserung beitrug. Viele Ratschläge gab schließlich (ohne in die Reihenfolge eine Wertung zu legen) Frau Marita Künne, nicht als Spezialist für Wissenschaftsgeschichte, sondern als erste, kritisch-wohlwollende Leserin.

Berlin, im August 1993

Die geozentrische Astronomie und ihre Stellung zu Empirie und Theorie – Plädoyer für ein unterlegenes Wissenschaftskonzept

Practica auff das M. D.

XXXXi. Jar/durch Petrum Apianum võ Leyß,
nick/auß dem lauff der gestirn/Zu Ingolstat
Practicirt/vnd in vier Capiteln auffs
kürtzest begriffen.

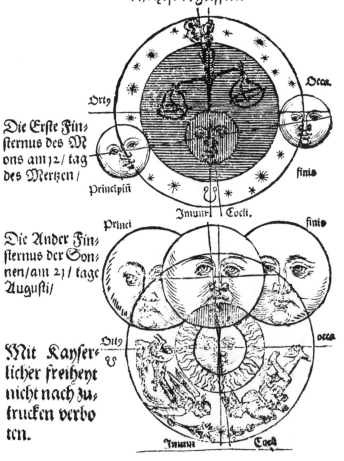

Die Erste Fin=
sternus des M
ons am 12/ tag
des Mertzen/

Die Ander Fin=
sternus der Son=
nen/am 21/ tage
Augusti/

Mit Kayser=
licher freiheyt
nicht nach zu=
trucken verbo
ten.

Wie nur wenige wissenschaftliche Erkenntnisse drang die „Tat des Copernicus" in das Bewußtsein der Menschen ein, nicht nur im kleinen Kreis der Gebildeten. Das Außerordentliche der Behauptung, nicht die Erde, sondern die Sonne stehe in der Mitte der Planeten, ja sogar der Welt, das die Menschen einst geradezu erschreckte, ist heute kaum noch nachzuempfinden. Nicht nur, daß man gewöhnt ist, in kosmischen Dimensionen zu denken, an denen die Vorstellungen des Copernicus überhaupt nicht zu messen sind, obwohl doch schon seine Annahme der Entfernung der Fixsterne seiner Mitwelt unglaublich erschien. Der Mensch der Gegenwart ist der Natur so weit entrückt, daß ihm die Welt, wie sie „für sich" erscheint, fremd geworden ist. Dabei ging im Laufe der Zeit viel von dem Wissen, das unseren Vorfahren eine Hilfe bei der Bewältigung ihrer Alltagsprobleme war, verloren. Zu diesen Alltäglichkeiten gehörte seit Jahrtausenden die aufmerksame Betrachtung der Gestirne, ihres regelmäßigen Laufes im Wandel eines Monats oder Jahrs. Der Auf- und Untergang der Sonne teilte den Tag, die Lichtgestalten des Mondes den Monat und aus der Verschiebung des Aufgangspunktes der Sonne am Horizont war es möglich, mit ausreichender Genauigkeit die Zeit eines Jahres zu bestimmen und so (oft in Verbindung mit den Mondzyklen) einen praktisch gut funktionierenden Kalender zu schaffen.

Es ist keine Frage, daß in den vielfältig ausgemalten Weltbildern des vorzivilisatorischen Menschen die Erde, von den Gestirnen in mannigfacher Bewegung am Himmel umgeben, als der ruhende Pol der Welt galt. Gelingt es uns – für einen Augenblick – ohne Kenntnisse der Astronomie, eine Vorstellung der Erscheinungen des Gestirnslaufes zu entwickeln, wird vielleicht eines klar: Warum sollten die Menschen das, was sie seit undenklichen Zeiten sahen oder von ihren Vorvätern erfuhren, nicht als Realität annehmen? Diese Realität konnte nur die Annahme der Zentralstellung der Erde in der Welt sein. „Und Gott sprach: Es werden

Bild 1 Die Astrologie fand in der Antike und in der Renaissance bis ins 18. Jahrhundert eine große Verbreitung in allen Volksschichten. Die kleinen astrologischen Vorhersagen wurden regelmäßig auch von bedeutenden Astronomen verfaßt.
Astrologische „Practica" für das Jahr 1541 von Peter Apian mit Darstellungen einer Sonnen- und einer Mondfinsternis.

Lichter an der Feste des Himmels, die da scheiden Tag und Nacht und geben Zeichen, Zeiten, Tage und Jahre und seien Lichter an der Feste des Himmels, daß sie scheinen auf die Erde." Diese Worte aus der Genesis (1 Mos. 1, 14–15) drücken das Weltgefühl der Menschen der Zeit des Alten Testaments aus. Gott schuf die Himmelslichter für den Menschen, ihm zu dienen, ihm eine Hilfe bei der Orientierung in ihrer Welt zu sein. Die Welt selbst, ihr Sinn, ließ sich nur in der Projektion auf den Menschen verstehen.

Mit dem Aufkeimen eines theoretischen Weltverständnisses stand die Frage nach dem Platz des Menschen in der Welt auf neue Weise – oder wurde überhaupt erst als Frage verstanden:

Was ist die Erde, wo ist sie in der Welt?
Wo ist der Sitz der Götter, wo das Reich der Toten?
Was sind die Gestirne, wodurch werden sie bewegt?

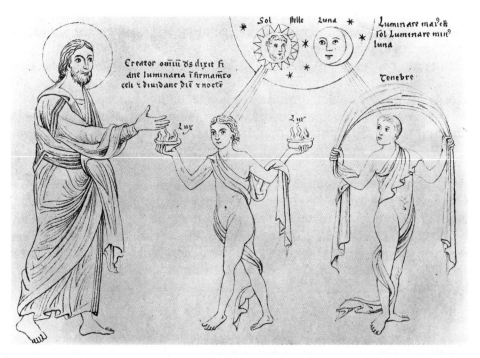

Bild 2 „Und Gott machte zwei große Lichter: ein großes Licht, das den Tag regiere, und ein kleines Licht, das die Nacht regiere, dazu auch Sterne." (1 Mos. 1, 16)
Nach: Herrad von Landsberg, Hortus deliciarum, 2. Hälfte 12. Jahrhundert.

Der Himmel schien im Vergleich zur Erde etwas völlig andersartiges zu sein. Während hier alles in unregelmäßigem Wechsel von Entstehen und Vergehen wahrgenommen wurde, von Geburt und Tod, und selbst die durch den Lauf der Himmelskörper bestimmten Jahreszeiten großen Veränderungen unterliegen, bot der Himmel ein Bild der Ruhe und Beständigkeit, der lautlosen, ewigen Bahn der Gestirne, die zudem einen entscheidenden Einfluß auf irdisches Geschehen zu haben schienen. All das konnte nur als das Bild göttlichen Seins begriffen werden, als vollkommene Schönheit.

Die alten Babylonier und nach ihnen die Griechen, Römer und andere Völker verbanden als Resultat uralter Denkgewohnheiten die Planeten mit Gottheiten und so wurde konsequent zu Ende geführt, wovon man lange überzeugt war, ohne sich in theoretische Erörterungen zu vertiefen: Die Beobachtung der Gestirne offenbart den Willen der Götter und gelegentlichen Veränderungen im Reich des Unveränderlichen, wie Sonnen- und Mondfinsternissen mußte deshalb eine umso größere Bedeutung für die Offenbarung des göttlichen Willens zukommen.

Wie die Natur insgesamt war der Himmel nicht als tot, sondern mit belebten Wesen erfüllt gedacht, denen man die beanspruchten Referenzen zu erweisen hatte. Dies ist ein gemeinsamer Grundzug des Weltbildes aller naturverbundenen Völker, gleich ob der alten Babylonier, Ägypter, Griechen, Römer und Germanen, der Maja und Azteken oder der Naturvölker der Gegenwart. Die Himmelsbeobachtung wurde Gottesdienst, ausgeübt von Priester-Astronomen. Den Planeten-Göttern baute man Altäre, opferte ihnen, flehte sie um Hilfe an, trachtete danach, sie dem menschlichen Tun geneigt zu machen. Das Lesen der „himmlischen Schrift", die ein Buch für die Erde wurde, führte zu immer besserem Verstehen des Laufs der Himmelskörper, zum Aufspüren von Regeln und Gesetzmäßigkeiten ihrer Bewegung.

Ganz empirisch, als Resultat langer Beobachtungen fiel auf, daß sich die Sterne auf Kreisbahnen bewegen, wohingegen die Planeten ihre Kreisbewegungen zeitweise durch Stillstände und Rückläufigkeiten unterbrechen. Bestand in dieser Kreisbewegung das Wesen des Laufs der göttlichen Gestirne? Hier verbinden sich Mythos und Logos zur Erhöhung der Bewegung auf einem Kreis, der schon von Alters her mit magischen Kräften versehen gedacht wurde, zur einzig vollkommenen, also göttlichen Bewegung. Nur die Kreisbewegung führt in sich zum Ausgangspunkt zurück, bietet die Gewähr der wirklichen Vollendung. Auf der Erde gibt es sie als natürliche Bewegung nicht. (Wie nachhaltig die heuristische Wirkung der Zurückführung von Bewegungsabläufen auf Kreise war, zeigt neben der

Bild 3 Seit altbabylonischer Zeit galt Mars als unglückbringendes Gestirn. Steht er drohend am Himmel, bringt er den Menschen Krieg, Zerstörung, Not und Tod.
Sebastian Beham, „Planetenkinderbild" des Mars, um 1530.

Behandlung von Geschoßbahnen als Kreisteile in der Militärtechnik der frühen Neuzeit die Vorstellung vom Bau des Atoms mit den kreisförmig um den Kern laufenden Elektronen im Bohrschen Atommodell.)

Zur Vollkommenheit der Kreisbewegung der Himmelskörper tritt notwendig die ihr einzig angemessene Körperform einer Kugel hinzu. Diese Beziehungen stellten zuerst Pythagoras und seine Schüler im 5. Jahrhundert v. Chr. in ihrer zwischen Mystik und exakter Wissenschaft angesiedelten Lehre her (B.L. van der Waerden, Die Astronomie der Pythagoreer, 1951), in der die Kreisbewegung der kugelförmigen Himmelskörper als wichtiges Element der Harmonien des Kosmos galt, wie ja schon der Begriff „Kosmos" an sich Harmonie, Schönheit und Vollkommenheit bedeutet, wie Aristoteles in seinem Werk „Über die Welt" in poetischer Stimmung den Kosmos beschreibt:

Welche Wesenheit gäbe es denn, die ihm überlegen wäre? Was man auch nennen mag, es ist nur ein Teil von ihm. Alles Schöne hat seinen Namen von ihm und alles Geordnete; kommt doch von „Kosmos" der Ausdruck „kekosmesthai" („Geschmückt-", „Geordnetsein") her. Welches Einzelding aber vermöchte sich der Ordnung am Himmel zu vergleichen, dem Lauf der Gestirne, der Sonne und des Mondes, wie sie sich nach den genauesten Maßen bewegen von einer Weltzeit zur anderen? Wo gäbe es eine solche Untrüglichkeit, wie sie die schönen Jahreszeiten bewahren, die alle Dinge hervorbringen, die Sommer und Winter geordnet herbeiführen, die Tage und die Nächte bis zur Vollendung des Monats und des Jahres? Vollends ist seine Größe überragend, seine Bewegung die rascheste, sein Glanz der lichteste, seine Kraft alterslos und unvergänglich. Er ists, der die Naturen der Lebewesen im Wasser, auf der Erde und in der Luft geschieden und ihre Lebensdauer nach seinen Bewegungen bemessen hat. Er ists, von dem alle Lebewesen den Odem ziehen und Seele haben. Er ists, in dem auch die überraschendsten Seltsamkeiten sich nach einer Ordnung vollziehen.

(Aristoteles, Werke, Bd. 12, 1979, S. 250 f.)

Eine harmonische, im wahren Sinne des Wortes kosmische Betrachtung des Weltbaus galt beispielsweise Platon im 4. Jahrhundert v. Chr. als völlig selbstverständlich. Nach seinen Worten im berühmten Dialog „Timaios" habe der Schöpfer die Welt selbst und alle Körper, die in ihr sind, nach dem Bild von Kreis und Kugel erschaffen:

Demjenigen Geschöpfe, das alle Geschöpfe in sich fassen soll, dürfte wohl diejenige Gestalt recht eigentlich angemessen sein, die alle anderen Gestalten in sich faßt. Daher bildete er sie durch Drehung kugelförmig, mit allseitig gleichem Abstand von der Mitte aus nach der abschließenden Oberfläche, gerundet, gab ihr also diejenige Figur, die von allen die vollkommenste und am meisten sich gleich ist, überzeugt, daß das Gleiche tausendmal schöner ist als das Ungleiche. ... er verlieh ihr diejenige Bewegung, die ihrer Körpergestalt als die ihr eigentümliche entsprach, nämlich ... diejenige, die ihrem Wesen nach der Vernunft und Einsicht am nächsten steht. So gab er ihr denn eine völlig gleichförmige Bewegung immer in dem nämlichen Raum und um ihre eigene Achse und ließ sie so im Kreise sich umschwingen.

(Platon, Sämtliche Dialoge, Bd. VI, 1988, S. 50f.)

Für die Sterne war die aus theoretisch-philosophischen Gründen geforderte und auf Naturbeobachtung beruhende Kreisbewegung recht einfach auf die Realität zu übertragen. Schwieriger gestaltete sich dies bei den Planeten, obwohl das kosmologische Modell, das den geozentrischen Beschreibungen zugrunde lag, klar und übersichtlich war. Die Erde steht im Mittelpunkt der Welt, um sie bewegen sich der Mond und die Sonne, die Planeten und schließlich die Sterne auf kreisförmigen Bahnen. Alles folge einer wohlgeordneten, einfachen, harmonischen Bewegung, welche nach den Vorstellungen der Pythagoreer die für uns nicht wahrnehmbare Sphärenmusik als Ausdruck höchster Vollkommenheit erzeugt.

Die geozentrische Weltordnung erhielt gleichermaßen eine vielfältige theoretische wie praktische Bestätigung. Natürlich steht am Beginn die einfache Beobachtung der Gestirnsbewegung am Himmel, sowohl die tägliche, als auch die jährliche. Doch dann erwuchs dem naiven Geozentrismus eine starke Stütze in Gestalt der aristotelischen Physik, besonders der Lehre vom Erdmittelpunkt als dem natürlichen Ort aller schweren Körper und weiteren Teilen der aristotelischen Lehre von den Elementen. Aristoteles teilt die Welt in zwei Bereiche, die durch die Sphäre des Mondes voneinander geschieden sind. Der untere, sublunare, ist gebildet aus den Elementen Feuer, Luft, Wasser und Erde. Die beiden letzten sind die schweren Elemente, die ersten die leichten. Die schweren Elemente haben das Bestreben, vermöge ihrer einfachen und geradlinigen Bewegung zum Mittelpunkt der Welt als ihrem natürlichen Ort zu gelangen. So bilden sie den schweren Erdkörper, dessen Mittelpunkt aus diesem physikalischen Grund mit dem Weltmittelpunkt zusammenfällt. Um die schweren

Elemente ordnen sich die leichten Luft und Feuer an, deren natürliche Bewegung vom Weltmittelpunkt weggerichtet ist. Da die schweren Elemente mit dem Erreichen des Weltmittelpunkts, also dem Erdzentrum, ihren natürlichen Ort erreicht haben und an ihm zur Ruhe kommen, kann der Erde keinerlei natürliche Bewegung zukommen, sie muß selbst in Ruhe verharren.

Dieses physikalische Konzept war Resultat vielfältiger Naturbeobachtung, denn tatsächlich bewegen sich alle schweren irdischen Körper auf

Bild 4   Das alte Weltbild setzt die Erde in die Weltmitte, umgeben von den Sphären der Planeten und der Sterne. Den Abschluß bildet der „coelum empyreum", der Ort Gottes und aller erleuchteten Seelen.
Nach: Peter Apian, Cosmographia. Antwerpen 1539.

den Erdmittelpunkt zu. Wird ein in die Höhe gehobener Stein, dessen Bewegung nicht künstlich beeinflußt wird, losgelassen, fällt er senkrecht zum Erdmittelpunkt, wird er geworfen, mischt sich sein natürliches Streben nach möglichster Nähe zum Weltmittelpunkt mit dem äußeren Zwang des Wurfs zu einer zusammengesetzten Bewegung. Irgendeine „natürliche" Bewegung in eine andere Richtung als zum Erdmittelpunkt lag vollkommen außerhalb der Erfahrung, so daß dieser Teil der aristotelischen Physik wohlbegründet erschien und sich vielfach ohne Makel bewährte.

Aristoteles charakterisierte die untere, elementische Weltsphäre als eine „durch und durch wandelbare und veränderliche", ja als eine „vergängliche und todgeweihte" (Aristoteles, Über die Welt. In: Werke, Bd. 12, 1979, S. 241). Diese Charakteristik ist zunächst einmal gar nicht so vordergründig von der Hand zu weisen, genausowenig die des oberen Weltbereichs. Die dort vorhandenen Körper bestehen nicht aus den vier Elementen, sondern dem „fünften Elementarkörper", dem wirklich Dauerhaften, der weder schweren, noch leichten „Quinta essentia".

Der Substanz des Himmels und der Sterne geben wir den Namen Äther, ... weil er, im Kreis umgeschwungen, „immerfort läuft", ein Element, das von anderer Art ist als die vier bekannten, nämlich unvergänglich und göttlich.

(Aristoteles, Über die Welt. In: Werke, Bd. 12, 1979, S. 240)

Im Gegensatz zu den natürlichen Bewegungen der schweren und leichten Elemente zum Weltmittelpunkt hin bzw. von ihm weggerichtet, besteht die natürliche Bewegung der Ätherkörper in einer Kreisbewegung um den Weltmittelpunkt, der aus diesen Gründen das einzige Zentrum natürlicher Kreisbewegungen sein kann. Mit diesem Konzept gelang Aristoteles die physikalische Erklärung des augenscheinlichen Gegensatzes zwischen Himmel und Erde. Den Mond setzte er als trennende Sphäre zwischen beide Bereiche, weil er einerseits hinsichtlich seines Laufs um die Erde an den kosmischen Prinzipien der Beständigkeit und Harmonie teilhat, andererseits jedoch mit seinen Lichtphasen als einziger Himmelskörper Veränderungen aufweist, die ihm zudem die astrologische Bedeutung als kosmisches Symbol der Veränderlichkeit eintrugen. In dieses Gesamtkonzept kreisförmiger Bewegungen fügten sich die Planeten mit der von den Pythagoreer postulierten Kugelgestalt ein, doch ebenso ergibt sich die Kugelgestalt der Erde aus der aristotelischen Lehre vom Weltmittelpunkt als natürlichem Ort der schweren Körper. Aristoteles schreibt:

Das ist jedenfalls klar, daß wenn alles gleichmäßig vom Rande aus zu einer einzigen Mitte hin stürzt, eine allseitig gleichmäßige Masse entstehen muß. Denn wenn überall gleichviel sich derart anreichert, muß schließlich der Rand von der Mitte überall denselben Abstand haben. Das aber ist die Gestalt einer Kugel.

(Aristoteles, Über den Himmel, 1958, S. 106f.)

Die Göttlichkeit der Himmelskörper fand nach antiker Weltanschauung ihren Ausdruck nicht nur in ihrer vollkommenen Körperform und ihrer Bewegung auf Kreisbahnen, sondern ebenso im Gedanken ihrer Beseeltheit, der seine Wurzeln im alten Volksglauben hat. Die konsequente Entwicklung dieser Gedanken ist schließlich die Gleichsetzung von Himmel und Gott, was von erheblicher Konsequenz für das Ansehen der Astronomie war, wurde sie doch auf diese Weise zur Wissenschaft der Erforschung des Göttlichen, und die Beschäftigung mit ihr mußte beim Menschen zur moralischen Besserung führen. Über den praktischen Nutzen der Astronomie für das Staatswesen und den einzelnen Menschen hatte sich Platon ausführlich in seinen „Gesetzen" geäußert (Platon, Sämtliche Dialoge, Bd. VII, 1988, S. 294, 307f.). Die Betrachtung der Welt, die Bewunderung des Schöpfers und der durch sie gewährte Genuß, ja sogar die Behauptung, der Mensch habe den aufrechten Gang von Gott erhalten, um die Augen zu den Gestirnen erheben zu können, zieht sich durch die Literatur der unterschiedlichsten Zeiten, wodurch sich zudem ein teleologisches Argument zugunsten des Geozentrismus ergibt. Um die Zeitenwende schrieb Seneca:

Um sich davon zu überzeugen, daß sie betrachtet und nicht bloß angesehen sein wollen, magst du überlegen, an welche Stelle sie uns gesetzt hat, in ihre Mitte hat sie uns gestellt und uns nach allen Seiten den Rundblick gegeben und dazu nicht nur die aufrechte Stellung, sondern das in die Höhe gestellte Haupt auf einem beweglichen Hals, damit der Mensch als zur Beobachtung geschaffener die vom Morgen zum Abend kreisenden Gestirne verfolgen und seinen Blick mit dem All herumführen könne.

(Quaest. nat. VII,2)

Bild 5 Der „Jüngste Tag", der Tag des göttlichen Weltgerichts, kündigt sich mit Veränderungen am Himmel und auf der Erde an, mit Finsternissen und Kometen: „Und es werden Zeichen geschehen an Sonne und Mond und Sternen, und auf Erden wird den Völkern bange sein" (Lukas 21, 25). Nach: Valerius Grüneberg, Ein recht Newe Corrigirte Prognostication" für 1587. Dresden 1587

Öffnete sich einerseits in der aufmerksamen Beobachtung des Himmels ein Weg zur Verherrlichung Gottes, lag darin andererseits die Gefahr, über der Lobpreisung der Geschöpfe den Schöpfer zurücktreten zu lassen und somit den Geschöpfen das zukommen zu lassen, was einzig dem Schöpfer zusteht. Dieses Problem, schon im Alten Testament präsent (neben vielen anderen Stellen beispielsweise 5 Mos. 4,19) spielte in theologischen und populärastronomischen Schriften immer wieder eine Rolle.

Der Ort der Erde im Weltzentrum, die kreisförmige Bewegung der Himmelskörper um die Erde sowie die Kugelgestalt der Himmelskörper und der Erde gehören zu den elementaren, obwohl nicht unbestrittenen Elementen antiker Wissenschaft. Claudius Ptolemäus stellt den mathematischen Ableitungen der Gestirnsbewegung als „Vorbesprechung" die folgenden fünf Grundsätze voran: 1. Das Himmelsgebäude hat Kugelgestalt und dreht sich wie eine Kugel. 2. Ihrer Gestalt nach ist die Erde für die sinnliche Wahrnehmung, als Ganzes betrachtet, gleichfalls kugelförmig.

3. Ihrer Lage nach nimmt die Erde einem Zentrum vergleichbar die Mitte des ganzen Himmelsgewölbes ein. 4. Ihrer Größe und Entfernung nach steht die Erde zur Fixsternsphäre in dem Verhältnis eines Punktes. 5. Die Erde hat ihrerseits keinerlei Ortsveränderung verursachende Bewegungen. (Ptolemäus, Handbuch, Bd. 1, 1963, S. 6)

Die Kugelgestalt des Himmelsgewölbes wurde zunächst aus der Bewegung der Sterne abgeleitet, besonders der weder auf- noch untergehenden Zirkumpolarsterne, die eine vollständig sichtbare Kreisbewegung um den Himmelsnordpol ausführen und deren Kreise mit wachsendem Abstand vom Pol immer größer werden. So geht Ptolemäus vor, der zudem erläutert, daß jede andere Form des Himmels, etwa die eines Kastens, beim täglichen Umschwung der Gestirne dazu führen müßte, daß sich aufgrund der dann notwendigen Veränderung der Distanz der Gestirne von der Erde die scheinbare gegenseitige Entfernung der Sterne verändern müßte, was nicht beobachtet wird. Ein weiteres Argument besteht für Ptolemäus schließlich darin, daß für „die ohne Hindernis mit allergrößter Leichtigkeit vor sich gehende Bewegung der Himmelskörper" in der Ebene nur ein Kreis, für die Körper nur eine Kugel infrage komme und sich ohnehin die Moleküle des Äthers zu Körpern von Kugelgestalt zusammenballen müßten (Ptolemäus, Handbuch, Bd. 1, 1963, S. 9). So ist für Ptolemäus, der in seinem kosmologischen System streng auf Aristoteles fußt (von den Widersprüchen, die sich bei der mathematischen Durcharbeitung des Systems ergeben, wird noch zu reden sein), die Erde ganz selbstverständlich von Kugelgestalt. Er hält es jedoch durchaus noch für erforderlich, den Lesern seiner Zeit recht breit die Konsequenzen der Annahme der Erde

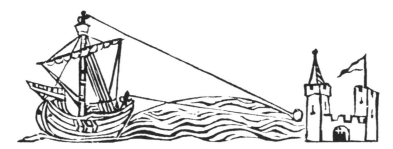

Bild 6 Die Kugelgestalt der Erde war vielen Gebildeten während des gesamten Mittelalters bekannt, auch einigen der christlichen „Kirchenväter". Allgemeingut wurde sie um die Mitte des 13. Jahrhunderts. Eine naive Darstellung zeigt, daß wegen der Erdrundung von einem ankommenden Schiff zuerst die Mastspitze sichtbar wird.
Nach: Johannes de Sacrobosco, Sphaera mundi. Venedig 1485.

als Scheibe, Hohlkugel oder Zylinder für die Erscheinungen am Himmel auseinanderzusetzen und zu zeigen, daß diese mit den Beobachtungen nicht in Einklang stehen.

Es wird später noch deutlich werden, daß, abgesehen von einigen Korrekturen, bis hierher zwischen Ptolemäus und Copernicus kaum eine Differenz zu finden ist, da die wissenschaftliche Begründung des Heliozentrismus in der Anwendung antiker methodischer Prinzipien eine grundsätzliche Voraussetzung findet und die empirischen Daten für beide Systeme zunächst die gleichen sind. Doch die Gemeinsamkeiten haben ihre Grenzen, die im dritten genannten Punkt der „Vorbesprechung" des Ptolemäus überschritten sind – die zentrale Lage der Erde im Himmelsgewölbe.

Was führt Ptolemäus zugunsten seiner geozentrischen Kosmologie an? Zunächst stellt er fest, daß aus Gründen der inneren Symmetrie der Welt, d. h. in einem kugelförmigen Himmelsgewölbe mit kugelförmigen Himmelskörpern, die sich auf Kreisbahnen um die Erde bewegen, die Erde selbst nur in der Weltmitte stehen könne. Daraufhin prüft er die möglichen Konsequenzen einer anderen Stellung der Erde und vergleicht sie mit den Resultaten astronomischer Beobachtungen: wenn die Erde außerhalb der Weltachse, jedoch von beiden Polen gleichweit entfernt stünde oder wenn sie auf der Achse einem der Pole näher stünde sowie wenn beides zutreffen würde. Die Lösungen, die Ptolemäus gibt, sind verblüffend einfach: Stände die Erde in der Abb. 7a außerhalb der Weltachse, hier nach links verschoben, dann würde die Zeit, die ein Gestirn vom Aufgang bis zum Erreichen der südlichen Richtung benötigt, kleiner sein, als die vom Süden bis zum Untergang (Ptolemäus, Handbuch, Bd. 1, S. 12–15). Außerdem wäre, wie Abb. 7b zeigt, beipielsweise der Winkelabstand zwischen zwei Sternen beim Aufgang im Osten kleiner als beim Untergang im Westen, da ihr Abstand zur Erde veränderlich wäre. Die Erfahrung, so stellt Ptolemäus mit Recht fest, lehrt etwas anderes – nämlich daß die Kulmination im Süden genau die Zeit zwischen Auf- und Untergang halbiert und die Winkelabstände zwischen den Gestirnen konstant sind. Stände im zweiten Fall die Erde in Richtung auf einen der Himmelspole, in Abb. 7c nach oben verschoben, würde beispielsweise der Himmelsäquator die Ekliptik nicht mehr halbieren, sondern es wäre ihr kleinerer Teil über und ihr größerer unter dem Horizont. Auch das widerspricht den Beobachtungen.

Untersucht man solche Argumentationen in Verbindung mit der elementaren Betrachtung des Auf- und Untergangs der Gestirne, dann sind sie durchaus beweiskräftig. Es besteht jedoch eine Voraussetzung – ein räumlich nicht allzusehr ausgedehntes Weltall, weil ansonsten die Dimen-

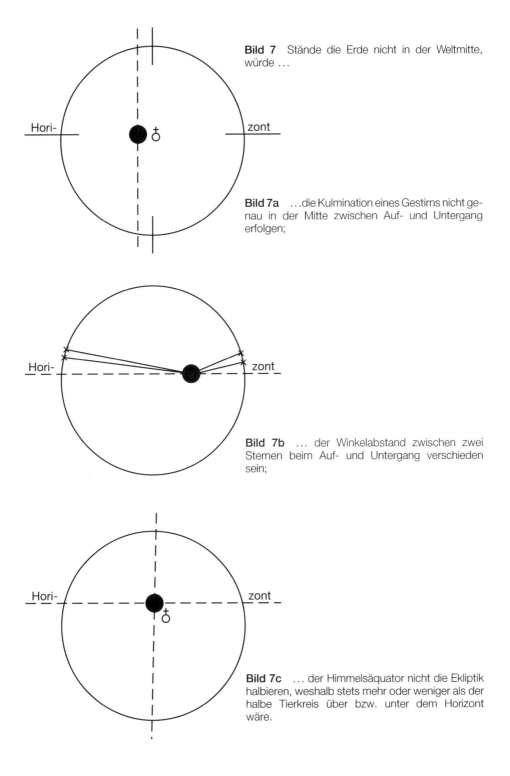

Bild 7 Stände die Erde nicht in der Weltmitte, würde …

Bild 7a …die Kulmination eines Gestirns nicht genau in der Mitte zwischen Auf- und Untergang erfolgen;

Bild 7b … der Winkelabstand zwischen zwei Sternen beim Auf- und Untergang verschieden sein;

Bild 7c … der Himmelsäquator nicht die Ekliptik halbieren, weshalb stets mehr oder weniger als der halbe Tierkreis über bzw. unter dem Horizont wäre.

sionen des Erdkörpers gegenüber der Gestirnssphäre zu keinen sichtbaren Veränderungen an den Sternen führen können. Andererseits konnte dieses Weltall nicht allzu klein sein, weil ansonsten schon die Gestirnsbeobachtungen von verschiedenen Punkten der Erde aus, allein infolge des Erddurchmessers, zu merklichen Positionsänderungen der Gestirne führen müßten. Doch gegenüber der Sternsphäre läßt sich der Erddurchmesser praktisch vernachlässigen und sowohl die Sterne, als auch der Sonnenlauf stellen sich so dar, als würden wir vom Mittelpunkt der Erde und nicht von ihrer Oberfläche aus den Himmel beobachten. Gemessen an der Ausdehnung der Welt ist die Größe der Erde vernachlässigbar. In diesem Sinne spricht Ptolemäus, genauso wie später Copernicus, davon, daß die Erde zur Fixsternsphäre im Verhältnis eines Punktes steht.

Mehr theoretischer Natur ist der letzte Teil der einleitenden Erörterungen von Ptolemäus über die Unbeweglichkeit der Erde. Hier schließt er an die aristotelische Lehre von den leichten und schweren Elementen an und begründet, daß die Erde keinerlei Ortsveränderung haben kann, weil die sie bildenden Körper sich an ihrem natürlichen Ort befinden und der von ihnen ausgeübte Druck von allen Seiten gleichermaßen wirkt. In dieser Hinsicht ist über das oben gesagte hinaus nichts hinzuzufügen. Ptolemäus dehnt die Erörterung des Erdstillstands auf das Verhalten von Wolken und anderen auf der Erde oder in ihrer Atmosphäre befindlichen Körpern und schließlich auf die Bewegung des Schweren an Stelle des Leichten aus. Es sei nach seiner Auffassung nicht denkbar, daß sich das Schwere in der Welt – die Erde – bewege, während das Leichteste – die aus dem Äther bestehenden Himmel – ruhen. Nähme man zudem an, daß sich die Erde fortbewegt, dann müsse alles, was nicht fest mit ihr verbunden ist, in einer der Erdbewegung entgegengesetzten Bewegung begriffen sein.

Nimmt man all dies zusammen, ist festzustellen, daß die Gesamtheit der Argumente zugunsten eines geozentrischen Weltmodells für die antiken Gelehrten von großer Überzeugungskraft sein mußte – und das zunächst aus rein wissenschaftlichen Erwägungen, eingeschlossen die direkte Sinneserfahrung. Verstärkend kommen im weiteren theologische Argumen-

Bild 8 Gelegentlich geriet die Astrologie in den Verdacht, die Menschen von der Anbetung des Schöpfers abzuhalten und zur Verehrung der Geschöpfe zu verführen. Mit dem Grundsatz „Die Gestirne regieren den Menschen, aber Gott regiert die Gestirne", konnten Christentum und Astrologie miteinander versöhnt werden. Robert Fludd läßt Gott über der Erde, den Planeten, den Tierkreiszeichen und den Horoskophäusern (in den Kreisringen von innen nach außen dargestellt) thronen.
Nach: Robert Fludd, Tomus secundus de supernaturali ... historia. Oppenheim 1617.

tationen hinzu, die besonders seit dem 17. Jahrhundert in den Vordergrund rückten. Dem alten biblischen Weltbild, den Schöpfungsberichten, wie überhaupt der Reflexion über die Stellung des Menschen in der Welt, entsprach am besten die Zentralstellung der Erde. Die Worte aus der Genesis (14–15), „es werden Lichter an der Feste des Himmels" lassen im Kontext an den wohlbehütet in der Weltmitte ruhenden Menschen denken, dem zu dienen die Himmelslichter erschaffen wurden. Zudem setzt sich auf diese Weise die strenge Stukturiertheit feudaler Gesellschaftsverfassungen in einer kosmischen Strukturiertheit fort, die eine Wertigkeit von unten nach oben im Sinne von mängelbehaftet und vergänglich zu göttlich, ewig und vollkommen einschließt – bis hin zu dem über allem thronenden Schöpfer- und Regierergott. Ganz deutlich spricht die Bibel von der ruhenden Erde und der sich bewegenden Sonne im Zusammenhang mit dem Kampf Josuas gegen die Amoriterkönige, in dessen Verlauf der Sonne geboten wurde, stillzustehen, um den Sieg Josuas vollenden zu helfen (Josua 10, 12–13).

Das geozentrische Weltbild weist eine strikte Gliederung von außen nach innen, von oben nach unten, vom Umfassenden zum Umfaßten auf, in der zugleich eine Skala der Würde und des Wertes der physischen Realität begründet liegt. Das „Erste Bewegte", der „Erste Himmel", ist die Fixsternsphäre, die in ewiger Gleichförmigkeit um die Erde kreist. Sie gibt die Bewegung an die Planeten und den Mond weiter sowie in geschwächter und die Reinheit und Regelmäßigkeit vermissenden Form an den Weltbereich der vier Elemente. Die Himmel, die Sphären der Planeten und der Sterne erscheinen mit dem Vorzug größter Gottesnähe ausgestattet, die Erde, „unsere finstertrübe Stätte" (Aristoteles, Über die Welt. In: Werke, Bd. 12, 1979, S. 256), dagegen als dem höchsten Vollkommenen am weitesten entrückt, mit aller Mangelhaftigkeit und Vergänglichkeit.

Deshalb scheinen die Erde und die Dinge auf ihr, weil ihr Abstand von der erhaltenden Kraft Gottes so sehr groß ist, kraftlos zu sein und nicht zu einander stimmend und voll von vieler Wirrnis. Nichtsdestoweniger, insofern es in der Natur des Göttlichen liegt, zu allem hindurchzudringen, wirkt es auch bei uns gleichermaßen wie in der Region über uns, die je nach ihrer Nähe oder Entfernung von Gott mehr oder weniger seine Hilfe erfährt.

(Aristoteles, Über die Welt. In: Werke, Bd. 12, 1979, S. 252)

Abgesehen von diesem ontologischen Nachteil ist die Erde aber mit dem Vorzug der Mittelstellung begnadet und das geozentrische Weltbild führt dem Menschen eine abgeschlossene, übersichtliche Welt vor Augen. Der Mensch befindet sich eingeschachtelt und behütet von kristallenen Sphären der Gestirne in der Mitte der Welt, die ganz oben vom empyräischen Himmel abgeschlossen wird, über dem Gott thront. Die Aufgabe des Menschen auf der Erde ist es, zu Gott emporzuschauen und ihm wohlgefällig zu leben. Gott andererseits blickt auf die von ihm geschaffene Erde, um sich an ihr zu erfreuen oder mit den Menschen zu zürnen.

Der eigentliche Bewegungsantrieb liegt nach aristotelischer Lehre außerhalb der Welt, ist als „das erste unbewegte Bewegende" unkörperlich und unräumlich, ein rein geistiges Prinzip. Deshalb setzt es den Weltlauf nicht durch einen physisch zu verstehenden Anstoß in Bewegung, sondern allein durch sein Dasein, seine Vollkommenheit. Nicht seine Beteiligung und sein Wille übt auf die Weltsphären die bewegende Ursache aus, sondern dieser wirkt ähnlich wie das Geliebte durch seine Schönheit anzieht. In christlicher Deutung der aristotelischen Physik wurde aus dem als Neutrum stehenden „ersten unbewegten Bewegenden" der göttliche „erste unbewegte Beweger". Der Unterschied ist nicht nur grammatischer Natur, denn das unbewegte Bewegende tritt durch seine Wirkung nicht selbst in die Welt, steht strikt außerhalb von ihr und insofern jenseits jeder kultischen Religionsvorstellung – ist also keine dem christlichen Gott verwandte Metapher.

Solange die astronomische Beobachtungstätigkeit noch gering entwickelt war, so daß man ohnehin nicht in der Lage war, die Bewegung der Gestirne exakt zu berechnen (ausgenommen die Vorherbestimmung von Finsternissen aus zyklischer Rechnung), gab es mit dem geozentrischen Weltsystem keine Probleme. Bei genauerer Betrachtung traten jedoch einige Besonderheiten der Planetenbewegung auf, die das harmonische und einfache Bild der Kreisbewegung der Gestirne um die zentrale Erde als korrekturbedürftig erwiesen. Das war zunächst und in erster Linie die von den Planeten regelmäßig durchlaufene Schleifenbewegung (Bild 9). In bestimmten Abständen verlangsamen die Planeten ihren von West nach Ost führenden Lauf vor dem Himmelshintergrund, setzen ihre Bewegung in einer rückläufigen Schleife fort, dabei Punkte des Stillstands passierend, um dann bald wieder auf ihren „normalen" Weg zurückzukehren. Dabei verändert sich die Helligkeit der Planeten nicht unerheblich. Wie läßt sich dies mit der Voraussetzung der gleichförmigen Kreisbewegung der ewigen, göttlichen Himmelskörper in Einklang bringen? Verändern sich die Abstände der Planeten von der Erde, sollten sich die Planeten nicht auf

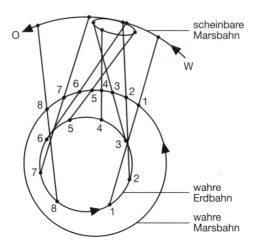

Bild 9 Die am Himmel beobachtbaren Schleifenbewegungen der Planeten beruhen auf einem perspektivischen Effekt. Die Erde bewegt sich in kürzerer Zeit um die Sonne, als einer der äußeren Planeten, z. B. Mars. Dabei überholt die Erde regelmäßg den Mars, der hierbei eine Zeitlang still-zustehen und sogar rückläufig zu sein scheint.

Kreisbahnen bewegen, steht die Erde doch nicht in der Weltmitte? Diese Alternativen waren unannehmbar, da sie der Erfahrung und den gesicher-ten theoretischen Grundsätzen der Naturerklärung widersprachen. Doch die Erscheinungen erforderten eine Erklärung. Die einfache Vorstellung von den an Kugelschalen angehefteten und mit ihnen um die Erde ge-führten Planeten erwies sich jedenfalls als problematisch und schien so nicht real zu sein. Schwierigkeiten bereiteten insbesondere die beiden sog. Ungleichheiten der Planetenbewegung, nämlich:

1. Ungleichheit. Die Planeten, eingeschlossen die Sonne, durchlaufen verschiedene Bahnstücke mit unterschiedlichen Geschwindigkeiten. Bei-spielsweise benötigt die Sonne für den Abschnitt zwischen Frühlingsäqui-noktium und Sommersolstitium 94,5 Tage, für den zwischen Sommersol-stitium und Herbstäquinoktium nur 92,5 Tage.
2. Ungleichheit. Die Planeten vollführen Schleifenbewegungen, die mit zeitweiligen Stillständen, Rückläufigkeiten und Helligkeitsschwankungen verbunden sind.

Ganz sicher waren schon den früheren Philosophen und Astronomen die zuletzt genannten Erscheinungen der 2. Ungleichheit der Planetenbewegung nicht entgangen. Doch zwischen der Wahrnehmung dieser Erscheinungen bis zur Einsicht in die Notwendigkeit ihrer theoretischen Erklärung verging einige Zeit. Das erste geometrische Weltmodell, das diese Erscheinungen berücksichtigt, stammt von Eudoxos von Knidos, Schüler und Mitarbeiter Platons an der Athener Akademie aus dem 4. Jahrhundert v. Chr. Er ersann für jeden Planeten (Sonne und Mond eingeschlossen) ein System homozentrischer Sphären, mit denen die Schleifenbewegung der Planeten gut erklärbar wurde. Dieses Modell stellte die Planetenbewegung durch ein System ineinandergeschachtelter, zum Erdmittelpunkt als Weltzentrum konzentrischer, gleichmäßig um dieses rotierende Kugelschalen dar, deren Achsen eine Neigung zueinander aufweisen (Bild 10). Eudoxos benötigte für Sonne und Mond je drei, für die übrigen Planeten je vier Kugelschalen. Durch geeignete Wahl der

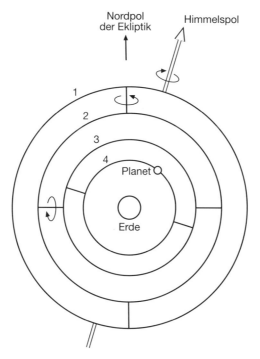

Bild 10 Das auf Eudoxos von Knidos zurückgehende Modell der homozentrischen Sphären vermochte die Erscheinungen der Planetenbewegung gut darzustellen. Der Planet wird von einem System ineinandergeschachtelter, zur Erde konzentrischer Sphären herumgeführt. Nicht berücksichtigt wurde die veränderliche Helligkeit der Planeten.

Umlaufzeit und der Umlaufrichtung sowie der Neigung der Achsen zueinander erreichte man teilweise eine gute theoretische Darstellung der scheinbaren Planetenbewegung. Vor allem für Jupiter und Saturn, auch noch für Merkur und Venus lieferte es gute Ergebnisse – versagte jedoch beim Außenseiter Mars, dessen synodische Umlaufzeit auf diese Weise nicht darstellbar war. Doch das Rätsel der Helligkeitsschwankungen, die ja nur durch Abstandsänderungen zwischen Erde und Planet erklärt werden können, blieb ungelöst. Aus wissenschaftstheoretischer Sicht ist das Konzept der homozentrischen Sphären auch deswegen interessant, weil es hinsichtlich der Planetenbewegung streng zwischen der Erscheinung (Ungleichmäßigkeit des Ablaufs, Schleifenbewegung) und dem Wesen (gleichmäßige Kreisbewegung) differenziert und damit einem fundamentalen Anspruch an Wissenschaftlichkeit gerecht wird. Dagegen erscheint es minder wichtig, daß Kallippos schon wenig später zur besseren numerischen Angleichung des Sphärenmodells an die Wirklichkeit die 27 Kugelschalen des Eudoxos (Planeten, Sonne, Mond und Fixsterne) auf 47 Kugelschalen erweiterte und schließlich Aristoteles 55 Sphären benötigte, um die Verbindung und die Abgrenzung der Sphärensysteme der einzelnen Planeten untereinander zu gewährleisten. Das homozentrische Sphärenmodell fand zunächst ungeachtet seiner Begrenztheit bei der Erklärung der Realität großen Anklang und ermöglichte beispielsweise die theorieimmanente Umsetzung der Lehre des Aristoteles von der Erde als Weltmitte und der kreisförmigen Gestirnsbewegung.

Doch auf die Dauer kam man an den anderen Ungleichheiten der Planetenbewegung nicht vorbei. Schon der Astronom Euktemon hatte um 430 v. Chr. die Länge der Jahreszeiten mit 93, 90, 90 bzw. 92 Tagen angegeben und bald darauf Kallippos mit 94, 92, 89 und 90 Tagen – also ist die Sonnenbewegung ungleichmäßig? Zudem waren die Helligkeitsschwankungen besonders bei Venus und Mars viel zu auffällig, als daß man es unterlassen konnte, diese Wahrnehmungen in ein Modell der Planetenbewegung einzubauen. Theoretisch wäre es vielleicht möglich gewesen, unter dem Druck der empirischen Wahrnehmung und der nicht zufriedenstellenden Leistung der homozentrischen Sphärensysteme das Prinzip der gleichförmigen Kreisbewegung aufzugeben – doch der weitere Weg der Wissenschaft verlief anders. Die paradigmagleiche Überzeugung von der Welt als einem Kosmos, die Erfahrung der kreisförmigen Bewegung der Gestirne, die Lehre von der Göttlichkeit der himmlischen Sphären, waren in solchem Maße in das Bewußtsein der Menschen eingedrungen, daß sie sich für die weitere Forschung als unerschütterliche Grundlage erwiesen.

Die gewünschte bessere Übereinstimmung zwischen den Erscheinungen am Himmel lieferte die auf Apollonius von Perge (3. Jh. v. Chr.) zurückgehende Theorie epizyklischer Kreise. Bei einer epizyklischen Bewegung wird zunächst ein Grundkreis, der Deferent, konstruiert, auf dem ein zweiter Kreis, der Epizykel, der Aufkreis, läuft; erst auf diesem wird der Planet herumgeführt (Bild 11). Auf diese Weise läßt sich nicht nur die schon durch homozentrische Sphären erklärte Schleifenbewegung der Planeten darstellen, sondern zudem die durch einen veränderlichen Abstand zwischen Erde und Planet wechselnden Helligkeiten der Gestirne. Das

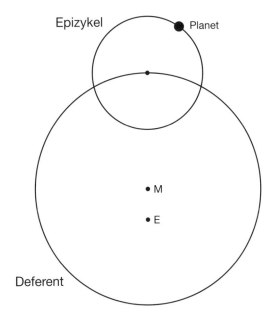

Bild 11 Das epizyklische Modell beschreibt die Bewegung des Planeten auf einen Epizykel, der auf einem Deferenten geführt wird. Der Mittelpunkt des Deferenten M kann entweder mit dem Erdmittelpunkt E identisch sein, oder exzentrisch zu diesem liegen.

Epizykelmodell ließ sich in mehrfacher Weise erweitern. Zum einen war es möglich, Epizykel höherer Ordnung einzuführen, wenn dies eine bessere Angleichung an die Gestirnsbewegung versprach (d. h. der 1. Epizykel läuft nicht auf dem Deferenten, sondern auf einem 2. Epizykel, der seine Bewegung auf dem Deferenten ausführt); zudem konnte die epizyklische Bewegung um einen Exzenter und einen Ausgleichskreis ergänzt werden.

Die exzentrische Lage der Sphären wurde von Hipparch im 2. Jahrhundert v. Chr. eingeführt. Auf dem Deferenten läuft der exzentrische Kreis, der den Epizykel trägt. Die Erde steht im Mittelpunkt des Deferenten, jedoch um den Betrag der Exzentrizität vom Mittelpunkt des Exzenters entfernt. Auf diese Weise erscheint durch die wechselnden Abstände zwischen Planet und Erde die im Epizykel gleichförmige Bewegung von der Erde aus betrachtet ungleichmäßig und vermag beispielsweise die unterschiedliche Länge der Jahreszeiten und die wechselnden Helligkeiten der Planeten zu erklären.

Beide Modelle, obgleich in der Struktur verschieden, sind in der Darstellungsmöglichkeit der Planetenbewegung völlig gleichwertig, weshalb denn Ptolemäus keine eindeutige Entscheidung zwischen beiden gibt, sondern bemerkt: „Indessen dürfte es doch logisch richtiger sein, sich an die exzentrische Hypothese zu halten, weil sie einfacher ist, insofern sie mit einer Bewegung, und nicht mit zweien, zum Ziel gelangt." (Ptolemäus, Handbuch, Bd. 1, 1963, S. 166) In der praktischen Ausführung erwies sich diese Alternative jedoch weitgehend nur scheinbar, da ohnehin eine Kombination beider Modelle zur exzenter-epizyklischen Bewegung notwendig wurde.

So zuverlässig mit dem epizyklischen Modell die Planetenbewegung darstellbar war – für mehr als 1500 Jahre beherrschte es die Planetentheorien – es hatte gravierende Nachteile, da es mehrere Widersprüche zu den Grundlagen der aristotelischen Physik beinhaltete. Die Bewegung der Planeten erfolgte nicht mehr (wie noch im homozentrischen Modell) direkt um den Weltmittelpunkt, der gleich dem Erdmittelpunkt ist, sondern um in keiner Weise physisch ausgezeichnete, sondern rein mathematisch zu definierende Punkte. Nun war die für göttliche Körper geforderte Gleichförmigkeit der Bewegung nur noch mittels mathematischer Kunstgriffe zu gewährleisten. Hierzu gehörte neben den Epizykeln die Einführung des Ausgleichskreises, der in besonderer Weise die Kritik von Copernicus herausforderte und von dem deshalb später noch zu sprechen sein wird (Bild 12).

Die Willkürlichkeit der von Ptolemäus meisterhaft verfeinerten Konstruktionen, die in der besten mathematischen Darstellung der Gestirnsbewegung ihr einziges Kriterium fanden und von der aristotelischen Physik längst abgehoben waren, konnte nicht lange verborgen bleiben. Man lastete dies jedoch nicht den Theorien an, sondern umging das Problem spätestens seit dem 1. Jahrhundert v. Chr. mit der Formulierung des

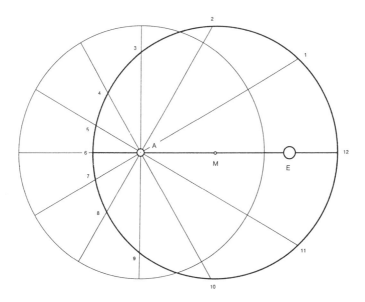

Bild 12 Mit der Einführung des Ausgleichspunktes ist die Gleichmäßigkeit der Planetenbewegung weder der Erde (E) oder dem Weltmittelpunkt (M), sondern vom Mittelpunkt des Ausgleichskreises zu beobachten. Da dieser rein mathematisch wählbar ist, wurde darin ein Verstoß gegen die Forderung der Vollkommenheit der Planetenbewegung gesehen.

Prinzips der „Rettung der Phänomene", das als Resultat des Bewußtwerdens dieser Schwierigkeiten sicher zeitlich noch weiter zurückzuverlegen ist (Jürgen Mittelstraß, Die Rettung der Phänomene, 1962). Die Verstöße der astronomischen Theorien gegen die aristotelische Physik konnten nur unter der Bedingung akzeptiert werden, daß man eine inhaltliche Trennung zwischen beiden einführte, so daß sie miteinander gar nichts zu tun haben. Das war möglich, indem die Astronomie nicht den Anspruch auf Widerspiegelung der Realität erhob, sondern lediglich auf exakte mathematische Darstellung der Gestirnsbewegung. Die Astronomie durfte künftig nicht mehr als physikalische Disziplin gelten, sondern lediglich als ein Zweig der Mathematik, vor allem der Geometrie. War dies einmal festgelegt, konnten der Astronomie Hypothesen mit beliebigen Verstößen gegen die tradierte Physik zugestanden werden, die dann gar keine Verstöße mehr waren.

Obwohl angenommen werden darf, daß Aristoteles seinem homozentrischen Sphärenmodell physische Realität beimaß, hatte er die Differenz zwischen Astronomie und Physik erkannt und in seiner „Physikvorlesung" ausgesprochen (Aristoteles, Werke, Bd. 11, 1979). In aller Deutlichkeit schrieb dann der Neuplatoniker Simplikios (1. Hälfte 6. Jh.) mit Berufung auf Poseidonius (2./1. Jh. v. Chr.) über den Astronomen:

> Hypothetisch macht er irgendeine Methode ausfindig, indem er angibt, unter Zugrundelegung welcher Hypothesen die Phänomene gerettet werden können. Wie zum Beispiel: Warum scheinen Sonne, Mond und Planeten sich ungleichförmig zu bewegen? Antwort: Wenn wir ihre Kreise hypothetisch als exzentrisch annehmen oder, daß die Gestirne sich auf einem Epizykel herum bewegen, so wird deren erscheinende Anomalie gerettet werden können und sie wird weiterwandern müssen nach allen möglichen Richtungen, die diese Phänomene einschlagen, so daß die Untersuchungen der Planetenbewegungen einer Beweisführung nach der Art, die von Annahmen ausgeht, gleicht. Deshalb kann jemand selbst öffentlich auftreten und behaupten, daß auch, wenn die Erde irgendwie bewegt wird und die Sonne irgendwie ruht, die bei der Sonne erscheinende Anomalie gerettet werden kann. Denn es ist überhaupt nicht die Aufgabe des Astronomen, zu erkennen, warum etwas von Natur ruht und welcher Art das Bewegliche ist, sondern er untersucht nur, indem er als Hypothesen einführt, daß das eine ruht und das andere sich bewegt, welchen Hypothesen die Himmelserscheinungen folgen werden. Er muß allerdings die Prinzipien von dem Physiker übernehmen, daß nämlich die Bewegungen der Gestirne einfach, gleichförmig und geordnet sind, womit er aufzeigen wird, daß aller Gestirne Bewegung kreisförmig ist und teils auf parallelen, teils auf schiefen Kreisen erfolgt.

(zit. nach: F. Krafft, Physikalische Realität oder mathematische Hypothese? 1973, S. 254)

Derselben Intention folgte Ptolemäus, als er, wie schon zitiert, bei der Entscheidung zugunsten einer der konkurrierenden Beschreibungsweisen der Planetenbewegung nicht nach einem Wahrheitskriterium fragte, sondern die größere Einfachheit als Entscheidungshilfe heranzog. Man sollte zur Erklärung der Erscheinungen nicht mehr voraussetzen als unbedingt notwendig. Aus diesem Grunde ist die Frage, ob sich beispielsweise die Sonne auf einem Epizykel oder einem Exzenter bewegt, astronomisch sinnlos. Richtig müsse danach gefragt werden, so Ptolemäus, auf welche Weise die Kreisbewegung der Sonne um das Weltzentrum besser beschrieben werden könne.

Es wird sich doch wohl niemand im Hinblick auf die Dürftigkeit menschlicher Machwerke der Technik Gedanken machen, daß die hier vorgetragenen Hypothesen zu künstlich seien. Darf man doch Menschliches nicht mit Göttlichem vergleichen und ebensowenig die Beweisgründe für so gewaltige Vorgänge den ungleichartigsten Beispielen entnehmen. Denn was könnte es Ungleichartigeres geben als Wesen, die sich ewig gleichmäßig verhalten, gegenüber Geschöpfen, die sich niemals so verhalten, oder Ungleichartigeres als Geschöpfe, die von jeder Kleinigkeit aus ihrem Gleise gebracht werden können gegenüber Wesen, die nicht einmal durch sich selbst Störungen erleiden? Versuchen freilich soll man, soweit es möglich ist, die einfacheren Hypothesen den am

Bild 13   Der Astronom Ptolemäus, infolge einer häufigen Verwechslung mit den gleichnamigen ägyptischen Herrschern als König dargestellt, wird von der „Astronomia" im Gebrauch eines Quadranten zur Gestirnsbeobachtung unterwiesen.
Nach: Gregor Reisch, Margarita philosophica nova. Straßburg 1508.

Himmel verlaufenden Bewegungen anzupassen; wenn dies aber durchaus nicht gelingen will, so soll man zu den Hypothesen schreiten, welche diese Möglichkeit bieten.

(Ptolemäus, Handbuch, Bd. 2, 1963, S. 333)

Die Trennung zwischen Astronomie und Physik, und die Definition der Astronomie als mathematische Disziplin und die daraus verständliche Aufgabe der „Rettung der Phänomene" zog sich durch die Jahrhunderte bis in die Zeit des Copernicus und spielte in den Auseinandersetzungen um sein Weltsystem eine grundlegende Rolle, weshalb dieser Gedanke später noch einmal aufgegriffen werden wird.

Zu den Vorbesprechungen des geozentrischen Weltsystems durch Ptolemäus gehört die Behandlung der Reihenfolge der Planeten. Grundsätzlich einig waren sich die antiken Denker darüber, daß das „Gesetz der Reihenfolge" von der Dauer des geozentrischen Umlaufs der Planeten bestimmt wird, also der Mond mit der kleinsten Umlaufzeit der Erde am nächsten, der Saturn am weitesten von ihr entfernt ist.

An dieser Stelle ist ein kurzer Einschub notwendig. Da die Welt in der antiken Astronomie von außen nach innen gedacht wurde, mußte das zu einer ganz anderen Erklärung der Umlaufzeiten der Planeten führen, als wenn man die Bewegungsursache ins Zentrum des Planetensystems legt. Zunächst ist beobachtbar, daß der Fixsternhimmel sich annähernd während eines Tages einmal um die Erde von Osten nach Westen dreht. Dementgegen laufen die Planeten (ausgenommen während ihrer Schleifenbewegung) vor dem Sternhintergrund von Westen nach Osten, was als der „Normalfall" mit Rechtläufigkeit bezeichnet wird. Die Zunahme der Umlaufzeit ist, wie wir seit den Forschungen Isaac Newtons wissen, eine Wirkung der mit dem Quadrat der Entfernung abnehmenden Gravitationskraft. Wird die Bewegungsursache außerhalb des Weltalls im „Ersten unbewegten Beweger" gedacht, drehen sich diese Verhältnisse genau um, und es heißt: Der Saturn wird als der der Gestirnssphäre nächste Planet vom Tagesumschwung der Fixsterne am stärksten mitgerissen, der Jupiter schon weniger und schließlich bleibt der Mond demgegenüber am stärksten zurück, die Sterne überholen ihn recht schnell. In seinem Lehrgedicht „Über die Natur der Dinge" beschreibt dies der Römer Lukrez (1. Jh. v. Chr.) so:

Denn zum ersten und meisten erscheint uns jenes als möglich
Was Demokrit's ehrwürdige Lehre behauptet, daß nämlich
Jedes Gestirn, je mehr in der Nähe der Erde umläuft
Sich um so minder beeinflußt zeigt durch des Himmels Bewegung.
Denn die gewaltige Kraft, mit welcher der Himmel sich umwälzt
Schwächt in der Richtung nach unten sich ab und entschwindet. So
   kommt es,
Daß, weil tiefer sie stehn als die höher entzündeten Leuchten
Mählich die Sonne mit all den ihr folgenden Sternen zurückbleibt.
Aber der Mond noch mehr. Denn je nied'rigere Bahnen er wandelt
Weiter vom Himmel entfernt und in größerer Nähe der Erde,
Um desto weniger kann er im Lauf mit den Sternen sich messen.
Denn mit je minderer Kraft er nun umläuft unter der Sonne,
Um so geschwinder gelingt es den kreisenden Zeichen des Himmels
Ihn zu ereilen und dann an demselben vorbei zu wandeln.
Dadurch nun, daß diese dem Mond stets wieder sich nahen
Scheint es, als wär es der Mond, der rascher zu ihnen zurückkehrt.

(Lukrez, Über die Natur der Dinge, 5, 621–636)

Diese, unserem Denken genau entgegengesetzte Erklärung mag anfangs etwas schwer verständlich sein, leuchtet aber in einem geozentrischen System gedacht als durchaus logisch ein. Hartnäckige Schwierigkeiten bereitete jedoch die Anordnung von Merkur und Venus. Ihr Lauf erschien sehr merkwürdig an die Sonne gebunden zu sein. Anders als die anderen Planeten entfernen sie sich nur maximal 27° bzw. 47° östlich oder westlich von der Sonne (Elongation), so daß sie mit der gleichen Geschwindigkeit wie die Sonne um die Erde zu laufen scheinen und deshalb andere Kriterien für ihre Stellung im Planetensystem gefunden werden mußten. Aristoteles ordnete Merkur und Venus als die mit der Sonne „gleichlaufenden" Planeten (Aristoteles, Über die Welt. In: Werke, Bd. 12, 1979, S. 254) oberhalb der Sonne an, wie dies zuvor Platon gelehrt hatte. Diese Anordnung wurde, wie Ptolemäus bezeugt, deshalb gewählt, weil es, wenn man Merkur und Venus unter die Sonne setzt, gelegentlich zu einem Vorbeigang der Planeten vor der Sonne kommen müsse, was jedoch niemals beobachtet worden war. Allerdings ist dieses Argument insoweit falsch, als die von Ptolemäus bestrittenen Merkur- und Venusdurchgänge vor der Sonnenscheibe wirklich stattfinden, doch mit bloßem Auge wegen der Kleinheit der Planeten und der Helligkeit der Sonne nicht beobachtbar sind. Nach Ptolemäus' Voraussetzungen ist eine Entscheidung auf dem

Wege von Beobachtungen nicht zu treffen und er sucht diese aus Gründen der harmonischen Strukturiertheit abzuleiten. Setzt man Merkur und Venus unter die Sonne, wäre dies natürlicher, weil dann die Sonne „die zur Opposition gelangenden Planeten von denen scheidet, welche diese Stellung nicht erreichen" (Ptolemäus, Handbuch, Bd. 2, 1963, S. 93 f.). Einen weiteren, ebenfalls auf harmonikalen Phänomenen beruhenden Schluß auf die untere Lage der Merkur- und Venussphäre führt Ptolemäus in seiner späteren Schrift über die „Planetenhypothesen" an. Würden Merkur und Venus oberhalb der Sonne stehen, entstünde zwischen Mond und Sonne ein großer Raum, der nicht von Planetensphären erfüllt ist. Weil jedoch in der Natur nichts Sinnloses und Überflüssiges besteht, müssen die beiden Planeten sich gerade dort befinden, weil dieser sonst ungenutzte Raum genau für ihre Sphärensysteme Platz bietet (D. Ehlers, Das Problem und das Gesetz, 1976, S. 59).

Unabhängig davon, daß heutige Wissenschaftler der Argumentation mit harmonischen Strukturen in der Regel fremd gegenüberstehen, obwohl die Suche nach Harmonie und Einfachheit einer wissenschaftlichen Theorie als heuristisches Element durchaus seine Bedeutung behalten hat, besaß diese Vorgehensweise angesichts der empirischen Unentscheidbarkeit der Stellung von Merkur und Venus eine große Überzeugungskraft. In Ergänzung zu Ptolemäus kann noch ein ähnliches Argument hinzugefügt werden: Erhält die Sonnensphäre den ihr von Ptolemäus zugewiesenen Platz, befindet sie sich in der „Mitte" der Planeten – nicht im heliozentrischen Sinn, sondern so, daß unter ihr Mond, Merkur und Venus, über ihr Mars, Jupiter und Saturn kreisen. Solcherart harmonische und symmetrische Strukturen festigten die Überzeugung von der Sonderstellung der Sonne unter den Planeten mit einer für die damalige Zeit als wissenschaftlich anerkannten Argumentation, die sich mit poetischen Sonnenhymnen trafen, wie sie schon im alten Ägypten entstanden und in der christlichen Literatur des Mittelalters häufig zu finden sind, den Vorrang unseres Tagesgestirns unter den Planeten, aber nicht in der Welt insgesamt betonend (Bild 14). Die poetischen Lobpreisungen der Sonne stehen zunächst mit dem wissenschaftlichen Heliozentrismus in keinerlei Zusammenhang, doch dienten sie später beispielsweise Copernicus zur Ausmalung seines Bildes vom neuen Weltsystem.

Wie die Fachwissenschaft solche Gedanken aufgriff, zeigt, um nur ein Beispiel zu nennen, Johannes Regiomontan im unmittelbaren geistigen Vorfeld von Copernicus. Er kritisierte die Annahme, Merkur und Venus befänden sich oberhalb der Sonne mit dem Hinweis darauf, weil „die Sonne Quelle der Wärme und des Lichtes sei, müsse sie mitten unter den

Bild 14 Die Sonne führt, einem König gleich, den Reigen der Planeten. Sie steht in der Mitte zwischen ihnen, doch nicht in ihrem Zentrum.
Nach: Peter Apian, Cosmographia. Antwerpen 1539.

Planeten sein, gleichsam wie der König im Königreich oder das Herz im Lebewesen." (vgl. E. Zinner, Leben und Wirken des Johannes Müller, 1938, S. 48)

Die bisher skizzierten Entwicklungen der Astronomie führten zu sehr erfolgreichen und zuverlässigen Beschreibungen der Phänomene des Gestirnslaufes. Erst viel später erwies sich das geozentrische Weltsystem als ein Irrtum, ein grandioser Irrtum, als ein historisch unterlegenes Wissenschaftskonzept. Aber es war nicht infolge ungenauer Forschungen, mangelhafter Beobachtungen und falscher Denkansätze entstanden, sondern entsprang aus den Möglichkeiten und Grenzen seiner Jahrhunderte. Dieses System war gleichermaßen theoretisch, wie empirisch abgesichert und spiegelte das Lebensgefühl der Menschen wieder, deren Denken durch antike, später feudal geprägte christliche Weltvorstellungen erfüllt war. – Deshalb ein Plädoyer für das geozentrische Weltbild, dem man nicht gerecht wird, wenn man es schlechthin in Rücksicht auf die „Tat des Copernicus", aus dem Blickwinkel späterer Zeiten, als falsch bezeichnet. Ungeachtet der Absicherung und der Erfolge dieser Astronomie entstanden im Altertum konkurrierende Vorstellungen, die Mängel und Unsicherheiten der tradierten Systeme ausnutzten und später in unterschiedlicher Weise Anstöße zur Neuorientierung der Astronomie gaben.

KAPITEL 2

Antike Gegenentwürfe zur tradierten Wissenschaft

Die „ägyptische Hypothese"

Die „ägyptische Hypothese" fand ihren gedanklichen Anknüpfungspunkt in der geschilderten Bindung der Merkur- und Venusbewegung an die Sonne, der neuplatonischen Betonung der Rolle der Sonne in der Welt und dem in hermetischen Schriften hervorgehobenen Sonnenkult. Ganz gleich ob man Merkur und Venus unter- oder oberhalb der Sonne plazierte – das große Rätsel, warum sie einen bestimmten Winkelabstand von der Sonne nicht überschreiten und nicht in Opposition zu Sonne gelangen können, blieb. Beim Durchdenken der Möglichkeiten in der Anordnung der Planetenbahnen darf neben der Alternative, sie über oder unter die Sonne zu stellen, zunächst theoretisch die dritte Möglichkeit, sie um die Sonne herumlaufen zu lassen, nicht übergangen werden. So jedenfalls würden wir

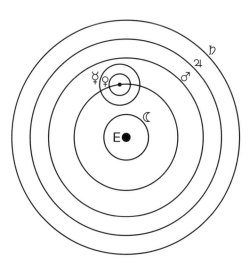

Bild 15   Mit der „ägyptischen Hypothese" wurde versucht, die Besonderheiten der Bewegung von Merkur und Venus dadurch zu erklären, daß sich beide zunächst um die Sonne und erst mit dieser gemeinsam um die zentrale Erde bewegen.

heute urteilen und auch bei den „Alten" entstand der Gedanke dieser dritten Variante (Bild 15). Der älteste Beleg für diese Ansicht weist auf Herakleides von Pontos (um 350 v. Chr.), einen Schüler Platons hin, der dessen Philosophie durch Aufnahme pythagoreischer Elemente weiterzubilden suchte. Etwa 300 Jahre später findet sich bei Vitruv (1. Jh. v. Chr.) folgender Gedanke:

Merkur und Venus aber, auf ihren Bahnen die strahlende Sonne wie einen Mittelpunkt kranzförmig umkreisend, machen rückläufige Bewegungen und verzögern sich und verweilen auch wegen dieser Umkreisung an den Stillständen in den Räumen der Sternbilder.

(Vitruv, Zehn Bücher über die Architektur, Buch 9, V. 220).

Die historisch wichtigste Erwähnung der ägyptischen Hypothese findet sich in der enzyklopädischen Schrift des Martianus Capella „De nuptiis Philologiae et Mercurii" aus dem frühen 5. Jahrhundert. Dieses im lateinischen Mittelalter außerordentlich beliebte, von Notker Labeo 600 Jahre später ins Althochdeutsche übersetzte Werk entstammt dem Umkreis der in der Spätantike weitverbreiteten, auf den mit dem ägyptischen Gott Thot gleichgesetzten Gott griechisch-ägyptischer Mysterienweisheit Hermes Trismegistos zurückgeführten hermetischen Literatur. Das Werk hat als Rahmenhandlung den allegorischen Mythos der Hochzeit des Mercurius (Hermes oder Thot) mit der Philologia als der personifizierten Gelehrsamkeit. Daß die als Brautjungfern geladenen „Sieben freien Künste" Dialektik, Grammatik und Rhetorik sowie Geometrie, Arithmetik, Musik und Astronomie die Gelegenheit nutzen, sich gebührend vorzustellen, erscheint ganz passend. Fußend auf Werken der griechischen Wissenschaft und Philosophie sowie alter ägyptischer Weisheitslehren und des alexandrinischen Neuplatonismus schuf der aus Karthago stammende Verfasser eine Enzyklopädie, welche für die Bewahrung und Vermittlung antiken Wissens bis in die Renaissance hinein von großer Bedeutung war. Im 8. Buch des Werkes, das der „Astronomia" vorbehalten ist, heißt es: „Venus und Merkur zeigen zwar einen täglichen Aufgang und Untergang, bewegen sich aber dennoch nicht um die Erde, sondern um die Sonne in freier Bewegung. Sie haben überhaupt die Sonne als Mittelpunkt ihrer Kreise." (zit. nach E. Oeser, Copernicus und die ägyptische Hypothese, 1974, S. 288) Der Neuplatoniker Dionysius Areopagita, etwa Zeitgenosse des Martianus, der sich um die Verbindung des Neuplatonismus mit christlichen Lehren bemühte, betonte den Grundgedanken dieses „metaphysischen Heliozentrismus", den Martianus Capella ins Rationale transformierte:

> Wie die göttliche Güte alles an sich zieht und als einige und einigende Macht das Zerstreute sammelt, so führt auch das Licht der Sonne zusammen und zieht an sich alle körperlichen Dinge ... Denn nach der Sonne streben alle sinnfälligen Dinge, indem sie, entweder um zu sehen, oder um bewegt oder erleuchtet oder erwärmt oder überhaupt um erhalten zu werden, nach dem Lichte verlangen.

> (zit. nach E. Oeser, Copernicus und die ägyptische Hypothese, 1974, S. 286)

Für das geozentrische Weltsystem resultierte aus diesen Gedanken zunächst einmal keine Gefahr. Der herausgehobenen Stellung der Sonne unter den Planeten war mit dem metaphysischen Heliozentrismus Genüge getan, sowohl in der Form der Mittelstellung zwischen den Planetensphären als auch der ägyptischen Hypothese. Zu größerer wissenschaftlicher Anerkennung gelangte letztere offenbar nicht. Sie löste zwar das Problem der Bindung von Merkur und Venus an die Sonne, verstieß aber statt dessen gegen die Grundsätze der aristotelischen Physik. Denn wie sollte die Sonne Zentrum der Bewegung zweier Planeten sein, wenn doch die Erde im Weltzentrum der einzige Mittelpunkt von Kreisbewegungen sein kann? Zudem hätte eine sehr störende Disharmonie des Weltbaus in Kauf genommen werden müssen, die darin bestand, daß zwei Planeten um die Sonne kreisen (mit ihr um die Erde), die anderen jedoch direkt um die Erde und der ausgedehnte leere Raum zwischen Mond und Sonne wäre ebenfalls geblieben. So mag es nicht verwundern, daß die ägyptische Hypothese eine Episode in der älteren Astronomigeschichte blieb, bis sie mehr als 1 000 Jahre nach Martianus Capella von Copernicus unter direktem Bezug auf dessen Enzyklopädie nicht einfach aufgegriffen, sondern mit Konsequenz zu Ende gedacht wurde.

Der antike Heliozentrismus –
Aristarch von Samos

Wichtiger noch als die Idee eines Umlaufs von Merkur und Venus um die Sonne wurde der Entwurf eines Weltsystems, der mit dem Namen des Astronomen Aristarch von Samos (4./3. Jh. v. Chr.) verbunden ist. Aristarch ist einer der bemerkenswertesten Forscher der alten griechischen Zeit. Leider sind seine astronomischen Vorstellungen, ausgenommen die Arbeit „Über die Größen und Entfernungen von Sonne und Mond", in der er eine Methode der Bestimmung der relativen Entfernung zwischen Sonne, Erde und Mond sowie des Durchmessers der Sonne und der Erde darlegt, nur fragmentarisch aus späteren Werken anderer Autoren bekannt geworden. Aristarchs Idee der Messung kosmischer Dimensionen wurde oft beschrieben und könnte deshalb hier unberücksichtigt bleiben, wenn sie nicht in einem wichtigen Zusammenhang mit seinem kosmischen System stehen würde. Sie beruht darauf, daß bei Halbmond Erde, Mond und Sonne ein rechtwinkliges Dreieck EMS mit dem rechten Winkel EMS am Mond bilden, während der Winkel MES zwischen Mond und Sonne von der Erde aus betrachtet 87° beträgt, woraus das Verhältnis der Winkelseiten zueinander berechenbar wird (Bild 16). Die Problematik dieser Vorgehensweise liegt darin, daß der Zeitpunkt des Halbmondes rein aus

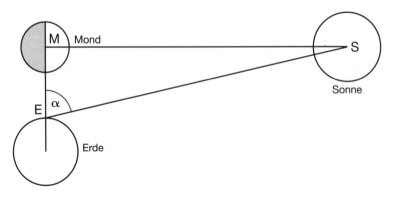

Bild 16 Bei Halbmond bilden Erde, Mond und Sonne ein rechtwinkliges Dreieck. Durch Messung des Winkels α versuchte Aristarch von Samos das Verhältnis der Entfernung von der Erde zur Sonne und zum Mond zu berechnen.

der Beobachtung nur ungenau bestimmbar ist und der Winkel MES schon bei einem kleinen Fehler zu großen Unterschieden in der Länge der Strecken MS und ES führt. Aristarchs Ergebnis, die Entfernung Sonne – Erde sei mehr als 18mal und weniger als 20mal so groß wie die zwischen Mond und Erde, ist infolgedessen recht fehlerhaft und müßte eigentlich 400mal lauten, geschuldet dem Umstand, daß der Winkel MES zu klein befunden wurde; er beträgt nämlich in Wirklichkeit 89°50′.

Die zweite Aufgabe Aristarchs, die Ableitung der relativen Durchmesser von Sonne, Mond und Erde beruht auf der Entfernungsbestimmung dieser Himmelskörper. Da Sonne und Mond fast unter demselben Winkel gesehen werden, ist ihre wahre Größe direkt von der jeweiligen Entfernung von der Erde abhängig. Weil zudem die Breite des Erdschattens in der Mondentfernung etwa zwei Monddurchmesser beträgt (wie aus Finsternisbeobachtungen abgeleitet werden konnte), sind die Durchmesserverhältnisse bestimmbar. Demnach ist die Sonne sechs- bis siebenmal größer als die Erde mit dem Verhältnis zwischen 19:3 und 43:6.

Wenn auch Aristarch mit seinen Messungen zu keinem gültigen Resultat gelangte, ist allein schon sein Versuch, kosmische Dimensionen dem Forschen zugänglich zu machen, von grundsätzlicher Bedeutung. Der ganzen Antike gelang es nur teilweise, bessere Daten zu gewinnen.

Hinsichtlich der Bestimmung der Durchmesser der Himmelskörper hat Aristarch einige Vorgänger, wie Eudoxos, der das Verhältnis des Sonnen- zum Monddurchmesser mit 9:1 angab sowie Pheidias mit 12:1. Völlig neu war dagegen sein Bestreben, das Rätsel der kosmischen Entfernungen zu lösen, um davon ausgehend einen Zugang zur Größe der Weltkörper zu finden. Um diese währte ein Streit, der so alt war, wie das Philosophieren

Tabelle 1: Die Ableitung kosmischer Dimensionen in der Antike (in Erddurchmessern)

Autor	mittl. Entf. Mond-Erde	Monddurch- messer	mittl. Entf. Sonne-Erde	Sonnendurch- messer
Aristarch	9 1/2	9/25 − 0,36	180	6 3/4
Hipparch	33 2/3	1/3 − 0,33	1 245	12 1/3
Poseidonius	26 1/5	3/19 − 0,157	6 945	39 1/4
Ptolemäus	29 1/2	5/17 − 0,29	605	5 1/2
tatsächlich	30,2	0,27	11 726	109,9

über die Welt und die Himmelskörper überhaupt. Anaxagoras (5. Jh. v. Chr.) vermutete, die Sonne sei eine glühende Gesteinsmasse von der Größe der Halbinsel Peloponnes; Platon dagegen meinte, daß die Sonne die Größe der Erde und aller anderen Himmelskörper übertreffe, was ein Merkmal ihrer Göttlichkeit sei; Epikur (4. Jh. v. Chr.) hingegen nahm an, die Sonne und alle anderen Himmelskörper seien so groß, wie sie erscheinen, wovon selbst noch Lukrez überzeugt war – welch eine bemerkenswerte Nähe zwischen genialen Ahnungen und dem Verhaftetsein an roher empirischer Anschauung!

Aristarchs Versuch, die Erscheinungen der Gestirnsbewegung durch ein heliozentrisches Weltsystem zu erklären, sprengte den Rahmen herkömmlicher Wissenschaft. Leider gibt es hierzu keine originale Überlieferung, da Aristarchs Arbeit zu diesem Thema verschollen ist. Wir sind auf Erwähnungen in der späteren Literatur angewiesen, die jedoch ein ungefähres Bild seiner Idee skizzieren. Noch zu Lebzeiten des Astronomen erwähnt dessen jüngerer Zeitgenosse Archimedes das System des Aristarch in seiner „Sandrechnung", die als authentisches Zeugnis gelten darf, doch leider recht knapp ist:

Du bist darüber unterrichtet, daß von den meisten Astronomen als Kosmos die Kugel bezeichnet wird, deren Zentrum der Mittelpunkt der Erde und deren Radius die Verbindungslinie der Mittelpunkte der Erde und der Sonne ist... Aristarch von Samos gab die Erörterung gewisser Hypothesen heraus, in welchen aus den gemachten Voraussetzungen erschlossen wird, daß der Kosmos um ein Vielfaches der von mir angegebenen Größe sei. Es wird nämlich angenommen, daß die Fixsterne und die Sonne unbeweglich seien, die Erde sich um die Sonne, die in der Mitte der Erdbahn liege, in einem Kreise bewege, die Fixsternsphäre aber, deren Mittelpunkt im Mittelpunkt der Sonne liege, so groß sei, daß die Peripherie der Erdbahn sich zum Abstande der Fixsterne verhalte, wie der Mittelpunkt der Kugel zu ihrer Oberfläche.

(Archimedes, Über schwimmende Körper, 1987, S. 67f.)

Mehr als drei Jahrhunderte später gibt Plutarch hierzu einige Ergänzungen:

Klag nur mich nicht wegen Religionsfrevel an, mein Lieber, wie es einst Kleanthes vorgenommen hatte, als er ganz Griechenland zur Anklage gegen Aristarch von Samos aufrief, weil der Mann die Phänomene zu retten gesucht, indem er den Herd des Kosmos in Bewegung brachte, den Himmel aber ruhen und die Erde sich auf einem schiefen Kreis fortrollen und zugleich um ihre eigene Achse wirbeln ließ.

(De facies in orbe lunae 6.922 F)

Demnach vertrat Aristarch folgende Thesen: 1. Die Sonne befindet sich unbeweglich im Mittelpunkt der Welt, 2. die Erde bewegt sich auf einer gegen den Himmelsäquator geneigten Kreisbahn um die Sonne (implizit alle Planeten), 3. die Erde vollführt im Verlauf eines Tages eine Drehung um die eigene Achse, 4. die Sphäre der Fixsterne ist unbeweglich, 5. die Größe der Erde verhält sich zur Entfernung der Fixsternsphäre wie ein Punkt.

Ohne Zweifel erkannten bereits antike Denker, daß die heliozentrische Theorie einige deutliche Vorzüge für die Erklärung der Phänomene der Planetenbewegung vorweisen kann. Sowohl die Schleifenbewegungen, als auch die Bewegung von Merkur und Venus waren neben anderen Erscheinungen aus der doppelten Erdbewegung einfach zu beschreiben. Darin ist ein Motiv für Aristarch grundsätzlich klar, doch wie er sein Weltsystem begründete, wie er auf die genaue Umkehrung der tradierten Astronomie kam, liegt in Dunkelheit verborgen, die nur durch Vermutungen ein wenig erhellt werden kann. Sicherlich wird für ihn die Überzeugung eine Rolle gespielt haben, es sei logischer, die große Sonne nehme das Weltzentrum ein, als die viel kleinere Erde und weiterhin könnte es eine Rolle gespielt haben, daß nach pythagoreischer Lehre das Feuer ein würdigeres Element als die Erde ist und somit geeigneter wäre, von den Planetensphären umschlossen zu werden. Auf jeden Fall überschritt Aristarch die Grenzen bloßer Spekulation, die sich um Probleme der Beweisbarkeit nicht schert, aber dafür Gedanken in beliebiger Weise in die Welt setzt. Davon zeugt beispielsweise, daß sich Aristarch über die Konsequenz der Verschiebung der Fixsternörter durch die Jahresbewegung der Erde (die Parallaxe) völlig klar war und dessen Fehlen, ähnlich wie später Copernicus, mit dem gewaltigen Abstand der Fixsternsphäre erklärt, der gegenüber sich nicht nur der Erdkörper, sondern sogar die Erdbahn wie ein Punkt verhalte.

Das aristarchsche Konzept vermochte sich aus mehreren Gründen nicht durchzusetzen. Teilweise gehören diese zum engeren Bereich der Physik, zum anderen berühren sie Belange des gesamten Weltbildes. Die aristotelische Physik genoß ein viel zu großes Vertrauen, hatte sich so umfassend bewährt, daß man nicht bereit war, sie zugunsten eines konkurrierenden

Bild 17 Das Sternbild Andromeda in naiver, die Sterne geometrisierend darstellenden Weise. Nach: Julius Hyginus, Poeticon astronomicon. Venedig 1485.

Entwurfs einfach aufzugeben. Darin verhielten sich die alten Denker völlig „normal", denn jeder Wissenschaft ist als Schutz gegen die Zersplitterung des forschenden Geistes ein konservatives Moment eigen, das daran hindert, tradierte Konzeptionen fallenzulassen, bevor alle Möglichkeiten ihrer Erhaltung, ihrer Anpassung an neue Erkenntnisse ausgeschöpft sind. In der historischen Rückschau stellt sich dies oft recht einfach dar – zu einfach. Mit kühnen Gedanken läßt sich das Verhalten unserer wissenschaftlichen Vorfahren rasch kritisch untersuchen, der „richtige" Weg, der irgendwann, nach vielen Um- und Irrwegen beschritten wurde, ist nun klar. Den Zeitgenossen stellt sich dies ganz anders dar. Völlig ahistorisch wäre es, den aristarchschen Weg als *den richtigen* zu apostrophieren, demgegenüber die geozentrische Astronomie falsch ist – obwohl tatsächlich die Sonne im Zentrum des Planetensystems steht. Dies zu wissen war man in antiker Zeit nicht in der Lage. Deshalb blieb man mit gutem Recht beim Alten, Bewährten. Um den Weg zum heliozentrischen Weltsystem zu beschreiten, fehlten mannigfache Voraussetzungen, darunter die Fähigkeit, sich vom Zeugnis der Sinne soweit zu entfernen, daß eine abstrakte Konstruktion, wie das heliozentrische Weltbild, das genau das Gegenteil vom sinnlich Wahrnehmbaren darstellt, überhaupt eine Chance bekam, nicht ins Absurde und Lächerliche gezogen zu werden. Das ganze Weltbild, nicht nur die Physik und der bloße Augenschein, sondern ebenso die philosophische und theologische Weltanschauung basierte auf der Zentralstellung der Erde im räumlich sehr begrenzten Kosmos. Und ein weiteres Argument darf nicht übersehen werden: Die antike Astrologie, von demselben Ptolemäus zu einem Lehrgebäude gestaltet, der die antike Astronomie im „Almagest" zum Abschluß brachte. Sie benötigte den geistigen Ansatz einer Sonderstellung des Menschen im Weltall, ohne den das astrologische Prinzip der „Bedeutung" der Himmelskörper für die Erde, ihre Wirkung auf irdisches Geschehen und menschliche Geschicke unbegreiflich bleiben mußte. Daß auf heliozentrischer Grundlage eine Astrologie möglich ist, konnte erst Johannes Kepler in einer Weise zeigen, die Jahrhunderte zuvor unbegreiflich gewesen wäre. Noch zu Keplers Zeit war die Astrologie neben der Kalenderrechnung und (doch in geringerem Maße) der Navigation die eigentliche Triebkraft und das wirkliche Ziel der Astronomie.

Plutarch bemühte sich um eine physikalische Begründung der heliozentrischen Theorie, mit der befriedigend geklärt werden kann, daß durchaus ein Weltbau vorstellbar ist, in dem nicht die Erde das Zentrum bildet und beispielsweise der Mond aus erdverwandten Elementen bestehen kann, ohne auf die Erde herabzufallen. Er argumentierte in dem Sinn, daß der Mond durch seinen Umschwung daran gehindert werde, auf die Erde zu stürzen, ähnlich wie ein Stein an der Schleuder durch sein Schwingen am Fall gehindert werde. Weiterhin sei der Begriff der „Bewegung zur Mitte" (den Plutarch auf die Philosophenschule der Stoiker zurückführt) paradox, da ein Raumpunkt keine Wirkung ausüben könne. Des Rätsels Lösung liege darin, daß den Teilchen der Weltkörper das Bestreben eigen sei, durch „Gemeinsamkeit" und „natürliche Verbundenheit" zusammenzubleiben. So halte der Mond die ihn bildenden Teilchen zusammen, die in Richtung seines Mittelpunktes streben, so die Sonne die ihren, in gleicher Weise die Erde und die anderen Planeten. Die von Plutarch vorgestellte „Kohäsionstheorie", die nicht mit der Gravitationstheorie in Verbindung zu bringen ist, da ihr kein Fernwirkungsprinzip zugrunde liegt, macht es möglich, gleichermaßen die Erdbewegung und die Zentralstellung der Sonne zu verstehen. Sie erwies sich jedoch gegenüber der aristotelischen Physik nicht konkurrenzfähig. Abgesehen von anderen Schwierigkeiten brauchte man ohnehin keine Physik, die ein System stützt, das keine Anerkennung fand. So war teilweise die Ablehnung des einen die Ursache für die Ablehnung des anderen.

Die weithin fehlende Anerkennung des antiken Heliozentrismus und die nicht ernsthaft bezweifelte Gültigkeit des geozentrischen Weltsystems darf angesichts der Widersprüchlichkeit des Prozesses der Wahrheitsfindung in den Wissenschaften keineswegs als ein Rückschritt angesehen werden. Was nicht beweisbar ist, kann nicht anerkannt werden (es sei denn, es wird aus Gründen der inneren Logik des Forschungsprozesses oder resultierend aus nichtwissenschaftlichen Faktoren akzeptiert, was jedoch wieder ein Beweis, wenn auch ein indirekter, wäre) und das aristarchsche System ging in der Antike nicht über den Stand einer Denkmöglichkeit hinaus, vermutlich ohne jemals eine mathematische Durcharbeitung erfahren zu haben. Ungeachtet dessen ist der antike Heliozentrismus mehr als nur eine Episode in der Astronomiegeschichte. Wenn zwar in der alten Literatur nicht allzu viele Belege für dieses System auf uns gekommen sind, kann doch festgestellt werden, daß es über Jahrhunderte hinweg diskutiert wurde und in den Kreisen der Gebildeten für einige weltanschaulich begründete Unruhe sorgte, wie Plutarch bezeugt. Immerhin liegen zwischen Aristarch und Archimedes einerseits und zwischen Aristarch und Plutarch andererseits fast vier Jahrhunderte, und noch einmal ein halbes Jahrtausend danach nimmt, wie schon erwähnt, Simplikios Bezug auf die zur Rettung der Phänomene nicht ungeeignete heliozentrische Lehre. Kurz nach Plutarch trat als Zeuge für die Bedeutung des aristarchschen Systems kein geringerer als Ptolemäus auf, der diesen Gedanken, wenn auch ohne Namensnennung, diskutiert. Hätte er das getan, wenn das heliozentrische System zu seiner Zeit nur noch als totes Objekt historischer Rückschau gegolten hätte? Ptolemäus kommt nicht umhin, zuzugestehen, daß, „was die Erscheinungen in der Sternenwelt anbelangt, bei der größeren Einfachheit der Gedanken nichts hinderlich sein würde, daß dem so wäre", d. h. die Sonne im Zentrum der Planetenbewegung stehe (Ptolemäus, Handbuch, Bd. 1, 1963, S. 19). Doch konstatiert er im Anschluß daran die Widersprüche dieses Systems mit den Beobachtungen, wie sie oben dargestellt wurden.

Die im „Almagest" enthaltene Stelle ist von großer Wichtigkeit für die Wirkungsgeschichte des aristarchschen Systems. Denn die „Sandrechnung" des Archimedes wurde erstmals 1544 gedruckt (Archimedes, Opera, 1544, S. 155–163). Freilich bleibt die Möglichkeit offen, daß Handschriften des archimedischen Werkes unter Studenten und Lehrkräften der Universitäten und anderen Interessenten kursierten. Für das 15. und noch das 16. Jahrhundert muß ja generell neben Inkunabeln und frühen

Drucken die Benutzung von Handschriften in Betracht gezogen werden. Leider führt dies wegen der spärlichen Nachweise der Handschriftenbestände dieser Zeit, den seither eingetretenen großen Verlusten sowie des kaum nachvollziehbaren Weges einer Handschrift von Besitzer zu Besitzer zu mancher Unsicherheit bei der Beantwortung der Frage nach der historischen Wirkung eines Werkes oder nach dem Bildungsweg eines Gelehrten.

Bild 18   Die erste morgendliche Sichtbarkeit des Sirius im Sternbild „Großer Hund" verkündete den alten Ägyptern die nahende Nilüberschwemmung und den Griechen die Zeit für landwirtschaftliche Tätigkeiten.
Nach: Aratus, Opus poeticae. Leyden 1600.

„Pyrozentrische" Weltbilder

Das heliozentrische System des Aristarch ist ohne Zweifel der ausgereif-
teste Gegenentwurf zur tradierten geozentrischen Astronomie der Antike, doch nicht der einzige, wie bei der ägyptischen Hypothese deutlich
wurde. Weiterhin sind einige im wesentlichen philosophisch angeregte
Konstruktionen bekannt, welche eine bewegte Erde einschließen. Die
älteste von ihnen wurde von Philolaos entworfen, der um 420 v. Chr. von
Süditalien nach Theben ging und dort Schüler um sich versammelte. Philolaos stand als Verkünder pythagoreischer Weisheiten in hohem Ansehen. Es wird berichtet, daß Platon ihn in Italien besuchte, um seine
Gedanken kennenzulernen (Diogenes Laertius, Leben und Meinungen
berühmter Philosophen, 1955, VIII, 84 und III,6), beispielsweise über die
Unsterblichkeit der Seele, über das Unbegrenzte und das Begrenzte, über
kosmische Harmonien, über die Natur der Zahlen u. a. Was er vortrug,
war jedoch, soweit wir dies heute kennen, sehr spekulativ, ohne viel Rücksicht auf die Realität. Die erste Quelle unserer Kenntnis seines Weltbildes
ist Aristoteles, der in seinem Werk „Über den Himmel" mit Bezug auf die
Pythagoreer schrieb:

> Sie meinen nämlich, nur dem Wertvollsten käme es zu, den geschätzte-
> sten Platz einzunehmen. Feuer aber sei wertvoller als Erde und Grenze
> wertvoller als das Zwischengebiet, Mitte und Rand seien aber Grenzen.
> Aus solchen Erwägungen heraus glaubten sie nicht, daß die Erde an der
> Mitte der Weltkugel hafte, sondern viel eher das Feuer. Auch lehren die
> Pythagoreer dies deshalb, weil dem Hauptkörper am ehesten zukomme,
> über das Ganze zu wachen. Ein dazu geeigneter Platz aber sei die Mitte,
> sie nennen ihn des Zeus Wache, nämlich das Feuer, das diesen Platz
> hält, wie wenn es nur eine Mitte gäbe, zugleich Mitte aller Größe, aller
> Dinge und aller Natur.
>
> (Aristoteles, Über den Himmel, 1958, S. 95f.)

Aus der gesamten Überlieferung ergibt sich folgendes Bild: Die Welt des
Philolaos ist zehnteilig. In der Mitte befindet sich das Zentralfeuer, der
„Herd der Welt". Um das Zentralfeuer kreisen in der Reihenfolge eine
Gegenerde, die Erde, der Mond, die Sonne, dann die Planeten und ab-

schließend der Fixsternhimmel. Mit dem Zentralfeuer setzt Philolaos das Feuer als würdigstes Element, als das Bewegungsprinzip der Himmelskörper in das Weltzentrum, während er die Erde, die nur auf der einen Halbkugel bewohnt ist und die bewohnte Seite stets so orientiert sei, daß weder die Gegenerde noch das Zentralfeuer für uns sichtbar seien, unter die Himmelskörper versetzte, ebenso den Mond als bewohnten, idealen Körper, gleichsam ein Paradies. Die Zahl der Himmelskörper ergibt sich aus der Bedeutung der Zehn als heilige Zahl.

Ferner nimmt Hiketas (4. Jh. v. Chr.) eine Erde mit Gegenerde an, die sich im Kreis bewegen – steht demnach Philolaos nahe und ist ferner in eine Linie mit Ekphantos einzuordnen.

Astronomisch gesehen ist das Weltsystem des Philolaos sinnlos. Die Phänomene der Planetenbewegung können nicht erklärt werden, ohne zu großen Widersprüchen zu führen (beispielsweise würde bei der Tagesbewegung eine große Änderung des Abstandes zwischen Sonne und Erde entstehen). Wahrscheinlich ist aber dieses Herangehen an das System des Philolaos falsch. Man unterstellt ihm das Versagen in einem Bereich, in den er sich gar nicht begeben wollte. Sein „pyrozentrisches Weltsystem" ist nicht an astronomischen Kriterien zu messen, sondern bleibt im mythisch-religiösen, weshalb alle diese Grenze mißachtenden Kritiken gegenstandslos werden. Genauso überflüssig ist dann der Streit, ob Philolaos das System des Copernicus vorweggenommen habe – natürlich nicht. Philolaos ging von philosophisch-religiösen Überlegungen aus, nicht von astronomischen Fakten – wollte und konnte diese doch gar nicht erklären. Dennoch zeigt sich das Großartige an diesem Konzept, sobald man es in kosmische Bezüge setzt, darin, daß der ganze Anblick des Himmels, mit den sich um die Erde bewegenden Himmelskörpern für bloßen Schein erklärt wird, während in Wirklichkeit wir uns bewegen.

Ganz so ohne Folgen, wie vielleich zu vermuten wäre, blieb das pyrozentrische Weltsystem nicht. Hiketas von Syrakus lehrte nach dem Zeugnis des Theophrast, einem Schüler des Aristoteles und dessen Nachfolger als Vorsteher der peripathetischen Schule, ebenfalls eine Erdbewegung, was durch die Erwähnung bei Cicero bekannt wurde (Cicero, Lehre der Akademie, 1874).

Alle diese Denker stammen aus der Philosophenschule des Pythagoras, wie Hiketas und dessen Schüler Ekphantos, oder des Platon, wie Herakleides. Kennt man lediglich die betreffenden Zitate von Cicero und Plutarch, auf die sich ihre Rezeption lange Zeit beschränkte, hören sich ihre Lehren wissenschaftlicher an, als sie tatsächlich sind. Bei alldem ist zu bedenken, daß manche Überlieferung recht widersprüchlich ist, denn beispielsweise bleibt unklar, ob immer ein Zentralfeuer angenommen wurde, oder lediglich die in der Weltmitte stehende, rotierende Erde, während alle anderen Weltkörper in Ruhe verharren. Letzteres scheint die Ansicht des Ekphantos gewesen zu sein, der gewissermaßen Erde, Gegenerde und Zentralfeuer zu einem einzigen Weltkörper, zu der in der Weltmitte um die eigene Achse rotierenden Erde vereinigt, in deren Innern das Zentralfeuer als Antriebskraft lodert, sicherlich angeregt durch die Beobachtung des Vulkanismus, und die Gegenerde schließlich als Welt der Antipoden verstanden werden könnte. Weiterhin bleibt unklar, ob Herakleides eine in der Weltmitte um sich selbst drehende Erde annahm oder eine um eine leere Weltmitte kreisende Erde, also in Vorwegnahme des Systems des Aristarch ein heliozentrisches Modell (B.L. van der Waerden, Die Astronomie der Pythagoreer, 1951, S. 62–73), oder ob er, wie bereits erwähnt, die ägyptische Hypothese vertrat.

Die kosmologischen Gegenentwürfe von Philolaos bis Martianus Capella erwiesen sich in ihrer Zeit als zu wenig begründet, zu spekulativ, zu widersprüchlich mit den anerkannten Meinungen, mit den sich praktisch bewährenden herkömmlichen Systemen, weit entfernt von jeder Beweisbarkeit – damit ohne Chance, akzeptiert zu werden. Trotzdem blieben sie am Ende nicht ohne Resonanz, denn sie wurden Paten bei der Geburt des heliozentrischen Weltsystems im Werk von Nicolaus Copernicus – mehr als 1000 Jahre später.

KAPITEL 3

Die Zeit des Lernens –
Astronomie im Mittelalter

Mit Hipparch und Ptolemäus erreichte die Entwicklung der Astronomie einen Höhepunkt und Abschluß, der die theoretischen (speziell mathematischen) und praktischen Möglichkeiten dieser Wissenschaften so weit ausschöpfte, daß lange Zeit keine grundlegenden, ja kaum partielle Veränderungen an diesem System vorgenommen werden konnten. Auch die innere Reife anderer Zweige des Naturwissens, die Kenntnis der Länder und Meere der Erde, der Tier- und Pflanzenwelt und schließlich des Menschen, ließ eine neue Gattung der wissenschaftlichen Literatur entstehen – die enzyklopädischen Schriften oder Handbücher des Wissens. Von ihnen seien nur genannt die „Enzyklopädie" des M. Terrentius Varro (2. Jh. v. Chr.), das Lehrgedicht „Über die Natur der Dinge" von Lukretius Carus (1. Jh. v. Chr.), die „Naturgeschichte" des Plinius und aus späterer Zeit die „Etymologien" von L. Caelius Lactantius (3. Jh.) sowie das Werk des Martianus Capella.

Bereits in spätantiker Zeit war man sich der herausragenden Bedeutung des ptolemäischen „Almagest" für die mathematischen Wissenschaften bewußt, wovon zahlreiche Kommentare zeugen. Das Wissen um dieses „Handbuch der Astronomie" hielt selbst dem Zerfall des römischen Reiches und dem damit verbundenen Untergang der griechischen und römischen Kultur stand. Dank der Bestrebungen anderer Völker wurde das antike Wissen aufbewahrt und auf diesem Wege einer fruchtbaren Weiterentwicklung zugeführt.

Etwa 80 Jahre nach dem Tod des Propheten Muhammad (632) hatten die Kalifen durch Eroberungen ein islamisches Reich begründet, das vom Indus im Osten bis zur iberischen Halbinsel im Westen reichte und die gesamte Nordküste Afrikas umfaßte. Der politische und wirtschaftliche Aufschwung dieses Reiches bewirkte eine hohe geistige Regsamkeit auch in den Wissenschaften. Der auf dem Mondphasenwechsel beruhende islamische Kalender mit strengen Festlegungen der Monatsanfänge, darunter der Fastenmonat Ramadan, die Einhaltung der auf dem Sonnenstand beruhenden täglichen Gebetszeiten und die Vorschrift der Gebetsrichtung nach Mekka boten Ansatzpunkte für astronomische Betätigung. Das einmal geweckte Interesse am gestirnten Himmel verselbständigte sich bald und ging über den gesetzten Rahmen hinaus. Seit dem 8. und 9. Jahrhundert wurden in Irak und Iran griechische Texte übersetzt, kommentiert und ergänzt, entstanden Kommentare zum Koran, Bücher zum Leben der Propheten, zum islamischen Recht und zu anderen Themen.

Während im europäischen Westen mit der zeitlichen Entfernung von der Antike die Kenntnis der griechischen Sprache fast erlosch und damit der Zugang zu den Quellentexten versperrt wurde, blieben in den islamischen Gelehrtenschulen wichtige Werke der Antike präsent. Im 9. Jahrhundert wurde an der von dem wissenschaftlich sehr interessierten Kalifen Al-Ma'mun geförderten Übersetzerschule in Bagdad der Almagest ins Arabische übertragen. Der heute geläufige Name des ursprünglich „Mathematische Zusammenstellung" genannten Buches spiegelt die verschlungenen Pfade seiner Überlieferung wider. Noch in antiker Zeit entstand der Name „Megále Syntaxis" – „Große Zusammenstellung" – und wohl auch die Superlativform „Megīste Syntaxis" – „größte Zusammenstellung" – ein Zeichen für die Autorität, die man Ptolemäus zubilligte. Daraus ging in den arabischen Übersetzungen der Titel „al-Magasṭi" hervor. Das 12. Jahrhundert führte in Spanien zur Begegnung der islamischen, lateinischen und jüdischen Gelehrsamkeit. Um 1150 und 1180 gelang in Toledo, das 1085 von den Christen zurückerobert worden war,

Bild 19 Der islamische Gelehrte Alfraganus war für die Vermittlung antiken Wissens an das lateinische Mittelalter von großer Bedeutung.
Nach: Alfraganus, Compilatio astronomica. Ferrara 1493.

aber weiterhin ein Sitz östlicher Wissenschaft blieb, durch Gerhard von Cremona die Rückübersetzung des „Almagest" aus einer arabischen Vorlage ins Lateinische. Im Laufe der Zeit verstand man den arabischen Titel nicht mehr, faßte das auslautende -i als lateinische Genitivform auf und konstruierte den Nominativ „Almagestum", unter dem dieses Werk wieder in die europäische Wissenschaft Einzug hielt.

Bald folgten weitere Übersetzungen, Werke von Platon, durch Gerhard von Cremona die Schriften von Aristoteles über die Physik, den Himmel und die Meteorologie, schließlich die Werke arabischer Gelehrter selbst, die auf diesem Wege Eingang in die abendländische Wissenschaft fanden. Nur wenige Beispiele seien genannt: Tabit ben Qurra übersetzte griechische mathematische Werke und schuf eine von Ptolemäus abweichende, lange diskutierte, jedoch falsche Präzessionstheorie; al-Fargani (Alfraganus) verfaßte ein noch im 16. Jahrhundert mehrfach gedrucktes und vielgelesenes, auf dem Almagest beruhendes Lehrbuch der Astronomie; al-Battānī (Albategnius) erlangte durch seine genauen Beobachtungen eine große Bedeutung und verfaßte gleichfalls ein Handbuch der Astronomie sowie einen Kommentar zum astrologischen Werk des Ptolemäus; al-Bitrugi (Alpetragius) entwickelte eine Lehre der Planetenbewegung und schließlich ibn Rušd (Averroës), der viel dazu beitrug, das Werk von Aristoteles bekannt zu machen.

Diese Übersetzungen waren eine kulturelle Leistung ersten Ranges. Daran ändert die Tatsache nichts, daß die entstandenen Texte vielfach fehlerhaft waren; manche Stelle wurde mißverstanden, Namen oder Zahlen falsch geschrieben, Rechnungen fehlerhaft wiedergegeben, manches mechanisch übersetzt, ohne den Sinn für eine inhaltlich korrekte Übertragung heranziehen zu können. Heute ist es leicht, dies festzustellen – vor Gerhard von Cremona und seinen Nachfolgern (als weitere Zentren der Übersetzertätigkeit seien hier nur byzantinische Klöster in Süditalien, das durch Benedikt von Nursia gegründete Kloster Monte Cassino und für das 13. Jahrhundert der sizilianische Hof des Hohenstauferkaisers Friedrich II. genannt) türmten sich enorme Schwierigkeiten auf. Schöpften die mittelalterlichen Gelehrten bisher ihre Kenntnisse aus den verknappenden enzyklopädischen Schriften, lagen nun die Originalwerke vor ihnen, die noch heute intensivstes Studium erfordern. Probleme bereitete zudem die Eigenart des Arabischen, nur die Konsonanten zu schreiben, während die richtigen Vokale zur Übertragung ins Lateinische selbständig gefunden werden mußten.

Neben dieser, über das Arabische laufenden Überlieferung und den wenigen, im Mittelalter bekannten spätantiken Schriften, verlief eine eigenständige europäisch-christliche Tradierung antiken Wissens. Einige frühmittelalterliche Gelehrte bemühten sich um die Sammlung alter Handschriften und erlangten so ein Wissen, das einen Abglanz alter Gelehrsamkeit bot. Boethius, ein dem Christentum nahestehender neuplatonischer Philosoph und hoher Beamter am Hof von Theoderich d. Gr., der „Lehrmeister des frühen Mittelalters", hinterließ im 6. Jahrhundert, an der Schwelle zum Mittelalter, ein umfangreiches Werk lateinischer Übersetzungen und Kommentare zu philosophischen und wissenschaftlichen Werken, über Arithmetik, Geometrie und Musik, das von großem Einfluß auf die mittelalterlichen klösterlichen Bildungsbestrebungen war. Sein Ziel, eine vollständige Übersetzung der Werke des Aristoteles und Platons, konnte er nicht verwirklichen. Flavius Magnus Aurelius Cassiodor, ebenfalls im Dienst Theoderichs, sammelte in dem von ihm gegründeten Kloster Vivarium antike Schriften, ließ sie abschreiben und bewahrte sie auf diese Weise vor dem Vergessen. Beda Venerabilis, der „Ehrwürdige", ein angelsächsischer Mönch des 8. Jahrhundert, besaß für seine Zeit erstaunliche Kenntnisse. Sein enzyklopädisches Werk „De rerum natura" sowie seine Schriften zur Kalenderrechnung zeugen von weitreichenden Studien und wirklichem Verstehen der Dinge, von denen er schrieb.

Das im Vergleich mit den alten Originalen viel geringere Niveau dieser Schriften gab mannigfachen Anlaß, den Kulturverfall, den Niedergang des Wissens, den Rückfall in die Barbarei, zu bedauern. Auf den ersten Blick möchte man meinen, daß diese Klagen berechtigt sind. Doch ist es nicht ein falsches Herangehen, den Maßstab für alle Kultur des Mittelalters in der griechischen Antike zu suchen und damit die Selbständigkeit dieser Epoche zu mißachten? Niedergang des Wissens im alten griechischen und römischen Stammland ja, aber ein großartiger Aufschwung des Wissens der Völker, die sich erst wenige Jahrhunderte zuvor aus urgesellschaftlichen Stammesverfassungen erhoben hatten, um altes Wissen aufzunehmen und sich ein dreiviertel Jahrtausend später anschickten, langsam über ihre Lehrmeister hinauszugehen! Und wenn wir heute verständnislos vor manchen Diskussionen der mittelalterlichen Gelehrten stehen – muß das in jedem Fall an unseren Vorfahren liegen? Oder müssen wir uns nicht mehr bemühen, in ihre Lebensbedingungen, ihre Möglichkeiten in einer vorwiegend auf autarker landwirtschaftlicher Produktion beruhenden Zeit, die so eingeschränkten Interessen an Wissenschaft einzudringen? Solche Zeitumstände boten wenig Ansatzpunkte für wissenschaftliche Tätigkeit, es sei denn, sie diente einem besseren Verständnis der Heiligen Schrift und den Bedürfnissen christlicher Liturgie. So einengend, wie sich diese Zweckbestimmung des Naturwissens zunächst anhören mag, war sie durchaus nicht. Auch wenn Exponenten der christlichen Kirche gelegentlich auf die Sinnlosigkeit des die Natur erforschenden Strebens, ja dessen Gefährlichkeit für das Seelenheil hinwiesen, waren die gesetzten Grenzen weit genug, um die Natur, schließlich eine Schöpfung Gottes, nicht zu mißachten. Man studierte die wenigen christlichen und heidnischen Schriften zur Naturforschung und Philosophie, deren man habhaft werden konnte und interpretierte sie im Sinne der eigenen Anschauung der Welt.

Dem mittelalterlichen Gelehrten stand ein Wissensreservoir zur Verfügung, das sich zwar nicht auf die grundlegenden Originalwerke stützte, aber dennoch zu Einsichten führte, die man dem „finsteren Mittelalter" gemeinhin gar nicht zugestehen möchte. Beispielsweise ist die häufig vertretene Meinung, die Kugelgestalt der Erde sei im Mittelalter, besonders unter dem Einfluß der Kirchenväter, bekämpft und vergessen worden, durchaus falsch. Stand zwar die Scheibengestalt im Vordergrund, so sind für alle Jahrhunderte seit der Spätantike bis zur anbrechenden Renaissance Gelehrte bekannt, denen die Kugelgestalt der Erde eine selbstverständliche Tatsache war und die richtige Argumente dafür vorzubringen wußten; Beda soll hier nur als ein Beispiel stehen. Selbst Augustinus ließ die Kugelgestalt der Erde als rein wissenschaftliches Problem gelten, wenn er auch die Existenz von Antipoden aus heilsgeschichtlichen Erwägungen strikt zurückwies. Vermittelt wurden die Kenntnisse von der Erdgestalt vor allem durch die „Naturgeschichte" des Plinius sowie den hiervon abhängenden Schriften des Julius Hyginus, Macrobius Theodosius, Marcus Manilius, Martianus Capella und schließlich von Beda. Seit der Mitte des 13. Jahrhunderts, unter Einfluß der gewandelten Sozialstruktur, der ausgedehnteren Kenntnis antiker Werke und der um 1230 entstandenen „Sphaera" des Johannes de Sacrobosco, gab es unter den Gelehrten kaum noch einen Streit um die wahre Gestalt des Erdkörpers.

Im 11. Jahrhundert wurde der praktischen Astronomie wieder mehr Beachtung geschenkt. Es entstanden Arbeiten über Beobachtungsinstrumente, zur Armillarsphäre, zum Quadranten und zur Sonnenuhr, man verfolgte den Sonnenlauf zur Bestimmung kalendarischer Daten und machte sich mit der Lage der Himmelskreise vertraut – all dies natürlich nur in einigen Zentren klösterlicher Gelehrsamkeit oder politisch-geistigen Lebens. Darüber hinaus hatte man sich vor allem in den Klöstern schon lange für besondere Himmelserscheinungen interessiert, für Sonnen- und Mondfinsternisse oder Kometen – freilich mehr aus Erstaunen über das Ungewöhnliche oder aus astrologischer Motivation. Nur ausnahmsweise spielte ein tieferer wissenschaftlicher Hintergrund (der wieder ein astrologischer sein konnte) eine Rolle.

Von kaum zu unterschätzender Bedeutung für die Astronomie des Hochmittelalters wurde die „Sphaera" des Pariser Professors Johannes de Sacrobosco, entstanden um 1230 (L. Thorndike, The sphere of Sacrobosco, 1949). Es stellt einen für elementare astronomische Studien im Rahmen der „Sieben freien Künste" an den Universitäten konzipierten

PRIMA PARS

Hoc Schema demonſtrat terram eſſe globoſam.

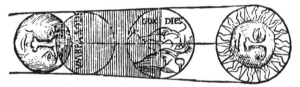

Si terra eſſet tetragona, vmbra quoქ tetragonæ
figuræ in eclipſatione lunari appareret.

Si terra eſſet trigona, vmbra quoქ triangula-
rem haberet formulam .

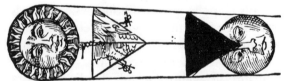

Si terra hexagonæ eſſet figuræ, eius quoქ vmbra in defeſtu
lunari hexagona appareret, quæ tamen rotunda cernitur.

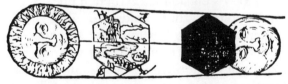

Bild 20 Die stets runde Gestalt des Erdschattens bei einer Mondfinsternis war ein wichtiges Argument für die Kugelgestalt der Erde. Hätte die Erde eine eckige Figur, müßte dies an ihrem Schatten erkennbar sein.
Nach: Peter Apian, Cosmographia. Antwerpen 1539.

Auszug aus dem „Almagest" des Ptolemäus sowie verschiedenen arabischen Werken, darunter von Alfraganus dar und diente Nicolaus Copernicus als erste Quelle seines astronomischen Wissens. Ein zweites, kurz nach der „Sphaera" entstandenes Werk dieses Verfassers ist der Kalenderproblematik gewidmet, einem Standardthema mittelalterlicher Himmelskunde. Beide Schriften zusammengedruckt erlebten bis ins 17. Jahrhundert hinein eine ungeahnte Popularität. Durch eine vielfache Kommentierung wurde Johannes de Sacrobosco geradezu zu einem Markenzeichen. Die „Sphaera", oder „Libellus de sphaera" genannt, erlebte über 100 Auflagen.

Die Kalenderdiskussionen boten mannigfachen Anreiz, wichtige Himmelsvorgänge zu untersuchen. In diesem Zusammenhang entstand ein wirksames gesellschaftliches Bedürfnis nach astronomischer Beobachtung. Schon im 11. Jahrhundert wurden Stimmen laut, die Mängel des kirchlichen Kalenders feststellten. Um 1200 erkannte ein sonst unbekannter Magister Konrad von Straßburg, daß die Wintersonnenwende nicht mehr mit dem Datum im Kirchenkalender übereinstimmt, sondern sich etwa neun Tage zuvor ereignet und daß die Vollmondrechnung fehlerhaft ist. Die Ursachen für diese Abweichungen lagen in den im Jahre 325 auf dem Konzil von Nicäa beschlossenen Grundlagen des christlichen Kalenders. Die Jahreslänge von 365,25 Tagen (drei Jahre mit 365 Tagen und ein Jahr mit 366 Tagen in einem vierjährigen Zyklus) erwies sich um 11 Minuten zu lang, ein scheinbar geringer Fehler, der im Verlaufe der Jahre einen beachtlichen Wert erreicht hatte. Ebenso war die zyklische Berechnung der Mondphasen nicht genau genug. Brisant wurde all dies vor allem deshalb, weil wichtige Lebensstationen Christi in ihrer liturgischen Beziehung an astronomische Daten gebunden waren. Das Osterfest fiel nach der Festlegung von Nicäa auf den 1. Sonntag nach dem 1. Vollmond nach dem Frühlingsanfang, der auf den 21. Februar festgelegt wurde. Verschiebt sich der astronomische Frühlingsanfang, wird unter Umständen nach dem Kalender ein anderer Vollmond der erste nach dem Frühlingsanfang, als nach astronomischer Rechnung. Wann also sollte der Kreuzigung, Auferstehung und Himmelfahrt Christi gedacht werden? Verdient die astronomische Beobachtung ein größeres Vertrauen als das Werk der Konzilsväter von Nicäa? Bis diese Fragen zugunsten der Astronomen entschieden wurden, verging viel Zeit. Erst 1582 wurde die längst fällige Kalenderreform vollzogen, als der sich mehr und mehr vergrößernde Fehler zu einem allgemeinen Ärgernis geworden war.

Nachdem die Himmelsbeobachtung durch die Kalenderprobleme sowie angeregt durch astrologische Bedürfnisse wieder einen größeren Umfang

Bild 21 Mittelalterliche Kalenderillustration für den Monat Mai, entstanden in St. Mesmin, um 1000. Das diesem Monat zugehörige Tierkreiszeichen Stier fügt sich mit dem weidenden Pferd und einem Reiter zu einem Bild ländlicher Idylle zusammen.

angenommen hatte, stand genügend Datenmaterial zur Verfügung, die Verläßlichkeit astronomischer Tafeln zu prüfen. Mitte des 13. Jahrhunderts entstanden auf Geheiß des Königs Alfons X. von Kastilien und Leon die „Alphonsinischen Tafeln" zur Berechnung des Laufes der Sonne, des Mondes und der Planeten (vgl. z. B. die von Copernicus benutzte Ausgabe Alphonsus X., Tabulae astronomicae, 1492). Sie dienten bis um 1600 als wichtigste Berechnungsgrundlage des Gestirnslaufes und fanden noch in den folgenden 100 Jahren vielfache Verwendung.

Mit welcher Intensität im ausgehenden Mittelalter die himmlischen Erscheinungen tatsächlich beobachtet wurden, ist nur schwer zu erfahren. Die meisten Beobachtungen dieser Zeit sind verlorengegangen, da sie nicht für die Dauer notiert wurden und spätestens mit den nachgelassenen Papieren ihres Autors untergingen. Nur noch indirekt läßt sich auf das Ausmaß der praktischen Astronomie schließen – etwa aus alten Kloster- und Reichsannalen, der Überlieferung von Instrumentenbeschreibungen, aus der erwähnten Feststellung der Kalenderfehler oder der um 1450 erfolgten Entdeckung der Mißweisung der Kompaßnadel. Aus dem späten 15. Jahrhundert sind mehrere Instrumente und Sonnenuhren erhalten geblieben, welche für mehrere Orte Mittel- und Westeuropas Angaben für die Mißweisung, die lokale Abweichung der magnetischen Nordrichtung, aufweisen. Da der Schattenwerfer einer Sonnenuhr genau nach Norden ausgerichtet sein muß, ist von der Kenntnis der Mißweisung, vor allem auf sog. Reisesonnenuhren, die genaue Zeitangabe direkt abhängig. Mit der Ausweitung des Fernhandels, infolge der Auffindung des Seeweges nach Amerika auch nach Übersee, bestand hierfür ein gewichtiges gesellschaftliches Bedürfnis. Die Mißweisung war nur durch eine kritische, systematische Bearbeitung zahlreicher Sonnenbeobachtungen, bei denen die Sonnenuhr als astronomisches Beobachtungsinstrument fungierte, aufzuspüren.

Das 15. Jahrhundert brachte einen weiteren wichtigen Fortschritt der Astronomie. Zu Beginn jenes Jahrhunderts nahm in Wien Johann von Gmunden seine Tätigkeit als Hochschullehrer auf. Er zeichnete sich in den mathematischen Fächern so aus, daß er von 1420 an nicht mehr, wie bis dahin üblich, turnusmäßig die verschiedensten Fächer der „Sieben freien Künste" zu übernehmen hatte, sondern sich auf die Astronomie beschränken durfte. Bedeutung gewannen seine Arbeiten über Kalenderfragen, Planetentafeln und Beobachtungsinstrumente, die in vielen Abschriften kursierten; mehrere Geräte, Quadranten und Astrolabien hinterließ er der Universität. Der Ruf eines guten mathematischen Unterrichts, verbunden mit praktischen Übungen in der Himmelsbeobachtung sowie der dort gepflegten humanistischen Bestrebungen zog viele junge Menschen nach Wien, sich hier ihren Studien zu widmen. Unter ihnen war Georg Peuerbach, der 1453 Magister der philosophischen Fakultät wurde. Er beschäftigte sich mit der Herstellung von Sonnenuhren, darunter Reisesonnenuhren mit Angaben zur Mißweisung und hielt neben Vorlesungen zu diesem Thema als typischer Renaissancegelehrter solche über lateinische Dichtkunst. Seit 1451 sind Beobachtungen von Georg Peuerbach bekannt: Mond- und Sonnenörter, Finsternisse, die Schiefe der Ekliptik, die Polhöhe von Wien sowie Kometen, darunter des Halleysche Kometen in seiner Erscheinung von 1456. Von seinen Schriften wurden besonders die „Theoricae novae planetarum" (erster Druck durch Johannes Regiomontan um 1473), ein von den Anforderungen her über die „Sphaera" des Johannes de Sacrobosco hinausgehendes Lehrbuch sowie seine Instrumentenbeschreibungen und Finsternistafeln bekannt.

Im Jahre 1460 kam der dem Platonismus nahestehende gelehrte griechische Kardinal Bessarion als päpstlicher Gesandter nach Wien. Er regte

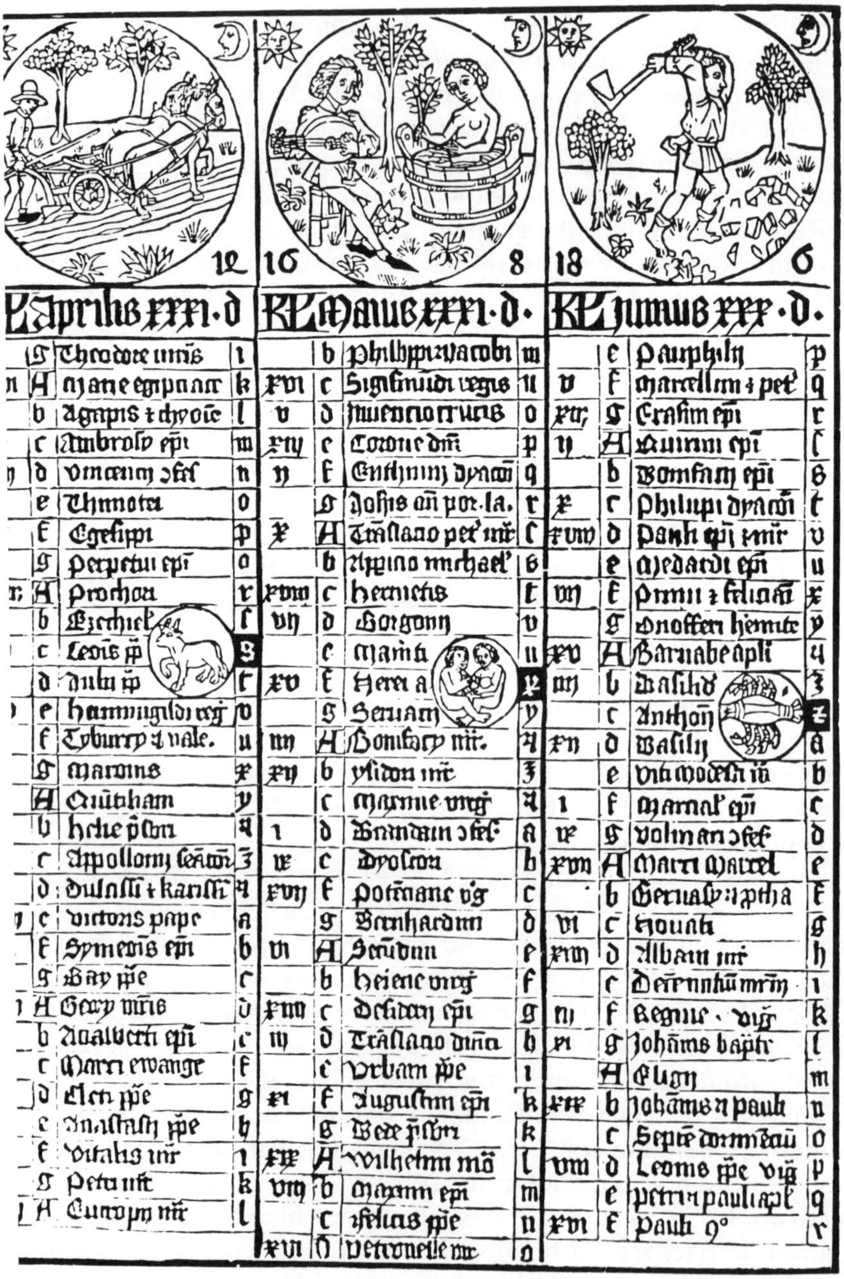

Bild 22 Das Kalendarium (immerwährender Kalender) für April bis Juni von Johannes von Gmunden aus einem Einblattdruck um 1470–1475, mit Monatsbildern, Heiligentagen, den zugehörigen Tierkreiszeichen sowie weiteren kalendarischen Angaben.

Peuerbach an, sich genauer mit dem ptolemäischen Almagest zu beschäftigen, d. h. einen erläuternden und gegenüber der Übersetzung des Gerhard von Cremona nach griechischen Handschriften konzipierten Auszug zu verfassen. Doch als Peuerbach 1461, im Alter von erst 37 Jahren starb, lag nur etwa die Hälfte des Werkes vor. Er hatte jedoch das Glück, einem hoffnungsvollen Schüler die Beendigung der Arbeit auftragen zu können – es war Johannes Regiomontan, der nach einem kurzen Studienaufenthalt in Leipzig 1450 nach Wien gekommen war und mit Peuerbach bekannt wurde (E. Zinner, Leben und Wirken des Johannes Müller, 1938). Nach dessen Tod begleitete er Bessarion nach Italien, studierte mathematische und astronomische Handschriften und lernte bedeutende Gelehrte kennen. Im Jahre 1467 ging er nach Ungarn, wo damals unter dem humani-

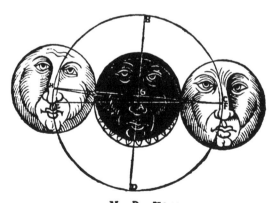

Bild 23 Titelblatt der Theoricae novae planetarum von Georg Peuerbach, Wittenberg 1542, eines der beliebtesten Lehrbücher für die Planeten- und Finsternistheorie.

stisch gebildeten König Mathias Corvinus Wissenschaften und Künste in großer Blüte standen. Hier arbeitete Regiomontan an der Verbesserung astronomischer Instrumente und berechnete Tafeln für den Planetenlauf, woran sich der Hofastronom Martin Ilkusch beteiligte, der später der Universität Krakau/Kraków mehrere Instrumente und Bücher schenkte.

Bei all seinen Studien stieß Regiomontan immer wieder auf viele Fehler und Entstellungen, welche die astronomischen Werke, hauptsächlich durch eine ungenaue Überlieferung der griechischen Originale, beeinträchtigten. Er kam zur Überzeugung, daß eine Erneuerung der Himmelskunde dringend erforderlich sei und auf zwei Säulen begründet werden müsse – auf bereinigten Ausgaben der alten Schriften und auf neuen, systematischen Beobachtungen. Im Frühjahr 1471 fuhr Regiomontan nach Nürnberg, um seine großartigen Pläne zu verwirklichen. Seine Wahl fiel auf jene Stadt, weil sie im 15. Jahrhundert eines der politischen Zentren Deutschlands geworden war und eine Blütezeit der Wissenschaften und Künste erlebte. Im Jahre 1424 hatte Kaiser Sigismund Nürnberg auf ewige Zeiten die Reichskleinodien anvertraut. Weithin überragt wurde die Stadt von der kaiserlichen Hohenstauferburg, in der nach dem Gesetz der „Goldenen Bulle" jeder neugekürte Kaiser seinen ersten Reichstag abzuhalten hatte.

Als ein wirksames Mittel zur Verbesserung des Niveaus astronomischer (und astrologischer) Bildung erkannte Regiomontan den nicht lange zuvor durch Johannes Gutenberg erfundenen Buchdruck mit beweglichen Lettern. Da er in Nürnberg keine leistungsfähige Druckerei vorfand, richtete er eine eigene Offizin ein und begann bald mit der Arbeit. In den Jahren 1472/73 erschien hier das astrologische Lehrgedicht „Astronomicon" des Römers Marcus Manilius sowie die Planetentheorie seines Lehrers Peuerbach, gefolgt von einer Streitschrift zur Planetentheorie des Gerhard von Cremona, Regiomontans Tafelwerken zur Planetenbewegung sowie den immer wieder, noch lange nach Regiomontans Tod gedruckten Kalendern (Bild 24). Damit war erst der geringste Teil seines großen Vorhabens verwirklicht, das er in einem wohl 1474 gedruckten Verlagsprogramm vorstellte (E. Zinner, Geschichte und Bibliographie, 1941, S. 3–11). Darin sind Werke zur Astrologie ganz selbstverständlich genauso vertreten, wie mathematische, physikalische, geographische und humanistische Schriften. Natürlich zählten die großen Arbeiten der alten Astronomie, allen voran zu nennen der Almagest in einer neuen lateinischen Übersetzung sowie der von Peuerbach begonnene und von Regiomontan vollendete Auszug aus diesem Werk dazu. Wäre es gelungen, diesen Plan zu verwirklichen, hätten die mathematischen Wissenschaften wichtige Anregungen erhalten. Doch dazu kam es nicht. Im Sommer 1475 reiste Regiomontan nach Rom, wohin er vermutlich gebeten wurde, um an der Kalenderverbesserung mitzuarbeiten und starb dort im darauffolgenden Jahr, im Alter von 40 Jahren, wohl an der Pest. Zwar setzte sein Schüler Bernhard Walther, ein Nürnberger Patrizier, die gemeinsam begonnenen Beobachtungsreihen noch viele Jahre fort und schuf damit ein hervorragendes Material für weitere Forschungen, doch der Nachlaß des auf dem

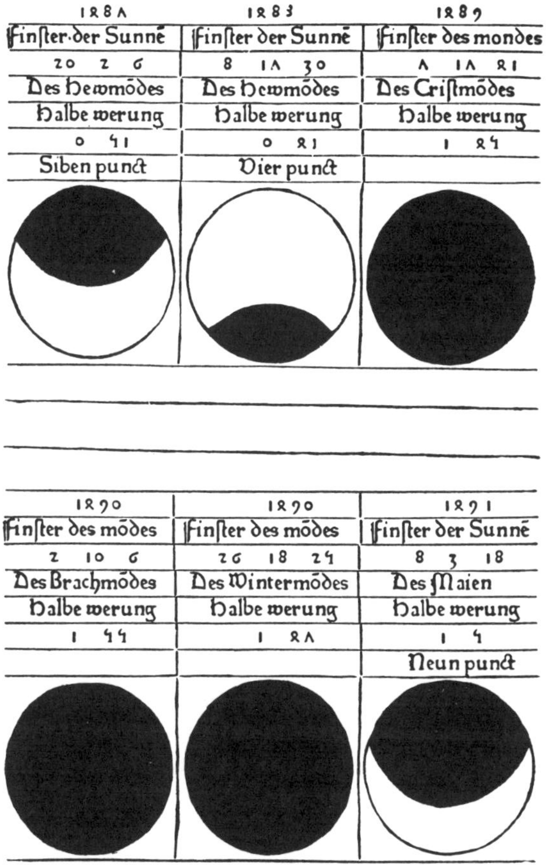

1284	1283	1289
Finster der Sunne	Finster der Sunne	Finster des mondes
20 2 6	8 18 30	8 18 21
Des Hewmodes	Des Hewmodes	Des Cristmodes
Halbe werung	Halbe werung	Halbe werung
0 41	0 81	1 24
Siben punct	Vier punct	

1290	1290	1291
Finster des modes	Finster des modes	Finster der Sunne
2 10 6	26 18 24	8 3 18
Des Brachmodes	Des Wintermodes	Des Maien
Halbe werung	Halbe werung	Halbe werung
1 44	1 28	1 4
		Neun punct

Bild 24 Der Kalender des Johannes Regiomontan war für viele Jahrhunderte ein Standardwerk für Kalenderautoren. Neben anderen astronomischen Angaben lieferte Regiomontan sehr genaue Berechnungen der Sonnen- und Mondfinsternisse (hier für 1487–1491). Diese waren lediglich für den Bezugsort des Kalenders oder der astrologischen Vorhersage auf einfache Weise umzurechnen.

Höhepunkt seines Schaffens verstorbenen Gelehrten wurde zerstreut und geriet teilweise in unkundige Hände. In den folgenden Jahren erschienen lediglich mehrere Ausgaben seiner Kalender und Ephemeriden sowie astrologische Tafeln. Erst 1496 wurde in Venedig der Auszug aus dem Almagest als „Epitome in Almagestum" gedruckt, jahrzehntelang eines der wichtigsten Grundlagenwerke für die astronomische Forschung. Ab 1531 kamen weitere Werke ans Licht, um deren Veröffentlichung sich vor allem Johannes Schöner in Nürnberg verdient machte, darunter 1533 die wichtige Dreieckslehre (Johannes Regiomontan, De triangulis omnimodis libri, 1533). Von den gedruckten Werken abgesehen wissen wir, daß es eine rege handschriftliche Überlieferung mehrerer Werke Regiomontans gab, beispielsweise der berühmten Sinustafeln für den Radius von 6 000 000 und 10 000 000 in Minuten-Schrittweite, die in vielen Kopien verbreitet waren und, in der Regel gekürzt, Eingang in zahlreiche astronomische und mathematische Werke fanden (E. Glowatzki, H. Göttsche, Die Tafeln des Regiomontanus, 1990).

Bis um 1500 erlebte die Astronomie hinsichtlich der Ausdehnung der Beobachtungstätigkeit und der Verfügbarkeit wichtiger antiker, mittelalterlicher und neuerer Schriften einen bedeutenden Aufschwung, an dem die Gutenbergsche Erfindung des Buchdrucks einen großen Anteil hatte. Zu den ersten Werken, die auf diese Weise verbreitet wurden, zählen die Erzeugnisse aus Regiomontans Druckerei, die damit einen bedeutenden Platz in der Geschichte des frühen Buchdrucks einnimmt. Größere astronomische Werke erschienen bis um 1500 dennoch recht wenige. Die meisten der etwa 1000 bis dahin erschienenen astronomischen Schriften sind Kalender und astrologische Vorhersagen, vorwiegend großformatige Einblattdrucke, oder kleine, nur wenige Seiten umfassende Traktate. Eine umfangreichere Buchproduktion mit anspruchsvollen Erzeugnissen gab es vor allem in Nürnberg, Köln, Augsburg, Straßburg, Leipzig, Ulm und Venedig.

Neben diesen Entwicklungen im fachwissenschaftlichen Bereich der Astronomie bzw. in der wissenschaftlichen Kommunikation wurden seit dem 14. Jahrhundert philosophische Probleme diskutiert, die aktuelle astronomische Fragestellungen im Zusammenhang mit der alten Aufgabe der „Rettung der Phänomene" berührten (F. Fellmann, Scholastik und kosmologische Reform, 1971). Johannes Buridan, im 14. Jahrhundert Lehrer an der Pariser Universität, warf die Frage auf, ob nicht die Annahme der Tagesdrehung des Fixsternhimmels als Achsendrehung der Erde auf einfache Weise beschrieben werden könne. Schließlich würde es ja Beobachtern auf zwei Schiffen, von denen sich nur das eine bewegt, so

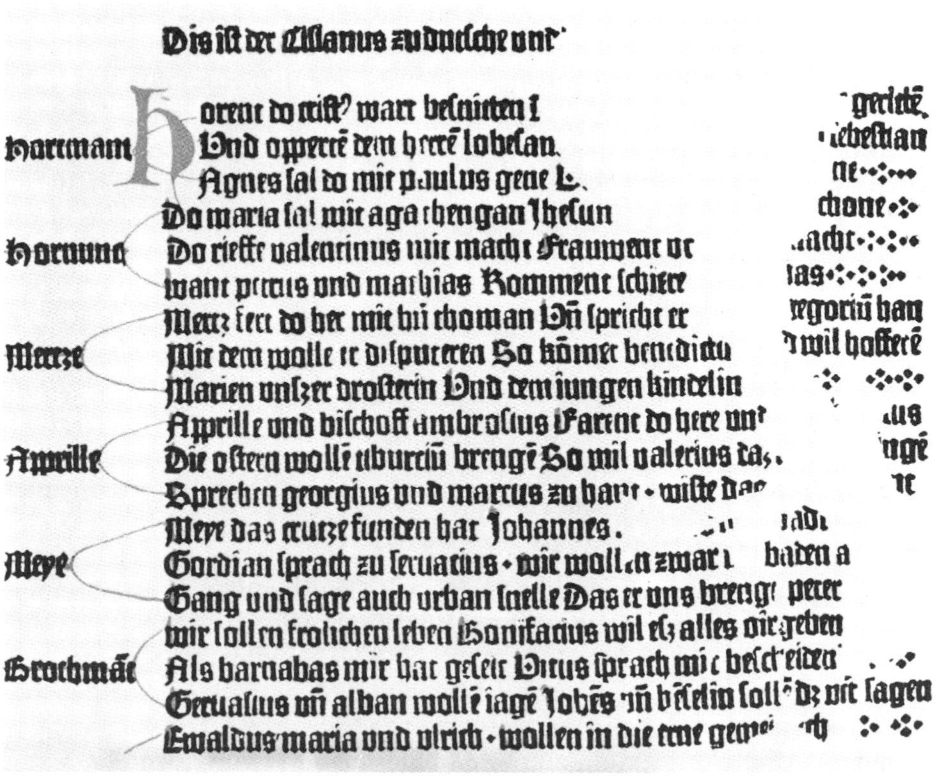

Dis ist der Cisianus zu dutsche und

horent do crist? wart besniten i
Und opperte dem herrē lobesan.
Agnes sal do mit paulus gene L.
Do maria sal mit aga cheu gan Ihesun

Hartmam

Do rieff valentinus mit macht Fraumenc or
want peteus vnd mathias Kommene schiere
Mercz ecce do bec mit hin thoman Vñ spricht er
Mit dem wolle re disputeren So kömer benedicta
Marien vnszer droslerin Vnd dem iungen kindelin

Hornung

Merze

Aprille vnd bischoff ambrosius Faret do here un?
Die ostern wolle uburciu brenge So wil valerius ta,.
Sprechen georgius vnd marcus zu han? · wiste das
Meye das crucze funden hat Iohannes .

Aprille

Gordian sprach zu seruacius · wir wollen zwar i
Gang und sage auch urban snelle Das er uns brenge
wir sollen frolichen leben Bonifacius wil es alles vorgeben

Meye

Als barnabas mir hat gesecr Vitus sprach mit beschreiden
Seruasius vñ alban wolle iage Iohes vñ bolelin soll da vor sagen
Ewaldus maria vnd vlrich · wollen in die ferre geme?

Brochmat

Bild 25 Kalender gehörten zu den ersten Erzeugnissen des neu erfundenen Buchdrucks mit beweglichen Lettern. Bereits aus der Offizin von Johannes Gutenberg stammt ein in deutschen Versen gehaltener immerwährender Kalender (sog. „Cisiojanus").

vorkommen, daß jeweils das andere Schiff in Bewegung ist, während man sich selbst in Ruhe befindet. In derselben Weise würden sich bei der Annahme einer rotierenden Erde hinsichtlich der astronomischen Erscheinungen keine Veränderungen ergeben. Für Buridan stellt sich die Kosmologie als Objekt für perspektivische Experimente dar und so erwägt er die Möglichkeit, einen Beobachter anzunehmen, der die Erde vom Himmel herab betrachtet. Für diesen würde sich die Erde ebenso zu drehen scheinen, wie für uns der Himmel. Allerdings versteht Buridan dies nicht als Beschreibung der Realität, sondern er nutzt lediglich die Hypothetisierung der Astronomie auf geschickte Weise zur Ableitung weitreichender Denkmöglichkeiten.

Über solche hypothetischen Andeutungen ging Buridans Schüler Nikolaus von Oresme, Bischof von Lisieux, hinaus. Er diskutiert die Frage, ob sich tatsächlich wie in der aristotelischen Elementenlehre ausgesagt, der Rang der Sphären nach ihrem jeweiligen Abstand vom Ersten Beweger ergebe, weil dies gegen die christliche Ubiquitätslehre verstoße. Schließlich sei Gott nicht in stärkerem Maße im Himmel, als anderswo in dieser Welt und damit sei der Grund aufgehoben, die Weltmitte als den am geringsten bewertbaren Ort anzusehen. Ganz im Gegenteil sei in der Analogie zur Lage des Herzens im Lebewesen die Mitte ein besonders ausgezeichneter Ort. Damit war weitreichenden kosmologischen Konsequenzen der Weg geebnet, wobei offen bleiben muß, in welchem Maße Oresme sich diese Ableitung zu eigen machte. Lange hatte die aristotelische Elementenlehre und die damit verbundene, theologisch verstärkte, metaphysische Abwertung der Mitte unabhängig von astronomischen Einwendungen die Annahme einer Zentralstellung der Sonne unmöglich gemacht. Schließlich könne der erhabenste Himmelskörper nicht den niedrigsten Ort der Welt einnehmen. Die Hervorhebung der Sonne konnte nur bis zu ihrer Mittelstellung zwischen den Planetensphären gehen. Die konsequente Weiterführung der Diskussion Oresmes entkräfteten diese Bedenken nicht nur, sondern ließ die Annahme der Zentralstellung der Sonne geradezu als eine notwendige Konsequenz erscheinen.

Theologische Ausgangspunkte führten im 15. Jahrhundert Nicolaus Cusanus, Bischof von Brixen, zu seinen Überlegungen zur Kosmologie, die eng mit einem spezifischen Gottesbegriff korrelierten. Gott sei aller Logik entrückt, gleichermaßen das absolut Kleinste und das absolut Größte. Deshalb enthalte das Universum nicht das Absolute, das nur in Gott sein könne. Also hat die Welt weder eine Mitte, noch eine äußere Begrenzung. Nur Gott ist im tranzendenten Sinne Zentrum und Peripherie des Weltalls, in dem es außer Gott nichts Ruhendes gibt. Da alles weltliche vom Absoluten unendlich weit entfernt ist, existiert keine Rangfolge einzelner Weltbereiche und der räumliche Standort des Menschen ist für sein Selbstverständnis unerheblich. Nicolaus Cusanus lehrte eine Drehung der Erde um die eigene Achse, nicht jedoch deren Jahresbewegung. Da es nichts Unbewegtes im Weltall gäbe, schreibt er dem Sternenhimmel eine doppelte Drehung um die Erde in einem Tag von Ost nach West zu, um so in Verbindung mit der Erddrehung den Wechsel von Tag und Nacht zu erklären. Da es ferner keine Rangfolge der Elemente gibt, seien Irdisches und Himmlisches voneinander nicht grundsätzlich verschieden. Die Erde ist nicht der niedrigste Weltbereich im Sinne eines wertenden Oben und Unten.

Die kosmologischen Gedankengänge des Nicolaus Cusanus, von Buridan und von Oresme erfaßten weite Kreise der gelehrten Welt. Letzterer hatte sein Werk „Vom Himmel und der Welt" als Kommentar zur Übersetzung von Aristoteles' „De caelo" in französischer Sprache verfaßt; die Werke des Cusaners wurden schon im Jahre 1476 in Nürnberg gedruckt. Sie gelangten beispielsweise an die Universitäten von Bologna, wo sich ein Zentrum der Lehre des Johannes Buridan herausbildete, nach Padua und Ferrara sowie über Wien nach Krakau. Die Diskussion der Erddrehung bzw. der Stellung von Erde und Sonne gehörte zum intellektuellen Klima des 14. und 15. Jahrhunderts, so daß viele Gelehrte mit dieser Frage konfrontiert wurden (H.M. Nobis, Die Vorbereitung der copernicanischen Wende, 1985). Doch nur einer widmete ihr sein Lebenswerk und führte sie zu einer fundamentalen Lösung – Nicolaus Copernicus.

KAPITEL 4

Nicolaus Copernicus –
Familie, Jugend, Studienzeit

Über das Leben von Copernicus, eines Reformators, eines Revolutionärs wider Willen, sind wir dank intensiver Forschungen, besonders aus den Jahren zwischen 1870 und 1944, recht gut unterrichtet, obwohl einzelne Fragen unbeantwortet geblieben sind und für andere zwar Zeugnisse vorliegen, deren Wert jedoch umstritten ist.[1] Das beginnt schon beim Geburtsdatum, dem 19. Februar 1473. Diese Angabe folgt Caspar Peucer, dem Schwiegersohn Philipp Melanchthons, der 1551 in einem historischen Anhang seines astronomischen Lehrbuchs „Elementa doctrinae" notiert: „Nicolaus Copernicus Torinensis Canonicus Varmiensis; natus anno 1473, Februa. die 19, hora 4, scrup. 48." Da Peucer mit Georg Joachim Rheticus bekannt war, der sich seit dem Sommer 1539 für mehr als zwei Jahre als Gast und Schüler von Copernicus im Ermland aufhielt und über dessen Verhältnis zu Copernicus noch ausführlich zu sprechen sein wird, und seinerseits eine Biographie seines Lehrers wenigstens begonnen, wenn auch nie veröffentlicht hat, darf dem zunächst vertraut werden. Andererseits scheint hier nicht das wirkliche Geburtsdatum gemeint zu sein, sondern das astrologisch „rektifizierte". Eine solche Korrektur, die „Rektifikation", zum Zwecke der besseren Übereinstimmung des Geburtsdatums mit dem astrologisch erschlossenen Charakter und Lebenslauf des Horoskopeigners, in deren Ergebnis gegenüber dem wirklichen Zeitpunkt der Geburt eine Differenz von mehrere Tagen auftreten konnte, war in der astrologischen Praxis durchaus üblich. Im Falle von Copernicus macht besonders die genaue Angabe der „48 scrupuli" (48/60 Stunden = 48 Minuten) mißtrauisch. Da die Neigung zur Sterndeutung sowohl bei Rheticus, als auch bei Peucer bekannt ist, wäre eine astrologische Ableitung des angenommenen Geburtsdatums nicht verwunderlich.

---

[1] Angesichts dessen soll der Leser gleich eingangs dafür um Verständnis gebeten werden, wenn allzuoft ein „vielleicht", „möglicherweise", „könnte", „darf angenommen werden" usw. einschränkend verwendet wird. Das liegt leider in der Natur der Sache. Es ist kaum zu glauben, mit welcher Sicherheit in manchen, selbst wissenschaftlichen Veröffentlichungen entfernte Möglichkeiten in der Biographie von Copernicus dargestellt werden, ja sogar welche puren Erfindungen ihren Platz erhalten. Der Autor hofft, dem entgangen zu sein, auch wenn es kaum möglich ist, jedes Faktum selbst anhand der oft sehr schwer zugänglichen Quellen zu prüfen.

Nicolaus Copernicus stammt aus einer Familie, deren Herkunft und Name vom schlesischen Dorf Köppernig bei Neiße abgeleitet wird (vgl. hierzu sowie für die folgenden familiengeschichtlichen Details bes. L. Prowe, N. Coppernicus, Bd. 1.1, 1883, S. 18ff.). Im Jahre 1272 wird ein „Henricus Plebanus de Koprnih" erwähnt, aus einem Dorf, das ursprünglich eine slavische Siedlung war, bis in der 2. Hälfte des 13. Jahrhunderts deutsche Kolonisten Fuß faßten. Etwa um die Mitte des 14. Jahrhunderts begann die Umwandlung von Ortsnamen in Geschlechternamen, vor allem in den oberen sozialen Schichten der feudalen Hierarchie. Man bezeichnete sich nicht mehr als „de Koprnih", sondern beispielsweise 1368 einfach als Henselin Coppirnik oder 1418 im Neißer Landbuch Ioannes Coppernik (G. Bender, Heimat und Volkstum der Familie Koppernigk, 1920). Es scheint, daß im 14. Jahrhundert einige Bewohner von Koprnih ihre Heimat verließen. In Krakau ist erstmals 1367 ein „Koppernic" als Badediener erwähnt; wenig später, 1398, findet sich ein Michael Czeppernick als Stadtrichter in Thorn/Toruń. Ob diese ersten urkundlich nachweisbaren „Copperniks" mit der Familie des Astronomen in Beziehung stehen ist ungewiß und kaum anzunehmen, weil es sicher viele Träger dieses Namens in unterschiedlicher Schreibweise gab.

Aus dem Dunkel der Geschichte treten die Vorfahren erst mit Niklas Koppernigk, dem Vater, hervor, der noch 1448 in Krakau als wohlhaben-

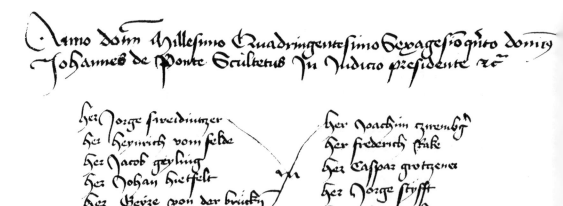

Bild 26 Der Vater von Nicolaus Copernicus, Niklas Koppernik, gehörte zu den wohlhabendsten Bürgern Thorns. Seit 1465 war er Mitglied des altstädtischen Schöffengerichts (Eintragung rechts unten).

der Kaufmann erscheint. Bald darauf ist er nach Thorn übergesiedelt, wo er 1458 als „Niclas Kopernig mitburger von Thorun" in seiner Eigenschaft als Bevollmächtigter in einer Gerichtssache erwähnt wird. Sein Geburtsjahr und seine Eltern sind unbekannt, doch da er schon in Krakau weitläufige Geschäfte führte, dürfte er wenigstens um 1415 geboren worden sein. Erst in Thorn schloß er die Ehe, auf jeden Fall vor 1464. Seine Gattin, Barbara Watzenrode, entstammte einem alten Thorner Geschlecht, einer wohlhabenden und angesehenen Kaufmannsfamilie. Sein Schwiegervater, Lukas Watzenrode d.Ä., führte das einflußreiche Amt des Schöppenmeisters, des Vorsitzenden des altstädtischen Gerichts. Im Jahre 1465, nach dem Tod des Schwiegervaters, rückte Niklas Koppernigk in das Schöppengericht ein (in der Regel durften nahe Verwandte nicht gleichzeitig Gerichtsmitglieder sein, Abb. 26). In den Gerichts- und Stadtakten taucht er von nun an regelmäßig auf. Doch völlig unregelmäßig ist die Schreibweise des Namens, weil es verbindliche, feststehende orthographische Formen nicht gab. Namen, Begriffe, ja alle Worte schrieb man ganz nach Gehör. In den Protokollen des Thorner Schöppenstuhls beispielsweise gibt es neben der dominierenden Variante Koppernigk zahlreiche, nicht unbeträchtlich abweichende Formen, obwohl Koppernigk selbst anwesend war.

Die vielen verschiedenen Schreibweisen des Namens waren Anlaß zu manchem Streit um die „richtige" Form des Familiennamens. So heftig diese Diskussionen oft geführt wurden, so sinnlos waren sie, denn einen „richtigen" Namen gibt es nicht, diesen bildeten erst spätere Zeiten, denn sogar Copernicus selbst schrieb seinen Namen recht unterschiedlich. Während sich für die Vorfahren von Copernicus der Name „Koppernik" durchgesetzt hatte, blieb sein eigener Name sehr unterschiedlich im Gebrauch. Im 19. Jahrhundert schrieb man zunächst bevorzugt „Copernicus", dann „Coppernicus", später eher „Koppernikus". In den 40er Jahren dieses Jahrhunderts kehrte man in Deutschland fast einheitlich zu „Coppernicus" zurück. Als sachliche Argumente wurden angeführt: 1. Die Herkunft der Vorfahren aus dem schlesischen Dorf Köppernig, 2. die urkundlichen Nachrichten zur Familiengeschichte, welche das verdoppelte -p nahelegen sowie 3. mit Rücksicht auf das Ausland die Schreibweise mit dem zweifachen c. Darüber hinaus lag der Verwendung dieser Form die Betonung des „deutschen Volkstums" von Copernicus zugrunde, da in der polnischen Literatur wegen des Ausschlusses einer Konsonantenverdopplung durchgängig „Kopernik" geschrieben wird. Pamphlete zur Nationalität des Copernicus und seiner Vorfahren, verbunden mit der Schreibweise des Namens, füllen vor allem seit Ende des vergangenen

Jahrhunderts, besonders in den 30er und 40er Jahren unseres Jahrhunderts viele hundert Seiten. Dieser Streit – war Copernicus der große Deutsche oder ein Vorkämpfer der polnischen Nation – soll hier nicht behandelt werden, obwohl einzelne in diesem Zusammenhang geltend gemachte Argumente gelegentlich in ihrem sachlichen Gehalt eine Rolle spielen, doch ohne die belastenden nationalen Rivalitäten. In neuerer Zeit dominiert wieder die Namensform „Copernicus" als die Schreibweise des Namens, unter der das Werk des großen europäischen Astronomen, der Bildungsgüter der deutschen, französischen, italienischen und polnischen Kultur (in alphabetischer Folge) in sich aufgenommen hatte, in die Weltgeschichte eingegangen ist.

Die Geburtsstadt Thorn am Oberlauf der Weichsel, in der die Geschlechter der Koppernigk und der Watzenrode (auch Watzelrode u.ä.) zu ihrer Zeit im Handel und der städtischen Gemeinschaft eine nicht unerhebliche Rolle spielten, geht auf eine 1231 von den Kreuzfahrern begründete Burg Thorun zurück. Bald darauf strömten deutsche Kolonisten, vor allem aus Westphalen und dem Niederrhein ins Land. Wohl schon 1232 wurde Thorn zur Stadt erhoben, während sich 1264 die Vorstädte zur Neustadt zusammenschlossen, bis zur Vereinigung 1454 von der Altstadt durch Mauern, eine eigene Verfassung und Verwaltung geschieden. Doch noch lange danach blieb die Altstadt das reiche Machtzentrum, der eigentliche Mittelpunkt des städtischen Lebens.

Thorn war, obwohl nicht direkt am Meer liegend, eine bedeutende Handels- und Schiffahrtstadt. Mitte des 14. Jahrhunderts (spätestens 1356) trat die Stadt dem wirtschaftliche und politische Ziele verfolgenden Städtebund der Hanse bei und erhielt das Niederlagsrecht. Von nun an mußten alle durch Thorn transportierten Waren zuerst in der Stadt selbst zum Verkauf ausgelegt werden. Die zunächst unter den preußischen Städten ausgeübte Führungsrolle verlor Thorn gegen Ende des 14. Jahrhunderts an Danzig, das sich rasch entfaltete. Zwar blieb Thorn weiterhin eine reiche und mächtige Stadt, doch stagnierte die Entwicklung. Keine geringe Schuld daran trugen die ständigen Querelen mit dem benachbarten Deutschen Orden.

In den Jahren 1225/26 waren die Kreuzritter ins Kulmer Land gekommen und hatten begonnen, die baltischen Pruzzen im Namen der Christianisierung nach blutigen, mit äußerster Härte geführten Kämpfen, zu unterwerfen. Nachdem weite Teile des Gebiets fast entvölkert waren, gründeten sie ein feudales Staatswesen und holten deutsche Siedler ins Land, das immer wieder, besonders schwer 1242 und 1260 von Aufständen der Pruzzen gegen die Eroberer erschüttert wurde. Zur Zeit seiner größ-

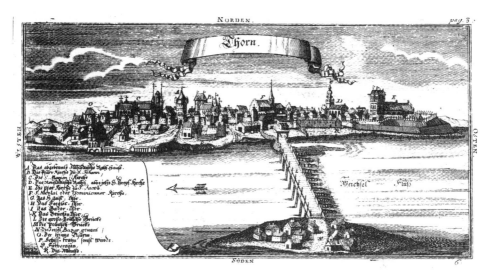

Bild 27 Ansicht Thorns aus dem Jahre 1732. Nach: J.H. Zernecke, Thornische Chronica. Berlin 1732.

ten weltlichen Machtentfaltung umfaßte das Ordensland das im Westen an Pommern grenzende, im Osten bis zur Memel reichende Gebiet mit Danzig, Thorn, Königsberg sowie der Marienburg als Residenz. 1237 wurde der Hochmeister Herr über Estland, Livland und Kurland mit Memel, Riga und Narwa. Im Jahre 1243 wurde auf päpstliches Geheiß das Bistum Ermland/Warmia errichtet und in die Diözesen Kulm/Chełmno und Ermland geteilt. Zur Zeit von Copernicus war das Bistum in zehn Kammerämter geteilt, von denen sieben direkt vom Bischof und drei (Frauenburg/Frombork, Mehlsack/Pieniężno und Allenstein/Olsztyn) durch das 1260 von Bischof Anselm gegründete und mit Ländereien begüterte Frauenburger Domkapitel verwaltet wurden, das vom Bischof relativ unabhängige landesherrliche Befugnisse wahrnahm.

Das städtische Bürgertum und die Landstände Ermlands hatten gegenüber dem Ordensmeister stets auf ihre Eigenständigkeit gepocht und sich mit der Abhängigkeit vom Ritterorden nicht abgefunden. Das Streben nach Separierung nahm zu, als der Deutsche Orden 1410 im Krieg gegen das Polnische Königreich bei Grunwald eine schwere Niederlage hinnehmen mußte. Zwischen 1454 und 1466 war das Bistum Schauplatz erneuter Kämpfe zwischen den alten Kontrahenten, die mit dem Frieden von Thorn endeten, einer noch schwereren Niederlage des Ordens, der den polnischen König nun als seinen Lehnsherren anerkennen mußte. Der ermländische Bischof nutzte die für ihn günstige Situation und stelle sich unter den Schutz des polnischen Königs, ohne dabei das praktisch zu einem Fürstbistum gewordene Gebiet in das polnische Königreich zu integrieren (das Streben nach Sonderrechten gegenüber dem König kam nach außen beispielsweise durch die Weigerung zum Ausdruck, auf den polnischen Reichstagen zu erscheinen; für Verhandlungen wurden separate Gespräche vereinbart). Die ermländischen Bischöfe wurden zu einflußreichen Politikern und königlichen Ratgebern (Senatoren) am Krakauer Hof. Diese ganze historische Entwicklung war für den Lebensweg von Copernicus von grundsätzlicher Bedeutung.

Der junge Copernicus wuchs in einer lebendigen Stadt, in einem begüterten, zu den herrschenden Patrizierfamilien der Stadt gehörenden Elternhaus auf. Er hatte drei Geschwister, einen älteren Bruder Andreas und zwei Schwestern, Barbara und Katharina. Andreas nahm später den gleichen Bildungsweg wie Nicolaus, Barbara wurde Äbtissin im Zisterzienserkloster Kulm, Katharina heiratete den Krakauer Kaufmann Bartholomäus Gertner.

Über die Jugend von Nicolaus Copernicus ist fast nichts Genaues bekannt. Die Verhältnisse im Elternhaus und der Verwandtschaft mütterlicherseits boten dem Kind und dem Jugendlichen vielfältige Möglichkeiten der Bildung. Im Haus des Vaters herrschte sicher das rege Leben und Treiben einer Großhandlung; die Schöffentätigkeit des Vaters sowie des Großvaters mütterlicherseits konnte dem Knaben Eindrücke von der Verwaltung einer Stadt vermittelt haben. Die latente Kriegsgefahr zwischen dem Ordensland und Polen und die Lage Ermlands

Bild 28 In diesem Haus, das Niklas Koppernik von seinem Schwiegervater erhielt, wurde Nicolaus Copernicus geboren.

zwischen den Gegnern boten gerade in einem Handelshaus erregenden Gesprächsstoff. Durch den Onkel Lukas Watzenrode d.J., der dem geistlichen Stand angehörte, konnte Copernicus schon früh mit den Aufgaben im Dienst der Kirche vertraut geworden sein. Die spätere Kindheit von Copernicus war überschattet vom Tod des Vaters im Jahre 1483 (in jenem Jahr wird er letztmalig unter den auf Lebenszeit ernannten Schöffen erwähnt; eine direkte Todesnachricht ist nicht erhalten). Von nun an übernahm Lukas Watzenrode d.J. die Vormundschaft über Nicolaus und sorgte fast 30 Jahre lang für dessen Ausbildung und Lebensstellung.

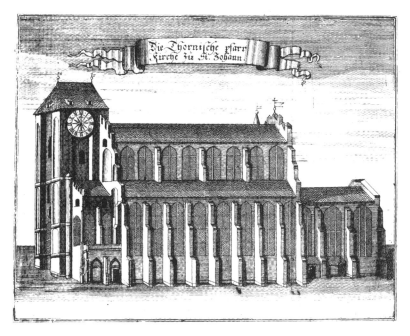

Bild 29 Die Thorner Kirche St. Johannis.
Nach: J.H. Zernecke, Thornische Chronica. Berlin 1732.

Den ersten Unterricht wird Nicolaus an den städtischen Schulen Thorns erhalten haben. Es gab in der Stadt neben den Parochial- und Klosterschulen eine seit 1375 nachweisbare Stadtschule, an der neben dem Stadtschulmeister einige Schulgesellen unterrichteten, zu denen eine zeitlang Lukas Watzenrode gehört hatte. Diese sog. Johannisschule genoß im

15. Jahrhundert großes Ansehen, doch ist ihr Besuch durch Copernicus nicht belegt. Auf den Ruhm, Copernicus auf die Universität vorbereitet zu haben, erheben noch zwei andere Lehranstalten, das Kulmer „Studium particulare" und die Leßlauer Domschule Anspruch. Es wurde vermutet, daß Lukas Watzenrode die Brüder Andreas und Nicolaus 1488 zum Schulbesuch nach Leßlau (Włocławek) holte, wo er ein Kanonikat innehatte. Doch da er im folgenden Jahr zum ermländischen Bischof geweiht wurde und Leßlau im Streit mit dem dortigen Kapitel (das sich vehement gegen seine Bischofswahl ausgesprochen hatte) verließ, ist dies kaum anzunehmen (H. Schmauch, Neue Funde zum Lebenslauf des Coppernicus, 1943, S. 53–55). So bleibt als zweite, sehr interessante Möglichkeit der Besuch der Kulmer Bildunganstalt.

Bild 30 Unterricht in einer Stadtschule, Holzschnitt des Petrarca-Meisters 1519/20.

Das Kulmer „Studium particulare" wurde 1473, dem Geburtsjahr von Copernicus, von den „Brüdern des gemeinsamen Lebens" begründet. Die von ihnen verfolgte Geisteshaltung der „devotio moderna" war eine Spätform der deutschen Mystik, die mit den Namen ‚Meister Eckhart‘, ‚Erasmus von Rotterdam‘ sowie ‚Nicolaus Cusanus‘, der sich bei ihnen gebildet hatte, verbunden war. An Stelle der auf äußere Formen orientierten alten Frömmigkeit orientierte die Devotio moderna auf die praktisch-erbauliche Betrachtung und mystische Versenkung, setzte an die Stelle des mönchisch-klösterlichen Frömmigkeitsideals die praktisch tätige und helfende Liebe (in der Kranken- und Armenfürsorge sowie dem Schulwesen), setzte an Stelle des dogmatischen das ethische Interesse. Das Kulmer Studium kann als eine Art geistliches Seminar verstanden werden, das seine Zöglinge zur Rückkehr zu den Lehren der Hl. Schrift und der alten Kirchenväter anhielt, hingegen eine Verbindung von Theologie und aristotelischer Philosophie ablehnte. Gerade daraus könnte ein Argument zugunsten des Besuchs der Kulmer Schule durch Copernicus und seinen Bruder abgeleitet werden, denn es liegt durchaus nahe, daß der ehrgeizige Watzenrode schon früh den Plan gefaßt hatte, seine Schützlinge eine geistliche Laufbahn, vielleicht an seiner Seite, beschreiten zu lassen (H.M. Nobis, Werk und Wirkung von Copernicus, 1977, S. 131–133). Doch das sind nur Vermutungen.

Den dokumentarisch gesicherten Lebenslauf von Copernicus betreten wir erst im Jahre 1491. Für das Wintersemester 1491/92, im Alter von 18 Jahren, wurde er an der Krakauer Universität immatrikuliert (für damalige Zeiten ein recht hohes Immatrikulationsalter): „Nicolaus Nicolai de Thuronia solvit totum" – Nicolaus, der Sohn des Nicolaus aus Thorn zahlte

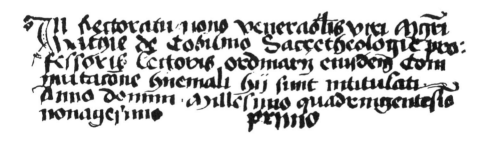

Bild 31   Kopf der Krakauer Universitätsmatrikel des Wintersemesters 1491/92 und die Immatrikulationseintragung von Nicolaus Copernicus (unterstrichen).

die volle Inskriptionsgebühr; sein Onkel, der diese Kosten sicher übernahm, war vermögend genug (Abb. 31). Manch anderer der insgesamt 69
neuen Studenten dieses Semesters bekam einen Nachlaß eingeräumt. Unter den Neulingen waren vier weitere Thorner, auch ein Andreas Nicolai,
vielleicht der Bruder von Nicolaus? Dies bleibt aus drei Gründen unsicher:
Zum einen folgen die beiden Namen nicht aufeinander (was durch manchen Zufall erklärbar wäre); zum zweiten zahlte besagter Andreas nur ein
Viertel des Inskriptionsgeldes und drittens muß Andreas zu dieser Zeit
schon über 20 Jahre alt gewesen sein (wenn er das älteste der vier Kinder
war, was nicht erwiesen ist, sogar schon Mitte 20!).

Die Krakauer Universität war eine der ältesten mitteleuropäischen
Hochschulen, 1364 von König Kasimir d. Gr. errichtet. Nachdem in den
ersten vier Jahrzehnten die neue Lehranstalt eher schlecht als recht ge-
dieh, sah sich König Władysław II. Jagiełło 1400 gezwungen, die Universität zu erneuern, die nun rasch erblühte. Nach dem Besuch der
Artistenfakultät, dem Studium der „Sieben freien Künste" mit Dialektik,
Rhetorik und Grammatik (dem „Trivium") sowie Geometrie, Arithmetik,
Musik und Astronomie (dem „Quadrivium"), konnten die Studenten ihren weiteren Studiengang zur Rechtsgelehrsamkeit, Medizin oder Theologie wählen – wenn sie überhaupt ein längeres Studium beabsichtigten.
Der größte Teil von ihnen absolvierte nämlich nur ein drei- oder vierjäh-
riges Studium der Artes, um dann eine Laufbahn als Schullehrer oder
mittlerer Verwaltungsbeamter in städtischen oder fürstlichen Diensten zu
beschreiten. Gegen Ende des 15. Jahrhunderts mögen in Krakau mehr als
1000 Studenten geweilt haben – eine große Zahl, die sich auch daraus
ergibt, daß die damaligen Universitäten, speziell die Artistenfakultäten,
zunächst eine Art Mittelschulbildung zu vermitteln hatten, dabei für manche Studenten gar die erste höhere Bildungsanstalt nach dem Besuch der
mehr oder weniger erfolgreichen städtischen Lehranstalten war. In den
Jahren 1491 bis 1494 wurden in Krakau zwischen 218 und 482 Studenten
immatrikuliert.

Zu der Zeit, als Copernicus nach Krakau kam, erlebte die Universität
als eine dem Humanismus zugewandte Bildungsanstalt eine Blütezeit. Im
Resultat der Verfolgungen der Hussiten in Böhmen kamen viele Professoren, im Gepäck wertvolle Handschriften, aus Prag nach Krakau und
förderten auf diese Weise den Ruf Krakaus als Zentrum der Gelehrsamkeit. Die Universität wurde neben Leipzig zum beliebtesten Studienort für
junge Scholaren aus dem östlichen Mitteleuropa. Die Wahl Krakaus als
Studienort für Copernicus, sicherlich von Watzenrode getroffen, ist ganz
naheliegend. Mit Krakau war Thorn durch vielfältige Handelsbeziehun-

gen verbunden, Krakau war die einstige Heimat der väterlichen Familie, eine Schwester von Copernicus war mit einem Krakauer Kaufmann verheiratet und schließlich hatte Watzenrode hier 1463 seine akademische Ausbildung begonnen. Zudem mag es sein, daß Bischof Watzenrode, zum Kreis der königlichen Berater gehörend, die Residenzstadt Krakau für die Studien seines Neffen besonders geeignet erschien. Es darf sicher angenommen werden, daß Copernicus die reichen Bildungsmöglichkeiten, die Krakau ihm bot, ausgiebig nutzte; der Kontakt zu Studenten aus den verschiedensten deutschen Landen, die Kunde von den Universitäten in Paris, Padua und Bologna, wo ein Teil der Lehrkräfte studiert hatte, viel-

Bild 32 Jeder Student einer mittelalterlichen Universität mußte zunächst an der Artistenfakultät die „Sieben freien Künste" studieren: Dialektik (Logik), Rhetorik, Grammatik, Arithmetik, Musik, Geometrie und Astronomie. Diese brachten nach heutigen Maßstäben den Gymnasialabschluß und führten zu den Fachstudien.
Nach: Gregor Reisch, Margarita philosophica nova. Straßburg 1508.

leicht die Beziehungen zu verwandten Familien der Stadt und der Glanz der königlichen Residenz.

Die mathematischen Studien standen in Krakau Ende des 15. Jahrhunderts in hohem Ansehen. Mehrere akademische Lehrer, zumeist junge Magister, hielten Vorlesungen über Mathematik, Astronomie und Astrologie (L.A. Birkenmajer, Stromata Copernicana, 1924, S. 78). Zu den Vorlesungen, die während der Anwesenheit von Copernicus in Krakau gehalten wurden, gehören: 1491/92 Albertus Pnyewy über die „Sphaera" des Johannes de Sacrobosco und Johannes Premislia über die Sterndeutung des Alcabitius; 1492 Nicolaus de Labyschyno, De scientia orbis (wohl nach Messahala); 1492/93 Albertus Pnyevy über Peuerbachs Planetenlehre, Johannes Gromaczky über den Kalender von Johannes Regiomontan, Bartholomäus de Lipnicia über Euklids Geometrie und Bernardus de Biskupie über die Tabulae resolutae; 1493 Simon de Sieprc über die Planetentheorie von Peuerbach nach dem Kommentar von Albert Bruzewo, Albertus de Szamotuli über Astrologie und Bernhardus Biskupie über Peuerbachs Finsternistheorie; 1493/94 Nicolaus de Labyschyno über die Planetentheorie, Martin Ilkusch über den Regiomontanschen Kalender, Michael von Breslau über die Tabulae resolutae, Johannes de Premislia über Zeitrechnung und Albertus de Szamotuli über Astrologie; 1494 Albertus de Szamotuli über Astrologie und Johannes von Glogau über Geographie. Dazu gab es fast in jedem Semester Vorlesungen zur Optik, Arithmetik und Musik, zu Aristoteles' Werke „Über den Himmel" sowie die „Meteorologie". Welche Vorlesungen Copernicus aus diesem Angebot wirklich besuchte, ist natürlich nicht bekannt. Doch betrachtet man die Themen in ihrer zeitlichen Folge, dann ist erkennbar, daß er vom Wintersemester 1491/92 bis zum Sommersemester 1493 einen systematischen Kurs der Astronomie mit allen für damalige Bedürfnisse betreffenden Inhalten belegen konnte: die allgemeinen Grundlagen der Astronomie (nach Johannes de Sacrobosco); die Planeten- und Finsternistheorie (nach Peuerbach); zur Berechnung der Himmelserscheinungen mit Hilfe von Planetentafeln (die „Tabulae resolutae" des Peter von Reyne, Johanniterkomtur aus Zittau) als Grundlage der medizinische Astrologie und für jede Horoskopberechnung; die Grundlagen der Kalender- und Zeitrechnung (nach dem 1474 erstmals erschienenen Kalender Regiomontans); die Berechnung einer Sonnenuhr (mit Hilfe der Schriften von Johannes de Sacrobosco und Johannes Regiomontan) und schließlich die Grundlagen der Astrologie nach Ptolemäus „Tetrabiblos" und dem ihm zugeschriebenen „Centiloquium". Mehr konnte ihm Krakau kaum bieten, die folgenden Vorlesungen stellten im wesentlichen eine Wiederholung dar. Natürlich hatte sich Copernicus in Krakau nicht nur der Astronomie zuzuwenden, sondern befaßte sich mit den anderen Fächern der Artes. Außerdem konnte er die für seine Zeit sehr reichhaltigen Bibliotheksbestände der Universität nutzen, von denen vielfach durch Studenten und Professoren Abschriften angefertigt wurden, die z.T. noch heute dort erhalten sind. Dazu gehört die große Sinustafel von Johannes Regiomontan, berechnet für den Radius $r = 10$ Mill., von der Copernicus vielleicht schon hier eine Kopie erhielt, die er später der analogen Tafel seines Hauptwerks, jedoch verkleinert auf $r = 100\,000$, zugrunde legte.

Von den drei bedeutendsten Lehrern der Astronomie, die damals in Krakau weilten, Albertus de Bruzewo, Johann von Glogau und Michael von Breslau hörte Copernicus die beiden ersteren wenigstens zu dieser Wissenschaft nicht. Bruzewo erklärte jedoch in der fraglichen Zeit die Schriften des Aristoteles „Über den Himmel" und die „Meteorologie", während Johannes von Glogau 1494 einen Kurs in Geographie abhielt, damit Gegenstände der Astronomie berührten. Michael von Breslau und Johann von Glogau sind als Autoren von Prognostiken und kleinerer Schriften zur Astronomie bekannt (Bild 33), während Albertus de Bruzewo einen Kommentar zur Planetentheorie Georg Peuerbachs verfaßte, der 1494 und 1495 in Mailand im Druck erschien (Albertus de Bruzewo, Commentum in theoricas planetarum, 1494 und 1495).

Albert wurde 1446 in Brudzewo geboren, studierte in Krakau, wurde dort 1474 Magister artium und hielt Vorlesungen zu verschiedenen Themen der Astronomie. Da Copernicus sicherlich in Krakau seine Vorliebe für die Himmelskunde entdeckte, darf angenommen werden, daß er nähere Beziehungen zu Albert suchte, von ihm manche Belehrung über astronomische Gegenstände erhielt und vielleicht dessen private Bibliothek nutzte. Albertus de Brudzewo wurde im Frühjahr 1494 zum Herzog von Litauen gerufen und starb im April des folgenden Jahres. Er wird als ein gebildeter und begeisternder Lehrer geschildert. „Alles was der Scharfsinn eines Euklides und Ptolemäus geschaffen, hatte er zu seinem geistigen Eigenthum gemacht; was dem Laien-Auge tief verborgen blieb, wußte er seinen Schülern sonnenklar vor Augen zu stellen" (zit. nach L. Prowe, N. Coppernicus, Bd. 1.1, 1883, S. 144) – so urteilte der italienische Humanist Callimachus, der nach Verfolgungen durch Papst Paul II. am polnischen Königshof Asyl gefunden hatte und im persönlichen Verkehr mit Professoren der Universität stand. Die meisten akademischen Lehrer mathematischer Disziplinen in Krakau gingen aus der dortigen Universität selbst hervor und hatten sich bei Bruzewo gebildet.

Über die Dauer des Aufenthalts von Copernicus in Krakau gehen die Meinungen auseinander, gesicherte Daten liegen nicht vor. Es gibt dennoch Gründe, ein dreijähriges Studium an der Jagiellonen-Universität anzunehmen. Die Statuten des ermländischen Domkapitels schrieben nämlich seit 1384 für alle Kanoniker eine solche Studienzeit vor und es kann kaum daran gezweifelt werden, daß Bischof Watzenrode schon sehr früh darauf sah, seinen Neffen mit einer solchen Pfründe zu versorgen.

Bild 33 Möglicherweise hatte Copernicus bei dem Kraukauer Professor Michael von Breslau, Autor des „Judicium Cracoviense" Vorlesungen gehört.
Michael von Breslau (de Vratislavia), Astrologische Vorhersage für das Jahr 1494. Leipzig.

Zudem spitzten sich 1494 die Auseinandersetzungen zwischen den Kräften des Humanismus und denen der Scholastik derart zu, daß Brudzewo, sich zu ersteren bekennend, die Stadt verließ und insgesamt der Einfluß der Scholastiker vorübergehend deutlich wuchs. Und schließlich wurde schon gesagt, daß hinsichtlich der Astronomie die Vorlesungen dieser Zeit für Copernicus kaum noch etwas neues bieten konnten. So darf angenommen werden, daß Copernicus gegen Ende 1494 wieder in der Heimat weilte.

In den drei Jahren der Krakauer Studienzeit des Copernicus hatte sich etwas ereignet, das für alle gesellschaftlichen Bereiche große Bedeutung erlangte. 1492/93 unternahm Christoph Columbus seine erste große Entdeckungsreise und brachte die Kunde des vermuteten Seewegs zu den indischen Gewürzländern nach Europa. Gerade in einer Handelsstadt wie Thorn mußte dies besonders aufmerksam registriert worden sein. Denn die sich nun möglicherweise verändernden Handelsschwerpunkte und -wege konnten rasch den Erwerb schmälern, wie dies tatsächlich eintrat. Für Copernicus standen dennoch ganz andere Fragen im Vordergrund, nämlich die Sicherung seiner materiellen Existenz.

Am 26. August 1495 war durch den Tod von Johannes Czannow (Zanau) das 14. Numerarkanonikat frei geworden und Bischof Watzenrode nutzte die Gelegenheit, seinem Neffen Nicolaus auf diese Weise auf Lebenszeit eine gesicherte finanzielle Stellung zu verschaffen (E. Brachvogel, Zur Koppernikusforschung, 1927–29, S. 795–798; H. Schmauch, Zur Koppernikusfoschung, 1930–32, S. 454–459). Sein zweiter Neffe Andreas erhielt seine Domherrn-Pfründe Anfang 1499. Es scheint nicht an Widerständen gegen diese Ernennung gefehlt zu haben, denn noch 1612 lagen dem ersten Copernicus-Biographen Johannes Broscius Briefe von Copernicus vor, in denen er sich darüber beklagte; leider gingen diese verloren, ohne daß Details bekannt wurden. Angesichts der beträchtlichen Einkünfte, welche die Stellung eines Domherrn verhießen, kann der Streit um ein vakantes Kanonikat nicht verwundern.

Copernicus trat im Sommer 1496 seine Reise nach Italien, dem Land der Humanisten, an und traf, wahrscheinlich den Weg über Posen/Poznań, Leipzig und Nürnberg wählend, zu Beginn des Wintersemesters 1496/97 in Bologna ein, wo er sich am 6. Januar 1497 an der von der medizinisch-philosophischen Universität streng geschiedenen Universitas der Juristen als „Dominus Nicolaus Kopperlingk de Thorn" (merkwürdigerweise machte er keinen Gebrauch von seinem Titel „canonicus", währte noch immer der Streit um seine Einsetzung?) registrieren ließ (K. Malagola, Der Aufenthalt des Coppernicus in Bologna, 1880). Hier wandelte er auf den Spuren seines Onkels, der ebenfalls in Bologna studiert hatte und dort im Kirchenrecht promoviert wurde. Da zu den Namen der Neuankömmlinge stets sorgfältig akademische Titel und kirchliche Würden verzeichnet wurden, ist zu schließen, daß Copernicus in Krakau die Artistenfakultät nicht abgeschlossen hatte. Die Inskription ließ Copernicus in Bologna in die Matrikel der „natio germanorum" vornehmen. Die „deutsche Nation" nahm innerhalb der Rechtsuniversität von Bologna seit alter Zeit eine privilegierte Stellung ein. Aufgenommen wurden nach ihrem Statut nur Studenten des geistlichen und weltlichen Rechts, deren Muttersprache Deutsch war, doch mit manchen Sonderregelungen, weshalb beispielsweise Studenten aus Böhmen, Mähren und Dänemark ebenfalls Aufnahme fanden. Die Angehörigen der deutschen Nation unterstanden nicht der allgemeinen Gerichtsbarkeit der Universität, sondern zwei jährlich gewählten „procuratores", denen, nach kaiserlichem Edikt für die Dauer ihres Amtes mit der Würde eines Pfalzgrafen belehnt, die gesamte Verwaltung und Repräsentation der natio oblag. Die Sonderrechte der deutschen Nation erklären sich daraus, daß begünstigt durch die geographische Lage Bolognas, die Stadt zu einem bevorzugten Studienort deutscher Studenten wurde. Während sich die Stiftung der natio in mythischem

Dunkel verliert, ist bekannt, daß Kaiser Friedrich Barbarossa 1158 die fremden Studenten im italienischen Bologna, an erster Stelle aus deutschen Landen, unter besonderen Schutz stellte.

Neben seinen eigentlichen Fachstudien hatte sich Copernicus in Bologna offenbar sofort dem dortigen Lehrstuhlinhaber für Astronomie, Dominicus Maria de Novara (Bild 34), angeschlossen (M. Curtze, Domenico Maria da

Bild 34 Mit Dominicus Maria de Novara, Professor für Astronomie in Bologna, beobachtete Copernicus am 6. März 1497 die Bedeckung des Sterns Aldebaran durch den Mond.

Ferrara, 1869). Dominicus wurde 1454 in Ferrara geboren, studierte in seiner Heimatstadt und wurde Doktor der Artes und der Medizin. Er lehrte in Ferrara, Perugia und Rom sowie seit 1483 in Bologna. Letztere Stellung verpflichtete ihn zum Schreiben jährlicher astrologischer Prognostiken, von denen heute noch einige erhalten sind, während weitere Arbeiten nur handschriftlich überliefert wurden und später verloren gingen. Dominicus schätzte astronomische Beobachtungen. Er verglich die Polhöhe verschiedener südeuropäischer Städte nach den Angaben bei Ptolemäus mit eigenen Messungen und leitete daraus, in übertriebenem Vertrauen auf die Genauigkeit der alten Messungen, eine Lageveränderung der Erdachse ab. Zudem maß Dominicus die Schiefe der Ekliptik 1491 mit „etwas mehr als 23°30′", wie Copernicus im Manuskript seines Hauptwerks in einer nicht in den Druck aufgenommenen Randnotiz überliefert (NCGA 3.1, Buch 3, Anm. 15). Dominicus wird nicht nur als hervorragender Lehrer, sondern ebenso als führender Vertreter des Platonismus seiner Zeit geschildert, so daß Copernicus in Bologna, das ohnehin damals eines der Zentren der Lehren Buridans war, nicht nur die reine Astronomie erlernte, sondern in intensive philosophische Diskussionen geführt wurde, welche mit einiger Sicherheit die von Johannes Buridan und dessen Schüler Nicolaus Oresme behandelte Erdbewegung einschlossen.

Als Copernicus in Bologna seine astronomischen und juristischen Studien aufnahm, erschien im nicht weit entfernten Venedig ein Buch, das nicht nur für die Arbeit von Copernicus, sondern für die Astronomie überhaupt von größter Bedeutung war, die „Epitome in almagestum", der bearbeitete Auszug aus dem ptolemäischen Almagest von Georg Peuerbach und Johannes Regiomontan. Weil Dominicus sich als Schüler des großen Regiomontan fühlte, ist es sehr wahrscheinlich, daß Copernicus dieses Buch sehr bald nach dessen Erscheinen kennenlernte und vielleicht sogleich kaufte. Sein Handexemplar mit vielen Eintragungen blieb bis heute erhalten.

Am 6. März 1497 beobachtete Copernicus gemeinsam mit Dominicus, bei dem er „nicht so fast als Schüler wie als Mitarbeiter und Zeuge der Beobachtungen" weilte, wie später sein Schüler Rheticus schrieb (G.J. Rheticus, Erster Bericht, 1943, S. 32), die Bedeckung des Sterns Aldebaran im Sternbild Stier durch den Mond. Dies ist die erste von Copernicus bekannte astronomische Beobachtung; er erwähnt sie in seinem Hauptwerk im Zusammenhang mit der Theorie der Mondbewegung, ein Thema, für dessen Bearbeitung noch heute derartige Sternbedeckungen registriert werden. Spätestens durch Dominicus wurde Copernicus in den Gebrauch astronomischer Instrumente, besonders des Quadranten, der Armille, des Dreistabs, des Jakobstabs und des Astrolabs, unterwiesen. Einige solcher Instrumente fertigte er sich später für seine eigene Sternwarte in Frauenburg selbst an.

Die weiteren Lehrer mathematischer Disziplinen in Bologna sind mit einer Ausnahme wissenschaftlich nicht weiter hervorgetreten, nämlich Scipio dal Ferro (geb. um 1470), dem erstmals die Auflösung von Glei-

Bild 35 Während Copernicus in Bologna Kirchenrecht studierte, erschien im nahen Venedig der von Johannes Regiomontan und Georg Peuerbach bearbeitete Auszug aus dem „Almagest" des Ptolemäus. Dieses Buch wurde für Copernicus die Hauptquelle der Kenntnis der ptolemäischen Astronomie. Die Darstellung Regiomontans auf dem Titelblatt soll porträtähnliche Züge tragen. Nach: Johannes Regiomontan, Georg Peuerbach, Epitome in almagestum. Venedig 1496.

chungen dritten Grades, die Ableitung der Cardanischen Formel, gelang und der 1496–1526 Inhaber des Lehrstuhl für Mathematik und Geometrie war. Es wäre gut möglich, daß Copernicus zu dem nur wenig älteren Ferro in nähere Verbindung trat.

Von den Studien des Copernicus in Bologna ist wenig Sicheres bekannt. Zwar sind die Lektionslisten der Juristenuniversität, die „Rotuli", große Pergamentblätter, die 14 Tage zu Beginn des Semesters öffentlich angeschlagen werden mußten, seit 1438 erhalten, doch kann nicht gesagt werden, bei welchem der 50 Professoren Copernicus hörte. Über die Inhalte der Vorlesungen ist gleichfalls nichts bekannt, sie werden über den normalen Rahmen der damaligen Auffassungen vom Kirchenrecht nicht hinausgegangen sein.

Die kirchlichen Rechtsvorschriften waren zur Zeit von Copernicus nicht zu einem einheitlichen System zusammengefaßt, sondern bestanden neben den Gesetzen des Alten Testaments aus verschiedenen Verlautbarungen, Dekreten, Beschlüssen und Privilegien von Päpsten, anderen kirchlichen Oberen, Konzilen und Synoden u. a. Diese sammelte erstmals der Kamaldulensermönch Johannes Gratian in Bologna (Decretum Gratiani, um 1140, Bild 36), diese wurde durch spätere Sammlungen ergänzt, wie dem Liber decretalium extra decretum (eine 1234 verabschiedete Kirchenrechtssammlung), dem Liber sextum (nach 1234 entstandene Konzilsbeschlüsse und päpstliche Erlasse), den Klementinen (eine Gesetzessammlung von Papst Klemens V., 1317) und den Extravaganten (außerhalb der amtlichen Sammlungen stehende Beschlüsse und Bestimmungen). Erst 1918 wurde dieser Corpus juris canonici durch den einheitlichen Codex juris canonici ersetzt (Theologische Realenzyklopädie, Bd. 19, 1990, S. 132). Mit diesem Studium war Copernicus für seine späteren vielseitigen Tätigkeiten gut vorbereitet, denn das Kirchenrecht war gleichermaßen auf das kirchliche Leben, wie auf die rechtliche Ordnung weltlicher Gerichtsbarkeit von großem Einfluß. So regelte es das weltliche Vertragsrecht ebenso wie das Familien- und Erbrecht und beanspruchte die Kompetenz in Strafrechtssachen.

Wie schon für die Studienzeit in Krakau, können die äußeren Lebensumstände von Copernicus nur in groben Zügen geschildert werden. Die Studenten wohnten entweder bei Professoren, die sich auf diese Weise einen kleinen Nebenverdienst sicherten, auf den vor allem die gering besoldeten Lehrer der Artistenfakultät angewiesen waren, oder wählten sich, zusammen mit ihren Begleitern und Dienern, eine Mietwohnung. Es könnte möglich sein, daß Copernicus im Hause von Dominicus de Novara wohnte, eine interessante Möglichkeit, die zwar durch die Betonung des

engen Verhältnisses zwischen dem Professor und seinem Schüler in den biographischen Skizzen von Rheticus einige Wahrscheinlichkeit gewinnt, aber nicht beweisbar ist.

Seit Herbst 1498 befand sich auch Andreas Koppernigk zum Studium der Rechte in Bologna. Der Lebensunterhalt war für beide recht aufwendig – waren die Kosten in Bologna so hoch oder gaben die an gesicherten Wohlstand gewöhnten Brüder für das Studentenleben mit manchen, Anstoß erregenden und schließlich von der Obrigkeit eingeschränkten Festlichkeiten zuviel Geld aus? Jedenfalls befanden sich beide trotz ihrer eigentlich gesicherten finanziellen Lage als Domherren im Herbst 1499 in großen Geldschwierigkeiten, so daß sie durch Vermittlung des in Rom weilenden ermländischen Domdechanten Bernhard Sculteti bei einer römischen Bank einen Kredit von 100 Dukaten aufnehmen mußten – sie waren „nach Studentenart" in Not geraten, berichtete Sculteti an Watzenrode mit der Bitte um schnellste Überweisung des Geldes (L. Prowe, N. Coppernicus, Bd. 1.1, 1883, S. 266).

Immer wieder fällt es auf, daß Andreas gegenüber dem jüngeren Bruder Nicolaus offensichtlich zurückgesetzt wurde. Gemeinsam nahmen sie ihr Studium in Krakau auf (vorausgesetzt, das Immatrikulationsdatum von Andreas ist gesichert), doch erst 1 1/2 Jahre nach Nicolaus setzte Andreas sein Studium in Bologna fort und ebenso mußte Andreas auf die gesicherte Lebensstellung durch Aufnahme in das Frauenburger Domstift länger warten als Nicolaus. Die Gründe für diese stete Bevorzugung des jüngeren Bruders (wenn Andreas das älteste von den vier Geschwistern war, mag zwischen beiden ein Altersunterschied von sechs und mehr Jahren gelegen haben) sind unbekannt, aber doch offensichtlich durch den bischöflichen Oheim Watzenrode gewollt und nach dem Studium fortgesetzt.

Nicolaus' Aufenthalt in Bologna währte wenigstens bis zum 4. März 1500. An diesem Tag beobachtete er dort eine Konjunktion von Mond und Saturn, die er in sein Exemplar der Alphonsinischen Tafeln eintrug. Mit einiger Wahrscheinlichkeit darf angenommen werden, daß er bald darauf mit seinem Bruder nach Rom ging, um dort die Karwoche des von Papst Alexander VI. ausgerufenen Jubeljahrs zu verleben. Am Weihnachts-

E pitomata que et reparatio
nes appellantur in libros de generatione qui a Boetio greca
lingua Perigeneseos.ab alijs vero Perigenios quasi de na
tura appellantur.ad laudem cūctipotentis z vtilitatem stu/
dentium in bursa Laurentiana gymnasij agrippinēsis Colo
nie elaborata feliciter incipiunt

Albertus magnus
cum discipulis suis

Bild 37 Ähnlich wie es bei den Vorträ-
gen von Albertus Magnus zuging, wird
auch Copernicus den Universitätsbetrieb in Krakau, Bologna und Padua er-
lebt haben.
Nach: Albertus Magnus, Epitoma totius
philosophiae naturalis. Köln 1496.

abend 1499 hatte Alexander VI. aus der berühmt-berüchtigten Familie der
Borgia mit dem silbernen Hammer die Tür zum Petersdom geöffnet und
damit das große Jubeljahr eingeleitet. Seine Bulle lud alle gläubigen Pilger
in die Ewige Stadt ein und am Ostersonntag sollen 200000 Menschen vor
St. Peter den Segen des Papstes empfangen haben – unter ihnen Nicolaus
Copernicus und sein Bruder Andreas. Den beiden Domherrn bot sich in
der Hauptstadt aller Christen keineswegs das Bild frommen katholischen
Lebens. Die Verhältnisse waren geprägt von dem, was der Inhaber des
Stuhls Petri vorlebte: Alexander VI. war ein skrupelloser Renaissancepo-
litiker, der seine Macht im Interesse seiner mit Blut befleckten Familie
mißbrauchte, um seinen Reichtum und den seiner Verwandten mit allen
Mitteln zu mehren. Es war übrigens dieser Papst, der durch seinen

Schiedsspruch die „Neue Welt" mit ihren Reichtümern zwischen Portugal und Spanien aufgeteilt hatte, als handele es sich um eine menschenleere Gegend. Doch im Rom des Jahres 1500 war auch Michelangelo tätig und Donato Bramante, der den von Klarheit und Harmonie geprägten Grundriß des Petersdoms geschaffen hatte. Zu kaum einer anderen Zeit und einem anderen Ort trafen jemals Skrupellosigkeit, Machtgier und Unmoral mit großartigerem Kunstempfinden und anregenderem Gedankenaustausch zusammen.

Copernicus blieb etwa ein Jahr in Rom. Über seine dortigen Beschäftigungen ist wenig bekannt – es wird eine Art Bildungsurlaub gewesen

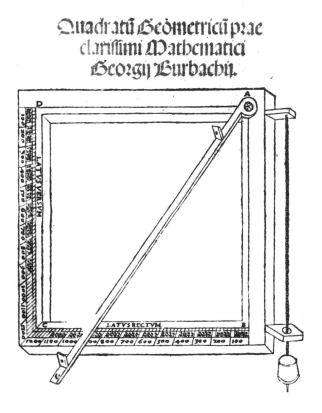

Bild 38 Der Quadrant war als kleines Handgerät sowie in großer Ausführung mit Kantenlängen um 2 Meter eines der wichtigsten Beobachtungsgeräte seit der Antike bis ins 19. Jahrhundert. Nach: Georg Peuerbach, Quadratum geometricum. Nürnberg 1516.

sein, eine Zeit, in der Copernicus das Leben und Treiben der Stadt in sich aufnahm, die beeindruckende Größe der katholischen Macht, aber ebenso die moralische Fragwürdigkeit vieler ihrer Würdenträger; die Kunstwerke der Antike und die Kirchen und Paläste seiner Epoche – den Geist der Renaissance mit seinen Höhen und Tiefen, die Vielseitigkeit der Bildung und des Wissens, die ihn prägten. Auch Gelegenheit zu Diskussionen wissenschaftlicher Probleme war gegeben. Rheticus berichtet, Copernicus weilte „in Rom um das Jahr des Herrn 1500 im Alter von etwa 27 Jahren als Professor der Mathematik unter großem Schülerandrang und im Kreise großer Männer und Meister in diesem Zweig der Wissenschaft" (G.J. Rheticus, Erster Bericht, 1943, S. 32). Gelegentlich wurde daraus eine

Bild 39   Die immer wieder erwähnten, angeblichen Vorlesungen von Copernicus in Rom 1500 sind nicht belegbar, sondern Teil der Legendenbildung um einen großen Gelehrten.

Professur an der Römischen Universität gemacht, die Rheticus nicht behauptete und die in keiner Weise belegbar ist (außerdem besaß Copernicus bis dahin vermutlich keinen akademischen Grad). Die Ursache dieser Legendenbildung ist wohl darin zu suchen, daß man Copernicus schon möglichst früh mit dem Glorienschein des Genies zu umgeben suchte und ihn zu Zeiten in ungewöhnlichen Stellungen sehen wollte, in denen er zwar eine gute astronomische Bildung erhalten hatte, aber ansonsten im Kreis humanistisch gesinnter Gelehrter nicht unbedingt als eine spätere Leistungen erahnen lassende Persönlichkeit hervortreten mußte. Der Bericht von Rheticus kann nichts anderes bedeuten, als daß Copernicus in Rom in intellektuellen Kreisen verkehrte, in denen über astronomische Fragen diskutiert wurde, sicherlich auch über die dort am 6. Nov. 1500 sichtbare Mondfinsternis, deren Beobachtung er in seinem Hauptwerk erwähnt.

Im Sommer des Jahres 1501 kehrten die Brüder nach Frauenburg zurück, nicht um dort zu bleiben, sondern um nach Ablauf des dreijährigen Studienurlaubs die Genehmigung des Kapitels zu erbitten, wieder nach Italien zurückkehren zu dürfen. Die den beiden Domherrn „Nicholaus et

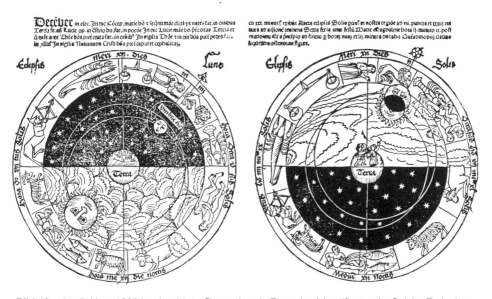

Bild 40 Am 6. Nov. 1500 beobachtete Copernicus in Rom eine Mondfinsternis. Solche Ereignisse erregten große Aufmerksamkeit und wurden in Kalendern oft ausführlich astronomisch und astrologisch behandelt. Gelegentlich entstanden dabei naive, künstlerisch gestaltete Kalenderblätter, welche die Entstehung und Beobachtung solcher Erscheinungen verdeutlichen.
Nach: Wenzel Faber von Budweis, Almanach für 1487. Leipzig.

Andreas Coppernick" auf der Kapitelsitzung vom 27. Juli 1501 erteilte Genehmigung, sich auf weitere zwei Jahre von der Kathedrale entfernen zu dürfen, ist im „liber actorum capituli Warmiensis" erhalten geblieben (L. Prowe, N. Coppernicus, Bd. 1.1, 1883, S. 291). Während Nicolaus der Urlaub ausdrücklich für das Studium der Medizin gewährt wurde, um dann dem Ehrwürdigen Herrn Bischof sowie den Kapitelbrüdern als Arzt dienen zu können, wurde Andreas ohne besonderen Auftrag als der Studien für würdig erachtet.

Lange war der nun von Copernicus verfolgte Studiengang völlig unbekannt. Erst 1876 konnte in der Stadtbibliothek Ferrara eine Urkunde gefunden werden, die sofort Aufklärung über mehrere unklare Punkte im Lebenslauf von Copernicus brachte – es war die notarielle Beglaubigung der Übergabe der Promotionsinsignien an Copernicus am 31. Mai 1503. Darin heißt es, daß „der ehrwürdige und gelehrte Herr, Herr Nicolaus Copernich aus Preußen, ermländischer Kanoniker und Scholastiker an der Kirche zum Hl. Kreuz in Breslau, der in Bologna und Padua studiert hat" als Doktor des kanonischen Rechts (Doctor decretorum) bestätigt wurde (L. Prowe, N. Coppernicus, Bd. 1.1, 1883, S. 313). Diese Urkunde ist der bis heute einzige Beleg für das Studium von Copernicus in Padua, für das sich wegen der Lückenhaftigkeit der Archivalienbestände am Ort selbst kein Nachweis finden ließ. Weiterhin war dies der erste Hinweis darauf, daß Copernicus, sicherlich ebenfalls auf Betreiben seines Onkels, denn auf irgendwelche eigenen Verdienste konnte er bis dahin nicht verweisen, außer dem Frauenburger Kanonikat noch die Pfründe eines Scholastikers am Hl. Kreuzstift in Breslau innehatte. Erst viel später wurde aus dem Vaticanarchiv eine Urkunde vom 29. November 1508 bekannt, die darauf Bezug nimmt und außerdem Copernicus die Erlaubnis zweier weiterer Pfründen erteilte, auch wenn diese mit seelsorgerischen Verpflichtungen verbunden sind (H. Schmauch, Neue Funde zum Lebenslauf des Coppernicus, 1943, S. 57–58). Ob er davon Gebrauch machte, entzieht sich unserer Kenntnis, genauso wie keinerlei Informationen über seine Tätigkeit als Breslauer Scholasticus vorliegen. Jedenfall ist nicht bekannt, ob er überhaupt jemals in Breslau weilte, so daß es sich wohl ausschließlich um eine Stellung zur Sicherung eines angenehmen Lebensstandards handelt. Im Jahre 1538 legte er sie nieder. Und noch etwas verdient am notariellen Protokoll hervorgehoben zu werden: Während Copernicus offenbar sorgfältig auf die Erwähnung seiner kirchlichen Stellung Wert legte, wird kein akademischer Grad erwähnt, was hinlänglich bestätigen dürfte, daß er bis zu seiner Promotion beispielsweise nicht Baccalaureus, geschweige Magister der Freien Künste war.

Doch damit ist der Gang der Geschichte unterbrochen. Während sich Andreas Koppernigk 1501 erneut nach Rom wandte, ohne daß für die nächste Zeit genauere Kenntnisse über seine Lebensumstände vorliegen, studierte Nicolaus Copernicus in Padua Medizin (A. Favaro, Die Hochschule Padua, 1881). Als Geistlicher hatte er auf diesem Gebiet bestimmte Einschränkungen zu beachten. Die Chirurgie, das Brennen und Schneiden, das auf eine „mangelnde Herzensmilde" hätte schließen lassen müssen, war ihm strikt verboten; erlaubt war dagegen die allgemeine medizinische Praxis, einschließlich der inneren Medizin. Damit waren im Laufe der Zeit einige strengere Verbote des 12. Jahrhunderts gelockert worden, welche Klerikern das Studium der Medizin überhaupt untersagten. Doch zum Ende des Mittelalters waren Bedürfnisse der Kranken- und Altersbetreuung entstanden, die nur mit Hilfe der Kirche und der Tätigkeit Geistlicher befriedigt werden konnten. Schon Ende des 13. Jahrhunderts findet sich unter den Frauenburger Domherrn ein promovierter Arzt und es ließen sich weitere Beispiele anführen.

Die Lektionskataloge zur Medizin in Padua sind aus der fraglichen Zeit nicht erhalten. Doch es kann gesagt werden, daß sowohl die Theorie, als auch die Praxis der Medizin, vornehmlich nach Hippokrates, Galen und

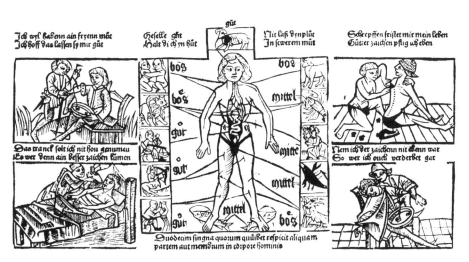

Bild 41　Seit antiken Zeiten war die Medizin eng mit der Astrologie verbunden. Die Einnahme von Medikamenten, der Aderlaß, das Schröpfen usw. mußte nach astrologischen Vorschriften ausgeführt werden. Mit diesen Regeln und ihrer praktischen Anwendung war auch Copernicus vertraut.
Nach: Hans Roman Wonecker, Almanach für 1499. Basel.

Avicenna gelehrt wurde. Die Unterweisung in der Anatomie erfolgte jedes Jahr durch die Sektion jeweils einer männlichen und einer weiblichen Leiche, hingerichtete Verbrecher, für deren Bereitstellung der Rektor Sorge zu tragen hatte. Einen akademischen Grad in der Medizin scheint Copernicus nicht erlangt und nicht erstrebt zu haben. Seine Lebensstellung war gesichert, die Promotion im Kirchenrecht gab seiner Gelehrsamkeit das äußere Zeichen und die ärztliche Tätigkeit war nicht als seine Hauptbeschäftigung, sondern als gelegentliche Hilfeleistung in den Kreisen des Kapitels und für den Bischof gedacht.

Bild 42 In Ferrara promovierte Copernicus 1503 zum Doktor des Kirchenrechts. Er wählte diesen Ort vermutlich wegen des im Vergleich mit Bologna dort einfacheren und finanziell weniger aufwendigen Promotionsverfahrens.
Nach: Hartmann Schedel, Weltchronik. Nürnberg 1493.

Wärend Copernicus keinen medizinischen Studienabschluß erlangte, wurde er, wie schon geschildert, in Ferrara zum doctor decretorum, zum Doktor des Kirchenrechts, promoviert. Warum Copernicus Ferrara als Promotionsort wählte, ist nicht ganz klar. Oftmals wird der Grund darin gesucht, daß die hiermit verbundenen Kosten, nicht allein das direkte Verfahren, sondern mehr noch die vor und nach der Promotion obligaten feierlichen Aufzüge und Geschenke, in Ferrara niedriger waren als in Padua, doch hätte Copernicus ganz sicher aus seinen Pfründen und durch Unterstützung seines Onkels diese Mittel aufbringen können. So mag wenigstens einer der Gründe für diese Wahl in den einfacheren Prüfungs- verfahren in Ferrara liegen, die Copernicus für sich nutzen wollte. Es war ohnehin nicht ungewöhnlich, daß Studenten, die in Bologna studiert hat- ten, zur Promotion nach Ferrara gingen. Nach dem feierlichen Akt der Promotion könnte Copernicus noch einige Zeit in der Stadt geblieben sein. Ferrara war im 15. und 16. Jahrhundert unter dem Herzogsgeschlecht der Este ein Zentrum der italienischen Renaissance geworden. Es war eine blühende Handelsstadt mit einem regen geistigen Leben und prächtigen Bauwerken. Einst war hier sein Lehrer in Bologna, Dominicus Maria de Novarra, tätig und noch früher lebte hier der Astronom Giovanni Bian- chini, mit dem Kardinal Bessarion, Georg Peuerbach und Johannes Regiomontan bekannt. Es wäre möglich, daß Copernicus in Ferrara mit Celio Calagnini zusammentraf, der später eine Arbeit über die Erdbewe- gung schrieb (F. Hipler, Celio Calcagnini und seine Schrift über die Erdbewegung, 1879). Beweise dafür gibt es nicht.

KAPITEL 5

Copernicus
als Sekretär des Bischofs,
Arzt und Philologe

Bild 43 Bildnis Nicolaus Copernicus' mit dem Maiglöckchen als Symbol des ärztlichen Standes.
Nach: Nicolaus Reusner, Icones sive imagines virorum literis illustrium. Straßburg 1599.

Im Jahre 1503 ging der Copernicus gewährte Studienurlaub zuende, damit eine Zeit von 12 Jahren, die Copernicus für seine Ausbildung auf Kosten des Frauenburger Domkapitels verwenden konnte (H. Schmauch, Die Rückkehr des Koppernikus aus Italien, 1933–35). Er hatte die Freien Künste studiert, eine gründliche Einführung in die Medizin erhalten, war im Kirchenrecht promoviert, hatte Eindrücke in Rom und den oberitalienischen Zentren der Renaissancekultur in sich aufgenommen, Kontakte mit bedeutenden humanistischen Gelehrten gehabt und sich vor allem seiner Lieblingswissenschaft Astronomie gewidmet. Als Copernicus im Spätherbst 1503, nach einer sechs bis acht Wochen währenden Reise ins Ermland zurückkehrte, war er fast 31 Jahre alt, für seine Zeit weit überdurchschnittlich gebildet und von einiger Lebenserfahrung. Nun hatte die Kirche das Recht, seine Dienste in Anspruch zu nehmen. Da uns kaum etwas vom Charakter des Copernicus bekannt ist, wissen wir nicht, wie er den Wechsel von den lebendigen Städten Italiens, dem Paradies der Wissenschaften und Künste, zu dem im Verhältnis dazu stillen ermländischen Leben empfand. Zwar wurde Copernicus hier alles andere als der zurückgezogen lebende Gelehrte, der seinen Blick nur zu den Sternen und in seine Bücher lenkte, doch trat in seinen Lebensverhältnissen ein tiefer Bruch ein.

Lukas Watzenrode, der bischöfliche Onkel, der unter Ausnutzung seiner Machtstellung seinem Neffen eine einträgliche, lebenslange Versorgung gesichert hatte, nahm sich sogleich seines Schützlings an, forderte seine Dienste und förderte seine Talente; sah er in Copernicus seinen möglichen Nachfolger? Es scheint, daß Watzenrode noch 1503 das Frauenburger Domkapitel darum ersuchte, Copernicus als seinen persönlichen Begleiter, Sekretär und Leibarzt vom Dienst in Frauenburg freizustellen (E. Brachvogel, Neues zur Coppernicusforschung, 1936–38, S. 646–653). Erst vom 7. Januar 1507 liegt ein Kapitelbeschluß vor, der Copernicus die Abwesenheit vom Dom gestattet, um dem Bischof angesichts seiner schwankenden Gesundheit beizustehen und zudem noch eine Aufwandsentschädigung gewährte. Doch dieser Beschluß sanktionierte nur, was schon lange eine Tatsache war, nämlich die vermutlich noch 1503 erfolgte Übersiedlung von Copernicus nach Heilsberg/Litzbark, an die fürstbischöfliche Residenz. Denn schon am 1. Januar 1504 weilte er als Begleiter des Onkels auf dem preußischen Landtag in Marienburg:

do kegenwertich erschenen sein der erwirdige in goth vater, her Lucas bisschof zcu Ermlant und die wirdigen, groszmechtigen, edlen, namhaftigen und weysen herren Johannes Scholtcze doctor archidiacon und Nicolaus Coppernick doctor und thumherren zcur Frauwenburgh

(zit. nach H. Schmauch, Die Rückkehr des Koppernikus aus Italien, 1933–35, S. 226)

Heilsberg geht wie die meisten anderen Städte Ermlands auf eine Gründung des Deutschen Ordens zurück. Die Burg wurde 1240/41 angelegt, später kam das Schloß hinzu, seit dem 14. Jahrhundert Residenz der ermländischen Bischöfe. Es entstand ein prächtiger Bau, der sowohl den Bedürfnissen der Verwaltung des Bistums, als auch angesichts der Nähe des feindlich gesinnten Deutschen Ordens, der militärischen Verteidigung zu dienen hatte. Tatsächlich wurde das Schloß trotz seiner Wehranlagen in den kriegerischen Auseinandersetzungen des 15. Jahrhunderts mehrfach eingenommen. Zudem brannten einige Male beträchtliche Teile des Schlosses nieder, worauf Lukas Watzenrode einen prächtigen, erneuerten Bau ausführen ließ.

Das Leben war für Copernicus in Heilsberg geprägt von der Funktion des Schlosses als administratives und geistliches Zentrum des 4250 km² großen Ermlands, als Sitz einer Landesverwaltung und des Oberhauptes der territorialen Kirche. Es kann kein Zweifel daran bestehen, daß Watzenrode seinen Neffen in alle Geschäfte einbezog. Beweisen läßt sich dies freilich nur in den wenigen Fällen, in denen Copernicus namentlich angeführt wird und das erschöpft sich in einigen Reisen zu den preußischen Landtagen oder zum polnischen Königshof. Doch Watzenrode wird keine Gelegenheit versäumt haben, seinen Neffen in den Verwaltungsgeschäften zu unterweisen, ihn im Sinn seiner politischen Auffassungen zu beeinflussen. Für Copernicus mag dies nicht immer sehr angenehm gewesen sein, denn der Bischof, kein Seelenhirt, sondern ein hochgestiegener Kaufmannssohn, ein Politiker aus Neigung, wird als von schroffem Wesen geschildert, als hochintelligenter, kühler Diplomat, der stets weitsichtig seine Ziele plante, als ein Mann, auf dessen Lippen nie ein Lachen erschien. Da er für Copernicus seit dessen zehntem Lebensjahr die Vor-

mundschaft übernommen hatte und ihn später in jeder Hinsicht protegier-
te, kann kaum der Meinung Prowes zugestimmt werden:

Wir haben Grund zu der Annahme, dass der Bischof Watzelrode seinen
Neffen zunächst deshalb zu sich entboten habe, um denselben vorläufig
noch vor dem erschlaffenden Einerlei des kapitularen Lebens zu bewahren, und ihm andererseits wieder eine grössere Musse zu gewähren...
So suchte er auch jetzt, da Coppernicus in die stille Heimat eingekehrt
war, die Zurückgezogenheit des Lieblings vor störenden Geschäften
möglichst zu bewahren.

(L. Prowe, N. Coppernicus, Bd. 1.1, 1883, S. 344f.)

Watzenrode hat wohl seinen Neffen nie zum Müßiggang angehalten und
wenn er, wie schon als Vermutung geäußert, Copernicus eine bedeuten-

Bild 44 Bischof Lukas Watzenrode
ermöglichte seinem Neffen Nicolaus
Copernicus eine gründliche Ausbildung
und mit zwei kirchlichen Pfründen einen
gesicherten Lebensunterhalt.

dere Zukunft öffnen wollte, als die eines subalternen Domherrn, war es an der Zeit, den 30jährigen darauf vorzubereiten, wofür er in Heilsberg die beste Gelegenheit hatte.

Watzenrode war keinesfalls ein engstirniger Machtpolitiker, sondern selbst Magister artium, den schönen Künsten, den humanistischen Studien und wissenschaftlichen Dingen zugetan. Davon zeugt beispielsweise sein Plan, um 1509 in Elbing/Elblag eine Hochschule, ein „studium generale" zu gründen, um im unwirtlichen Norden den Musen eine Heimstatt zu schaffen, dies umso mehr, als die schon auf das Jahr 1386 zurückgehenden Bemühungen des Deutschen Ordens, eine baltische Universität zu gründen, an den vom Orden selbst provozierten Verhältnissen scheiterten (Bibliotheca Warmiensis oder Literaturgeschichte des Bisthums Ermland, 1872, S. 80–83). Daß Watzenrode gerade 1509 seine Bemühungen durch Gespräche mit dem elbinger Rat in eine entscheidende Phase eintreten ließ, mag einerseits damit zusammenhängen, daß er am Beispiel seiner Neffen die hohen Aufwendungen eines fernen Studienortes kannte, sowie sich andererseits durch die 1502 bzw. 1506 erfolgte Gründung der Landesuniversitäten in Wittenberg und Frankfurt an der Oder in seinen eigenen Überlegungen bestärkt fühlte. Watzenrode hatte recht weitgehende Pläne entwickelt, die finanziellen Grundlagen der künftigen Universität zu sichern und anfänglich verlief alles recht günstig, scheiterte dann jedoch aus nicht geklärten Umständen. Es liegt nahe anzunehmen, daß Copernicus, der vier Universitäten aus eigenem Erleben kannte, in diese Pläne und Verhandlungen einbezogen war.

Viel mehr Aufmerksamkeit erforderten jedoch die existentiellen Probleme des zwischen den großen politischen Kontrahenten, dem Deutschen Orden und dem Königreich Polen gelegenen Bistums Ermland. Die Hinwendung zum polnischen König, von Watzenrode intensiv gefördert, war eine politische Entscheidung unter Beibehaltung einer weitgehenden Selbständigkeit. Der ermländische Bischof hatte als Landesherr ein besonderes Interesse an der Aufrechterhaltung des Friedens in dieser Region, der in erster Linie auf guten Nachbarschaftsbeziehungen zwischen dem Ordensmeister und dem polnischen König beruhte. Da der ermländische Bischof als Herrscher dieses unter polnischer Lehnshoheit stehenden Kleinstaates in die Reihe der hohen Würdenträger Polens aufrückte, oblag ihm die große Verantwortung, am polnischen Hof durch eine ge-

Bild 45 Die Karte zeigt die geographische Situation zwischen Ermland, dem Ordensstaat (ab 1525 Herzogtum Preußen) und Polen im 16. Jahrhundert.

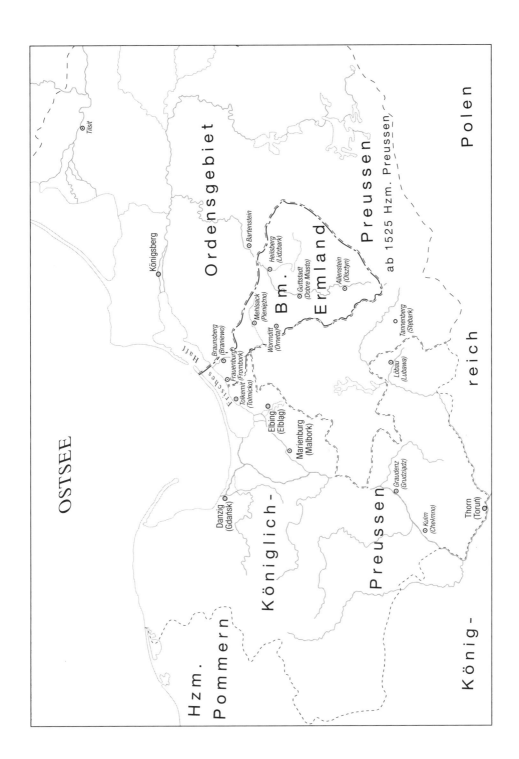

OSTSEE

Tilsit

Ordensgebiet

Königsberg

Frisches Haff

Braunsberg
(Braniewo)

Frauenburg
(Frombork)

Tolkemit
(Tolmicko)

Mehlsack
(Pieniezno)

Wormditt
(Orneta)

Bm.

Ermland

Bartenstein

Heilsberg
(Lidzbark)

Guttstadt
(Dobre Miasto)

Allenstein
(Olsztyn)

Preussen

ab 1525 Hzm. Preussen

Polen

reich

Tannenberg
(Stebark)

Löbau
(Lubawa)

Elbing
(Elbląg)

Marienburg
(Malbork)

Danzig
(Gdańsk)

Königlich-

Preussen

Graudenz
(Grudziądz)

Kulm
(Chełmno)

Thorn
(Toruń)

König-

Hzm.
Pommern

schickte Politik für sein Land zu sorgen. Bedroht wurde der kleine Staat von allen Seiten – vom Orden durch ständige kleinere bewaffnete Überfälle, später sogar durch Krieg, während der polnische König immer wieder versuchte, die Sonderrechte Ermlands zu beschneiden und dessen Selbständigkeit allmählich auszuhöhlen. Die kriegerischen Auseinandersetzungen zwischen dem Orden und dem Königreich flammten nach dem Tode Watzenrodes wieder auf; in jener Zeit wird Copernicus besondere Aufgaben im Dienst des Kapitels zur Abwendung der schlimmsten Folgen des Krieges übertragen bekommen.

In welchen weltpolitischen Dimensionen Watzenrodes Denken sich bewegte, zeigt sein Vorschlag, den Deutschen Orden, seiner ursprünglichen Bestimmung des Schutzes der Christenheit entsprechend, von den baltischen Regionen, in denen er keine Aufgabe mehr hatte, nach Podolien (zwischen Bug und Dnestr, bis zur Donaumündung) zu entsenden, um eine Bastion gegen die türkischen Eroberer zu bilden. Damit hatte er freilich seinen Einfluß überschätzt und scheiterte schon im Keim am politischen Machtstreben des Ordens. Dennoch war dieser Gedanke nicht so abwegig, wie der etwa 70 Jahre später von Kaiser Maximilian II. unterbreitete ähnliche Vorschlag der Entsendung des Ordens nach Ungarn, belegt. Trotz der weiterhin andauernden Gefahr durch türkische Heere kam es dazu nicht.

Copernicus hatte also reiche Gelegenheit, einen tiefen Einblick in das für ihn neue Gebiet der Staatsgeschäfte zu bekommen, was ihm später in der Erfüllung höherer Verwaltungsaufgaben zugute kam. Ebenso konnte er sich praktisch in der Medizin betätigen (L. Prowe, Coppernicus als Arzt, 1881). Sein erster Patient, soweit wir dies wissen, war sein Onkel und noch später wurde er immer wieder an das Krankenbett der ermländischen Bischöfe gerufen, von Mauritius Ferber und Johannes Dantiscus, genauso wie von seinem vertrauten Freund, dem Bischof von Kulm, Tiedemann Giese (später, nach dem Tod von Copernicus, Bischof von Ermland). Das ist dokumentarisch überliefert; nur vermuten kann man, daß er genauso seine Mitbrüder am Frauenburger Domkapitel behandelte, was wohl selbstverständlich ist, aber in den Akten keinen Niederschlag fand. Leider ist es völlig unbekannt, ob Copernicus nicht wenigstens zeitweise die medizinische Betreuung seines an Lepra erkrankten Bruders übernahm. Nur eine Möglichkeit, obgleich für das Persönlichkeitsbild von Copernicus eine verlockende, ist seine Tätigkeit am Frauenburger Hospital. Unweit des Doms befand sich das Heilig-Geist-Hospital, das 1507 bis 1519 von den Antonitern, einer 1095 gegründeten, sich der Betreuung von Pilgern und Kranken widmenden Ordensgemeinschaft, geführt wurde und danach wieder an die Domkurie zurückfiel. Es heißt, daß Copernicus 1521 eine der Liegenschaften des Hospitals übernommen hatte, mit der wahrscheinlich eine Fürsorgepflicht für das Hospital verbunden war. Freilich ist nun wieder völlig unbekannt, ob Copernicus hier medizinisch tätig war. Al-

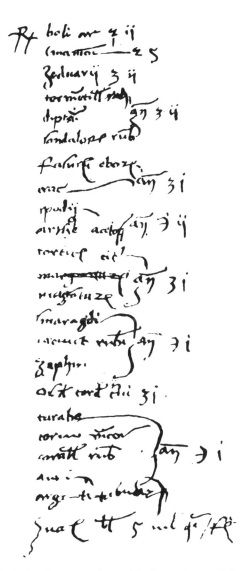

Bild 46 Dieses medizinische Rezept notierte sich Copernicus auf dem Einbanddeckel eines Drucks von Euklids „Elementen".

lerdings würde dazu sehr gut die schon von den ersten Biographen Simon Starowolski und Pierre Gassendi nach einen Zeugnis von Giese getroffene Wertung passen, Copernicus sei „ein zweiter Äskulap" gewesen, der den Armen eine kostenlose medizinische Behandlung gewährte (M. Buczkowski, Beitrag zum gegenwärtigen Stand der Forschung über die ärtzliche Tätigkeit des N. Copernicus, 1989).

Eine Tatsache ist, daß Copernicus über die Grenzen Ermlands hinaus als Mediziner bekannt und anerkannt war. Die folgende Krankengeschichte zeigt dies sehr deutlich: Im Frühjahr 1541, Copernicus stand bereits im 69. Lebensjahr, wandte sich der ehemalige Hochmeister des Deutschen Ordens, inzwischen zum Herzog Albrecht von Preußen geworden, an Copernicus. Sein Amtshauptmann Georg von Kunheim war schwer erkrankt und der protestantische Herzog äußerte am 6. April 1541 „ahn Niclasenn Kupperinck" die Bitte:

gnediglich begerend, Ir wollet eurem erpitten noch vnbeschweret seinn, euch mit gegenwertigem Zeiger alher ahn vns zu verfugen vnnd abgedachtem gutthem manne eurenn getreuen rath vnd guthbedunckenn, ob er Irgents durch vorleyhung gotlicher gnad vnd euerer mithelff seiner beschwerlichen krankheit erledigt mocht werdenn

(L. Prowe, N. Coppernicus, Bd. 1.2, 1883, S. 469)

Unter gleichem Datum bat der Herzog das Domkapitel um den erforderlichen Urlaub, der gewährt wurde und Copernicus begab sich unverzüglich nach Marienburg, wo er bis Anfang Mai blieb. Da die Genesung Kunheims bis dahin noch immer keinen befriedigenden Verlauf genommen hatte, bat Copernicus den Leibarzt des polnischen Königs Johann Benedikt Solpha, der selbst, wenn auch rein aus Gründen der materiellen Sicherstellung seit 1526 Mitglied des Frauenburger Domstifts war) um ein Gutachten, das dieser bald darauf an Copernicus gab, der es an Herzog Albrecht weiterleitete.

Eingedenk des damals in Preußen herrschenden Mangels an ausgebildeten Ärzten darf der Schluß gezogen werden, daß Copernicus doch nicht nur gelegentlich als Arzt konsultiert wurde, galt er doch, wie viele Dokumente zeigen, im öffentlichen Bewußtsein eher als Doctor medicinae (der er nicht war), denn als Doctor juris canonici. Ein großer Teil der älteren Bildnisse und davon abgeleitete Porträts, wie das berühmte an der astronomischen Uhr des Straßburger Münsters (Abb. 47 und 43),

Bild 47 Für die Ausgestaltung der astronomischen Uhr im Straßburger Münster wählte Tobias Stimmer 1574 auch ein Porträt von Copernicus, das im unteren Feld des linken Türmchens seinen Platz fand.

zeigt Copernicus denn auch mit dem Maiglöckchen als Symbol des ärztlichen Berufs (G. Oestmann, Die Straßburger Münsteruhr, Stuttgart 1993).

Zur Diagnostik und Therapie bei den Behandlungen durch Copernicus ist wenig zu sagen. Bekannt ist, daß er während seines Aufenthalts in Heilsberg zwei medizinische Bücher für die dortige Bibliothek erwarb, in die er eigenhändig den Besitzvermerk „Pro bibliothecae Episcopali in arce Heilsbergk" eintrug, später jedoch nach Frauenburg mitnahm, wie die Eintragung „Liber Bibliothecae Varmienses" der Kapitelbibliothek belegt. Es war die „Chirurgia" des Petrus de Argellata, zu Beginn des 15. Jahrhunderts Professor in Bologna sowie der „Liber pandectarum medicinae" von Matthaeus Silvaticus, Leibarzt von König Robert von Sizilien, ein sehr erfolgreiches Buch (von 1474 bis 1500 erschienen 11 Auflagen). Von sechs weiteren medizinischen Werken steht es entweder durch die Namenseintragung oder aus der Schriftanalyse der Randnotizen fest, daß sie Copernicus gehörten, oder wenigstens von ihm benutzt wurden; bei einer großen Anzahl weiterer besteht lediglich die Möglichkeit. In einigen Fällen hat Copernicus in seine Bücher Rezepte eingetragen, die im Rahmen der damaligen Schulmedizin blieben. Es sind keine Resultate planmäßig gesammelter Erfahrung oder gar Forschung, sondern eher Lesefrüchte aus der medizinischen Tradition, wobei die Frage offen bleiben muß, ob Copernicus wirklich nach diesen Rezepten seine Behandlung durchführte. Hervorzuheben ist die bevorzugte Verwendung von Pflanzendrogen, deren Wirksamkeit Copernicus besonders überzeugte. Anklänge an die ihm sicher bekannte Lehre des Paracelsus, mit Betonung chemischer Arzneimittel, finden sich nicht. Zwei Rezeptbeispiele, die Copernicus in sein Exemplar des „Hortus sanitatis" eintrug, seien hier angeführt. Als Mittel gegen urologische Erkrankungen bzw. Tollwut wird empfohlen:

Item Muscaten gestossen vnde gemischet mit lorber vnde die genucz mit weyn machet wol harnen. Item der Samen von grasse [Kresse] mit wyn genuczet machet harnen. Item der Samen von Melonenn Machet wol harnenn vnde reiniget die lenden vnde Nyrenn.

Item eyter nesseln bleter in öle gesoten heilet wunden von dem dobenden hunde gebissen zcuhant.

(L. Prowe, N. Coppernicus, Bd. 2, 1884, S. 252 und 254)

Bis heute umstritten ist Copernicus' Autorschaft am sog. „Regimen sanitatis Coppernici". Diese Sammlung von Gesundheitsregeln ist nicht in der Handschrift von Copernicus, sondern in Texten des 17. und 18. Jahrhunderts überliefert. Es handelt sich um zwölf jeweils dreigeteilte Monatssprüche – 1. die eigentliche Gesundheitsregel, 2. die „verworfenen Tage" mit besonderer Berücksichtigung des Aderlasses, 3. die Bedeutung des Donners. Eine detaillierte Untersuchung zeigte, daß es sich hierbei um einen auf mittelalterliche Traditionslinien zurückführbaren astrologisch orientierten Text der Volksmedizin handelt, wie er ähnlich als obligater Bestandteil der Kalendarien und Prognostiken verbreitet war (G. Eis, Zu den medizinischen Aufzeichnungen des Nicolaus Coppernicus, 1952). Sicherlich ist Copernicus nicht als Autor anzusehen, sondern er hat lediglich ältere Texte abgeschrieben. In diesem Sinne kann jedoch die Zuweisung an Copernicus nicht bezweifelt werden, zumal das theoretische Niveau des „Regimen" von dem der Rezepte nicht sehr verschieden ist.

Weil sich die Ausübung seiner medizinischen Tätigkeit über viele Jahre erstreckte, ist dem Lebensweg des Astronomen weit vorgegriffen worden. Copernicus war also Begleiter seines bischöflichen Onkels, was ihm neben einer vielseitigen und ausgedehnten Tätigkeit offenbar die Muße für private humanistische und astronomische Studien ließ, darin von seinem Onkel bestärkt oder wenigstens akzeptiert. Die erste Frucht dieses Strebens war die erste Publikation von Copernicus überhaupt und die einzige, von ihm selbst in Druck gegebene. Sie erschien unter dem Titel „Theophilacti Scolastici Simocati epistolae morales, rurales et amatoriae interpretatione latina" 1509 beim Krakauer Erstdrucker Johannes Haller (N. Copernicus, Complete works, Vol. 3, 1985, S. 1–71). Es war keine astronomische Schrift, sondern eher eine Gelegenheitsarbeit – die lateinische Übersetzung der griechischen Briefe des Theophilactus Simocattes, kaiserlicher Hofbeamter in Byzanz und Historiker (O. Veh, Untersuchungen zu dem byzantinischen Historiker Theophilaktos, 1957). Warum Copernicus gerade dieses, in der klassischen Literatur nicht weiter bedeutende Werk zur Übersetzung wählte, ist unbekannt. Möglich wäre es, daß er es als Übungsbuch beim Erlernen der griechischen Sprache besaß. Während früher angenommen wurde, daß Copernicus in Bologna Griechisch bei dem Humanisten Antonius Urceus (Codrus) lernte, scheint seine Beschäftigung mit dem Griechischen doch erst in Padua erfolgt zu sein. Die 85 fingierten Briefe des Theophilactus handeln von Moral, Landbau und Liebe, mit einem belehrenden Anspruch; zwei Beispiele mögen davon einen Eindruck vermitteln:

2. Dorkon an Moschon. Der Führer der Schafe, mein wundervoller
Widder ist mir zugrunde gegangen, und die Herde entbehrt des Wäch-
ters und Leiters. Ein gar großes Unglück hat mich betroffen – ich glaube, irgendwie zürnt mir Pan. Ich habe ihn nämlich nicht mit Opfern
von den Bienenstöcken geehrt. Darum eile ich jetzt zur Stadt, um den
Zornigen zu besänftigen. Und den Bürgern will ich seine Grausamkeit
erzählen. „Wegen eines Honigkuchens", werde ich sagen, „hat Pan mir
den Führer meiner Herde zugrunde gehen lassen! ... 39. Thetis an
Anaxarchos. Du kannst nicht Thetis und Galathea zugleich lieben. Liebe
läßt sich nicht in Stücke teilen. Die Eroten kann man nicht voneinander
trennen. Aber du vermagst auch keine doppelte Liebe zu ertragen.
Ebenso, wie die Erde sich nicht von zwei Sonnen wärmen lassen kann,
so kann auch ein einzelnes Herz nicht zwei Liebesfeuer aushalten.

(Erotische Briefe der griechischen Antike, 1967, S. 229 und 250)

Copernicus widmete die Übersetzung seinem Onkel Lukas Watzenrode.
In der Zuschrift finden sich die für den Stil des Copernicus recht kenn-
zeichnenden Worte:

Ganz vortrefflich hat meiner Ansicht nach Theophylactus, der Scholastiker, moralische, ländliche und Liebes-Episteln zusammengestellt. Sicherlich hat ihn hierbei die Erwägung geleitet, dass Abwechslung vorzugsweise zu gefallen pflegt. Sehr verschieden sind die Neigungen der Menschen, sehr Verschiedenes ergötzt sie. Dem Einen gefällt, was gedanken-
schwer ist, dem Andern, was durch Leichtigkeit anspricht; Ernstes liebt
der Eine, während einen Andern das Spiel der Phantasie anzieht. Weil
die Menge so sich an ganz Verschiedenem erfreut, hat Theophylactus
Leichtes mit Schwerem, Leichtfertiges mit Ernstem abwechseln lassen,
so dass der Leser, gleichsam wie in einem Garten, aus der reichen
Menge von Blumen aussuchen kann, was ihm am besten gefällt... Dir
hochwürdiger Herr, widme ich nun diese kleine Gabe, die freilich in
keinem Verhältnis steht zu den Wohlthaten, welche ich von Dir empfangen habe. Alles, was ich durch mein geistiges Vermögen erschaffe und
nutze, das erachte ich mit vollem Recht als Dir gehörig; unzweifelhaft
wahr ist ja, was Ovid einst an Caesar Germanicus geschrieben: Nach
deinem Blick fällt und steigt mein Geist empor.

(L. Prowe, N. Coppernicus, Bd. 1.1, 1883, S. 390f.)

Der Widmung an Watzenrode ist ein Gedicht des Humanisten und Lehrer
an der Krakauer Universität, Laurentius Corvinus, späterer Stadtschrei-

ber in Thorn, vorangestellt. Dieses ist für die Schilderung des Verhältnisses zwischen Copernicus und Watzenrode von Interesse. Corvinus preist Thorn,

> weil es treffliche Männer erzeuget, unter denen der Bischof Lucas an Frömmigkeit, Ernst und Würde hervorragt, er, dem ein grosser Theil Preussens unterthänig ist – das unter seiner Herrschaft glückliche Ermland. Ihm steht treulich zur Seite, wie dem Aeneas einst der treue Achates, der gelehrte Mann, welcher dieses Werk aus der griechischen in die lateinische Sprache übertragen hat. Er erkundet den schnellen Lauf des Mondes und die wechselnden Bewegungen des Brudergestirns und das ganze Firmament mit den Wandelsternen, die wunderbare Schöpfung des Allvaters: er weiss, von staunenswerthen Principien ausgehend, die verborgenen Ursachen der Dinge zu erforschen.

> (L. Prowe, N. Coppernicus, Bd. 1.1, 1883, S. 389)

Diese erste Veröffentlichung von Copernicus geriet rasch in Vergessenheit. Selbst die ersten Biographen im 16. und 17. Jahrhundert wußten nichts mehr von diesem kleinen Werk, sicher dadurch bedingt, daß der Name des Übersetzers nicht im Titel, sondern erst in der Zuschrift an Watzenrode erscheint. In den 40er Jahren des 17. Jahrhunderts wurde es in der Königlichen Bibliothek Dresden (heute Sächsische Landesbibliothek) als Copernicus zugehörig identifiziert. Die Theophilactus-Übersetzung von Copernicus gewinnt ihren Wert vor allem angesichts des Umstandes, daß sie in einer Zeit erschien, in der griechische Sprachkenntnisse nicht nur eine Seltenheit waren, sondern sogar als dem Humanismus verbunden, beargwöhnt oder gar verpönt waren und die Arbeit von Copernicus der erste selbständige Druck eines griechischen Autors in Polen war (T. Nissen, Die Briefe des Theophylaktos Simokattes, 1936–37).

Für seine griechischen Studien besaß Copernicus das im Juli 1500 die Druckerpresse in Modena verlassene „Lexicon graeco latinum" des Karmelitermönchs Johannes Crastonius, in der Uppsalaer Universitätsbibliothek mit dem von ihm in griechischen Buchstaben geschriebenen eigenen Namenszug und zahlreichen lateinischen Noten erhalten. Eine weitere kleine Probe seiner Griechischkenntnisse gab Copernicus später in seinem Hauptwerk, mit der Übersetzung des (fingierten) Briefes des Lysis an Hipparch, der pythagoreische Auffassungen des Unterrichts in der Philosophie und den Wissenschaften zum Gegenstand hat. Er wird später noch eine Rolle spielen.

KAPITEL 6

Verwaltung, Politik, Kirchendienst und der „Commentariolus" – geteilte Zeit, geteilte Pflichten

Die Heilsberger Zeit währte für Copernicus fast sieben Jahre, von Anfang 1504 bis vermutlich in die zweite Jahreshälfte 1510. Entgegen häufiger Annahmen, Copernicus wäre bis zum Tod des Onkels am 29. März 1512 auf Schloß Heilsberg gewesen, war er schon gegen Ende 1510 gemeinsam mit Fabian von Loßainen, dem späteren ermländischen Bischof, vom Frauenburger Domkapitel als Visitator bestellt und beauftragt, das kapituläre Herrschaftsgebiet Allenstein zu bereisen, dort Wünsche und Klagen der Untertanen entgegenzunehmen sowie Finanzgeschäfte zu tätigen (E. Brachvogel, Neues zur Coppernicusforschung, 1936–38, S. 646–653). Dies wäre mit dem Amt beim Bischof nicht vereinbar gewesen. Zudem wurde Copernicus im November 1511 für zwei Jahre zum Kanzler des Kapitels gewählt (erneut bekleidete er diese Funktion 1519/20, 1524/25 und 1529) und hatte die inneren Geschäfte des Kapitels sowie den offiziellen Schriftwechsel zu führen sowie 1512/13 zum „magister pistoriae", zum Vorsteher der Verpflegungskasse, welcher die Aufsicht über Bäckerei, Brauerei und Mühlen führte und zudem die Einziehung von Steuern aus einigen Dörfern zu verantworten hatte (E. Brachvogel, Des Coppernicus Dienst im Dom zu Frauenburg, 1939–42, S. 569–575). Der Grund, warum Copernicus seine Stellung als Leibarzt, Sekretär und ständiger vertrauter Berater des Bischofs zu dieser Zeit verließ, ist unbekannt. Mehrfach wurde vermutet, daß der harte Umgang des Onkels mit seinen Mitarbeitern und Untergebenen ernste sachliche Differenzen verursachte, doch konnte die Entscheidung nur von bischöflicher Seite getroffen werden.

In Frauenburg erwarteten Copernicus sofort Verwaltungsämter, für die er durch seinen Onkel sicherlich gut vorbereitet war. Neben diesen besonderen Aufgaben in der Kapitelverwaltung, zu denen später weitere, sehr verantwortliche hinzukamen, hatte Copernicus die täglichen Dienste als Domherr zu erfüllen. Lange währte der Streit, welchen Grad der geistlichen Weihen Copernicus erhalten hatte, ob er Priester war oder nur eine niedere Weihe empfing, etwa die eines Subdiakons oder Diakons. Die erste Bezeichnung von Copernicus als Priester geht auf Galilei zurück, der 1615 schrieb, Copernicus sei „nicht nur ein Katholik, sondern ein Priester und Domherr" gewesen (E. Rosen, Galileo's misstatements about Copernicus, 1958, S. 319), sicher ohne sich Gedanken darüber zu machen, ob man in Frauenburg Domherr sein konnte, ohne die Priesterweihe empfangen zu haben. Gerade letzteres war aber üblich, wie eine Nachricht vom 4. Februar 1531 besagt. Unter diesem Datum wandte sich Bischof Mauritius Ferber an das Frauenburger Domkapitel mit der ultimativen Aufforderung, sich auf den Empfang der höheren Weihen bis zum Osterfest vorzubereiten, weil sonst der Dienst in der Kathedrale zu verkümmern drohe, da nur ein Priester anwesend sei. Im Weigerungsfall drohe der Entzug der Benefizien. Auf Bitten der Domherrn wurde der Termin bis zum Herbst verlängert – das Ergebnis ist unbekannt (F. Hipler, Nikolaus Kopernikus und Martin Luther, 1867–69, S. 502). Ob Copernicus der eine erwähnte Priester war, ist nicht zu sagen. Sicher ist nur, daß er 1503 keine höheren Weihen besaß, denn sonst wäre er in der bereits erwähnten Notariatsurkunde zur Promotion nicht einfach als „Kanoniker" und „Scholastiker" bezeichnet worden. Für spätere Zeiten gibt es kein Dokument, obwohl es naheliegt, daß der bischöfliche Onkel Watzenrode seinen Neffen zum Empfang der Weihen gedrängt haben wird und es zudem schwer vorstellbar ist, daß er ohne diese im Jahre 1549 für kurze Zeit als Nachfolger des verstorbenen Bischofs ins Gespräch gekommen wäre (F. Hipler, Die ermländische Bischofsweihe im Jahre 1549, 1894–97, S. 61).

An dieser Stelle darf nicht übergangen werden, daß im Jahre 1920 ein Notariatsprotokoll aus Bologna von 1497 publiziert wurde, in dem Copernicus, so las man, als „presbyter" bezeichnet wird. Diese Notiz ging in die Literatur ein, erwies sich jedoch als fehlerhaft. Statt der ursprünglich gelesenen Worte „presbiter constitutus" – der zum Priester geweihte – stand dort ganz anders „personaliter constitutus" – also der persönlich vor dem Notar erschienene Copernicus (E. Rosen, Three copernican treatises, 1971, S. 319f.).

Der tägliche Dienst in der Kathedrale wurde durch die Statuten des Frauenburger Domkapitels geregelt (E. Brachvogel, Des Coppernicus Dienst im Dom zu Frauenburg, 1939–42, S. 576–584). Eine tägliche Messe für die Domherrn war darin nicht vorgeschrieben. Bei Feiern des Hochamtes konnten sich die Domherrn durch einen Vikar vertreten lassen. In einer festgelegten Reihenfolge hatte ein Domherr oder dessen Stellvertreter im wöchentlichen Wechsel das tägliche Chorgebet mit allen Tagzeiten durchzuführen. Weiterhin war seine Anwesenheit an den Festtagen erforderlich, von denen es nach dem Kalendarium des ermländischen Breviers von 1516 zwölf des ersten Ranges und 32 der niederen gab. Bei diesen hatten die Domherrn während der Feier des Hochamts und des Chorgottesdienstes bestimmte Aufgaben wahrzunehmen. Dazu gehörte die Übernahme mehrerer Abschnitte des Chorgebets, wie die Lesung bzw. der Gesang der Lektionen, Homilien und Versikeln sowie die Assistenz des Bischofs bei den von ihm abgehaltenen Feierlichkeiten, wie dies mehrfach für Copernicus nachweisbar ist.

Angesichts des niedrigen Ordinationsgrades der Domherrn ist es nicht verwunderlich, daß die Zahl der Domvikare ständig wuchs. Waren um 1495 elf Vikare in Frauenburg, so stieg ihre Zahl Anfang des 16. Jahrhunderts auf 16 für die ebensovielen Kanonikate; vielleicht waren es für den Chorgottesdienst noch mehr. Außer den allgemeinen Festtagen waren am Dom durch besondere Stiftungen eingeführte Dienste wahrzunehmen, darunter Messen für die Stifter, das Marien-Chorgebet und die Jahresgedächtnisse für die Verstorbenen. Diese hatten einen nicht unerheblichen Umfang, denn allein schon von den Anniversarien fielen drei bis vier auf jeden Monat.

Die der mittelalterlichen Frömmigkeit eigene Reliquienverehrung spielte auch in Frauenburg eine Rolle. Es finden sich Nachrichten von einem goldenen, monstranzförmigen Reliquiar mit einem Dorn aus der Krone Christi und einem Splitter aus seinem Kreuz, von einem vergoldeten, mit Edelsteinen und Perlmutt besetzten Reliquiar, das eine weitere Kreuzreliquie enthielt sowie von einer 1510 durch Bischof Watzenrode von Heilsberg nach Frauenburg überführten Reliquie vom Haupt des Hl. Georg. Diese Reliquien wurden von einem Domherrn an Sonn- und Festtagen vor dem Hochamt in feierlicher Prozession herumgeführt und bei

Bild 48 Die Anbetung des Jesuskindes durch Maria und Joseph in Bethlehem; der Stern versinnbildlicht das göttliche Licht der Empfängnis und Heiligung.
Nach: Heilsspiegel. Augsburg 1473.

der Opferung den mit einer Spende herantretenden Kirchgängern zum Kuß gereicht.

Neben den Diensten im Domchor hatte jeder Domherr einen ihm persönlich zugeteilten Nebenaltar an den Pfeilern der Kirche zu betreuen (H. Schmauch, Der Altar des Nicolaus Coppernicus, 1939–42). Im allgemeinen übernahm ein neuer Domherr diesen Altar von seinem Vorgänger, doch war es beim Tod oder dem Aufrücken eines Domherrn in eine der vier Prälaturen (Domprobst, Kustos, Dechant und Kantor), die mit besonderen Altären in der Nähe des Chors verbunden waren, möglich, für andere Altäre, als den des Vorgängers zu optieren, wovon aber selten Gebrauch gemacht wurde.

In bischöflichen Erlassen und Kapitelbeschlüssen sind Details des geistlichen Lebens der Kanoniker geregelt. Die Bekleidung im Chor des Doms war genau festgelegt. Die Kanoniker trugen einen schwarzen Talar, einen langen, fast bis zu den Knien reichenden weißen Chorrock und einen aus Pelzwerk bestehenden, mit einer Kapuze versehenen Schulterkragen. Waren die Domherrn schon während ihres kirchlichen Dienstes eher bemüht, Pracht und Reichtum, denn apostolische Schlichtheit auszustrahlen, so noch mehr in ihrer Alltagskleidung. Diese unterschied sich kaum von der Kleidung vornehmer Patrizier, also der Kreise, aus denen sie in der Mehrzahl stammten, vor allem aus Danzig, Heilsberg, Thorn oder Königsberg. Die allgemein übliche Pfründenhäufung, Copernicus bildete mit seinen nur zwei Einkommensquellen in Frauenburg und Breslau schon die Ausnahme, ermöglichte den Domherren trotz ihrer geistlichen Stellung eine angenehme aristokratische Lebensführung. Die erhaltenen Bildnisse der Domherrn, darunter die von Copernicus, stellen keine Männer in Mönchskutte dar, sondern vornehme Personen in bürgerlicher Kleidung aus gutem Tuch, oft verziert mit Pelz und farbigen Säumen. Da mehrfach in den Kapitelbeschlüssen das Verbot ausgesprochen wurde, zu den Kapitelsitzungen mit Waffen zu erscheinen, darf man darauf schließen, daß deren Tragen, zumindest beim Dienst der Domherren außerhalb der Mauern, zum Alltag gehörte.

Alles andere denn klösterlich waren die Wohnverhältnisse der dem Säkularklerus angehörenden Domherrn. Sie besaßen ursprünglich ein Allodium, eine „curia extra muros", außerhalb des befestigten Dombezirks gelegene Häuser. Doch in den unsicheren Kriegszeiten lagen diese völlig ungeschützt und waren der Plünderung und Zerstörung ausgesetzt. Tatsächlich wurden die Gebäude immer wieder in Mitleidenschaft gezogen, weshalb die Kapitelmitglieder erstmals 1480 erwogen, innerhalb der Befestigungsanlagen Wohngelegenheiten zu schaffen, um so eine Zuflucht zu haben. Die Außenkurien, große Gebäude, die einige Annehmlichkeiten boten, sollten jedoch weiterhin der Hauptwohnsitz bleiben, da der beengte Dombezirk den Lebensgewohnheiten der Domherrn nicht angemessen schien. Sie führten, zwar im Zölibat lebend, einen richtigen Hausstand mit einem oder mehreren Dienern, für deren Unterhalt sie aufzukommen hatten und hielten zum Dienst für das Kapitel sowie für den eigenen Bedarf ein oder zwei Pferde. Außerdem wäre es möglich, daß die Domvikare, welche mehr und mehr als die persönlichen Stellvertreter der Domherrn auftraten, bei diesen Wohnung erhielten. Zweimal jährlich mußten die Kanoniker ihre Wohnhäuser und Wirtschaftshöfe einer Visitation unterwerfen lassen, die u. a. der Feststellung des Bauzustandes diente. Falls erforderlich, konnte die Ausführung von Reparaturen auf Kosten des Nutzers verfügt werden.

Der Erwerb eines Allodiums durch Copernicus ist erstmals aus dem Jahre 1499 belegt. Den damals erhaltenen Besitz vertauschte er 1512, als nach dem Tod des Domprobstes Enoch von Kobelau von den Kanonikern größere Veränderungen in den Wohnverhältnissen gewünscht wurden. Das neue, zuvor im Besitz von Balthasar Stockfisch gewesene Allodium, bei dem, wie bereits gesagt, sich die Sternwarte von Copernicus befand, behielt Copernicus bis an sein Lebensende. Im Zusammenhang mit den Besitzveränderungen nach dem Tod Enochs von Kobelau erwarb Copernicus seine Kurie im Dombezirk. Diese „curia inter muros" befand sich in einem Turm der Verteidigungsanlage an der Nordwestecke der Dommauern, an den sich ein zum Glockenturm führender Wehrgang anschloß. Der Turm war vier Stockwerke hoch und gewährte aus seinen, wenn auch für einen Wehrturm typischen kleinen Fenstern, einen weiten Blick auf das Land.

Schon im 17. Jahrhundert, erstmals 1610 nachweisbar, wurde dieser Turm in Erinnerung an seinen berühmten Vorbesitzer als „Copernicus-Turm" bezeichnet und bald mit seinem Bildnis geschmückt. Nachdem er im 19. Jahrhundert in die Aufstellung der Dombibliothek einbezogen und zu diesem Zweck im Innern einige bauliche Veränderungen ausgeführt wurden, bemühte man sich im 20. Jahrhundert, zuletzt unter der Leitung polnischer Historiker, hier um die Gestaltung eines Copernicus-Museums. Nur kurz erwähnt sei die lange gehegte Vermutung, Copernicus habe von diesem Turm aus seine Himmelsbeobachtungen ausgeführt, was nicht zutreffend ist, doch dazu später mehr. Bald nachdem Copernicus seine beiden Wohnstätten erworben hatte, ließ er an ihnen Bauarbeiten ausführen, um sie sich zu seinen Zwecken herzurichten. Am 31. März 1513 kaufte er bei der kapitulären Ziegelei und Kalkbrennerei 800 Mauersteine und eine Tonne Kalk (E. Brachvogel, Zur Koppernikusforschung, 1927–29, S. 797).

Die Erwähnung der Befestigungsanlagen macht deutlich, daß der Dom von Frauenburg nicht allein als eine imposante Kirche zu sehen ist, die neben dem großen, 1504 in einer Frauenburger Werkstatt entstandenen Hochaltar noch mit zahlreichen Nebenaltären versehen war, sondern ebenso als eine für militärische Zwecke befestigte Wehranlage. Die Mauern mit den Türmen sowie dem doppeltürmigen, durch eine Zugbrücke über den Burggraben gesicherten Haupttor hatten mehreren Belagerungen standgehalten, beispielsweise 1462 einem fünf Wochen während Ansturm, verteidigt durch eine größere militärische Einheit. Innerhalb der Mauern standen Gebäude, die den Bedürfnissen der Verwaltung des Domkapitels, der dem Dom feudal abhängigen Dörfer und Ländereien und dem Leben der Domherrn dienten, Räumlichkeiten für ihre Beratungen, für die Dombibliothek, eine zeitweilig bestehende Domschule sowie Lagermöglichkeiten für Lebensmittel, militärisches Gerät und Unterkünfte für eine militärische Besatzung.

Die vielseitigen Aufgaben der Domherren in der territorialen Verwaltung, der Seelsorge und Rechtsprechung, an königlichen und kaiserlichen Höfen oder der päpstlichen Kurie, bis hin zur Erhaltung der militärischen Verteidigungsfähigkeit der ihnen zugehörigen Städte und Burgen, machte einen hohen Bildungsstand erforderlich, für den durch die Forderung eines mindestens dreijährigen Studiums die Voraussetzungen geschaffen wurden. Auf diese Weise war gesichert, daß jeder Kanoniker die Grundlagen des Quadriviums (Grammatik, Dialektik, Rhetorik, Arithmetik, Logik, Musik und Astronomie) beherrschte. Darüber hinaus hatten jedoch seit dem 13. Jahrhundert stets mehrere Domherren weitergehende Studien absolviert und akademische Grade des Doktors des kanonischen oder beiderlei Rechts, des Magisters der Medizin oder der Freien Künste erworben; mehrere Amtsbrüder aus der Zeit von Copernicus waren humanistisch gebildet und literarisch tätig, wie Tiedemann Giese, Christoph von Suchten oder Johannes Danticus.

Nur kurze Zeit lebte Copernicus in der Frauenburger Domburg zusammen mit seinem Bruder Andreas. Dieser war spätestens 1507 aus Italien nach Frauenburg zurückgekehrt, jedoch schwer an Lepra erkrankt, der besonders im 13. und 14. Jahrhundert in Mitteleuropa verbreiteten, schreckenerregenden Krankheit, deren Opfer von der Gesellschaft ausgestoßen wurden und nur zum kleinsten Teil Aufnahme in einem der in fast allen Städten bestehenden Armenhospitäler fanden. Wie bereits gesagt ist unbekannt, ob Copernicus seinen Bruder medizinisch betreute, doch

Beschung
der vß=
setzigē

Bild 49 Die Lepra, der Aussatz, war eine in Mitteleuropa verbreitete, gefüchtete Seuche, an der auch der Bruder von Copernicus, Andreas, erkrankte und verstarb. Die Bekämpfung der Lepra bildete den Gegenstand vieler medizinischer Traktate.

wenn, dann vergeblich. Im Jahre 1508 erhielt Andreas vom Domstift für ein Jahr Urlaub, um auswärtige Ärzte konsultieren zu können. Wenigstens vorübergehend scheint dies Erfolg gehabt zu haben, da „Andreas Cöppingk" (so seine persönliche Unterschrift in mehreren Briefen aus dieser Zeit) in den Jahren 1510 bis 1512 im Rom seine Heimatstadt Thorn in einem Rechtsstreit gegen den Bischof von Plotzk bei der Kurie vertrat (G. Bender, Weitere archivalische Beiträge, 1882). Der Bischof wollte für sich das Niederlagsrecht Thorns, die Verpflichtung, alle durch die Stadt transportierten Waren zuerst hier zum Verkauf auszulegen, außer Kraft setzen, wogegen die Stadt in Rom Klage erhob und Andreas Koppernigk als einen ihrer Prozeßbevollmächtigten benannte. Dieser spielte hier nur vorübergehend eine Rolle, da ihn wohl 1512 seine Krankheit erneut schwer ergriff. Weil seine Konfratres eine Ansteckung befürchteten, wurde mit Beschluß vom 4. September 1512 jede Gemeinschaft mit dem Kranken aufgehoben, der sich scheinbar auf ein weiter entfernt gelegenes Allodium zurückzog, vielleicht erneut auswärtige Ärzte aufsuchte. Noch vereinzelt erscheint er in den Kapitelakten, zuletzt im Zusammenhang mit der Wahl seines Koadjutors, des von ihm selbst designierten Nachfolgers. Der von Andreas Koppernigk bestellte Koadjutor erhielt im Juni 1516 die päpstliche Bestätigung und trat vor November 1518 seine Stelle an, woraus sich das Todesdatum Andreas Koppernigks auf etwa Mitte 1518 setzen läßt.

Wir wissen aus mehreren indirekten Zeugnissen davon, daß sich Copernicus in seinen ersten Frauenburger Jahren auch als Kartograph betätigt hatte. In einem Brief Fabians von Loßainen an Tiedemann Giese vom 17. Mai 1519 wird eine Karte der preußischen Länder genannt, die Copernicus bearbeitet hatte. Zehn Jahre später findet eine Livlandkarte von seiner Hand Erwähnung. Alle Karten sind seit langem verschollen, dienten jedoch sehr wahrscheinlich als Vorlage für die Preußenkarte Heinrich Zells. Vermutlich gingen diese Arbeiten ferner in die Karten Bernhard Wapowskis, des Krakauer Studienfreundes von Copernicus, ein, von der sich bis 1944 Fragmente aus dem Gebiet der Ukraine und des Schwarzen Meeres erhalten hatten. So unklar die Überlieferung auch ist, weist sie doch auf einen weiteren Aspekt der vielseitigen Tätigkeiten von Copernicus hin.

Seitdem Copernicus seine Studien beendet hatte, war sein Leben mit verschiedensten Tätigkeiten ausgefüllt, zunächst im Dienst bei seinem Onkel, dann im Auftrag des Frauenburger Domkapitels. Dennoch fand er die Muße, sich intensiv seinen astronomischen Studien zu widmen. Der Beleg für diese Annahme fand sich erst im Jahre 1878, als Maximilian Curtze in der Wiener Hofbibliothek ein kleines Manuskript von 10 Blatt Umfang mit der Überschrift „Nicolai Copernici de hypothesibus motuum caelestium a se constitutis commentariolus" entdeckte. Eine handschriftliche Eintragung verwies auf den Vorbesitzer Christian Severin Longomontanus, der mit Tycho Brahe bekannt war, in dessen Bibliothek die Handschrift später gelangte. Schon drei Jahre später wurde aus den Beständen der Stockholmer Königlichen Bibliothek eine zweite, kurz zuvor aufgefundene zweite Kopie veröffentlicht, gebunden an das aus dem Besitz des Danziger Astronomen Johannes Helvelius stammende Exemplar der zweiten Ausgabe des Hauptwerkes von Copernicus aus dem Jahre 1566 (N. Copernicus, Complete Works, Vol. 3, S. 75–126). Erst 1962 fand sich ein drittes Exemplar in der Bibliothek des King's College in Aberdeen (J. Dobrzycki, The Aberdeen copy of Copernicus's Commentariolus, 1973).

Anfangs datierte man den „Commentariolus" in die frühen 30er Jahre des 16. Jahrhunderts, doch standen dem bald begründete Zweifel gegenüber. Schon seit den 20er Jahren arbeitete Copernicus an seinem großen Werk, zu dem der „Commentariolus" besonders in den mathematischen Teilen nicht unbeträchtliche Unterschiede aufwies, so daß er einige Jahre vor den Beginn der Niederschrift des Hauptwerks zu setzen ist. So wird beispielsweise die Planetenbewegung im „Commentariolus" doppelepizyklisch, dagegen im Hauptwerk exzenterepizyklisch dargestellt (d.h. die

Der Astronomus.

So bin ich ein Astronomus/
Erkenn zukünfftig Finsternuß/
An Sonn vnd Mond/durch das Gestirn
Darauß kan ich denn practiciern/
Ob künfftig komm ein fruchtbar Jar
Oder Theuwrung vnd Kriegßgefahr/
Vnd sonst manicherley Kranckheit/
Milesius den anfang geit.

Bild 50 Der „Astronom" war vor allem als Hofastronom, -mathematiker und Leibmedicus an feudalen Höfen, oder als Geistlicher und Stadtarzt tätig. Seine wichtigste Aufgabe bestand in der Berechnung des jährlichen Kalenders und der astrologischen Prognostik sowie im Stellen von Horoskopen für seine Dienstherren.

Sonne steht nicht im Mittelpunkt des Deferenten, sondern exzentrisch zu diesem), was aber mathematisch zu den gleichen Resultaten führt. Für die Datierung des „Commentariolus" ergab sich bald ein genauerer Anhaltspunkt: Am 1. Mai 1514 hatte der Krakauer Professor Matthias von Miechow, Geograph und Historiker, seine Bibliothek katalogisiert. Darin fand sich „Ein Heft einer Planetentheorie, worin behauptet wird, daß die Erde sich bewegt, aber die Sonne ruht" (L. Hajdukiewicz, Biblioteka Macieja z Miechowa, 1960, S. 384). Zwar wird hier kein Verfasser genannt (der Titel des „Commentariolus" entstand erst später, vielleicht von Tycho Brahe), doch kann es kaum einen Zweifel an der Berechtigung geben, das „Heft" aus der Bibliothek des Matthias von Miechow mit dem „Commentariolus" zu identifizieren.

Soweit sich heute genauere Umstände der Entstehung und Verbreitung des „Commentariolus" rekonstruieren lassen, darf angenommen werden, daß Copernicus die entscheidenden Ideen seiner Umgestaltung der Astronomie, wie sie in dieser kleinen Arbeit erstmals erscheinen, während seines Aufenthalts in Heilsberg entwickelt hat – beruhend auf seinen ausgedehnten astronomischen Studien und Anregungen aus der Philosophie, die er sowohl in Krakau, als auch an italienischen Universitäten erhielt. Der „Commentariolus" wäre dann als erste systematische, thesenhafte Darlegung seiner heliozentrischen „Arbeitshypothese" anzusehen, die er handschriftlich an Freunde und Bekannte gab, die später, mehrfach kopiert und mit vielen Fehlern behaftet, in die Hände von Tycho Brahe und Johannes Hevelius gelangte, damals, lange nach dem Erscheinen des Hauptwerks nur noch von historischem Interesse, doch von beiden als wertvolles Dokument bewahrt.

Um einen Eindruck vom Charakter der astronomischen Erstlingsschrift von Copernicus zu vermitteln, seien die einleitenden Sätze und die ersten Abschnitte angeführt:

Unsere Vorfahren haben, wie ich sehe, eine Vielzahl von Himmelskreisen besonders aus dem Grunde angenommen, um für die an den Sternen sichtbar werdende Bewegung die Regelmäßigkeit zu retten. Denn es erschien sehr wenig sinnvoll, daß sich ein Himmelskörper bei vollkommen runder Gestalt nicht immer gleichförmig bewegen sollte. Sie hatten aber die Möglichkeit erkannt, daß sich jeder Körper durch Zusammensetzen und Zusammenwirken von regelmäßigen Bewegungen ungleichmäßig in beliebiger Richtung zu bewegen scheint.

Kalippos und Eudoxos konnten dies freilich trotz Bemühens mittels konzentrischer Kreise nicht erreichen und durch diese allein wieder System in die Sternbewegung bringen. Es geht nicht bloß um das, was bei den Umwälzungen der Sterne sichtbar wird, sondern auch darum, daß sie uns bald aufzusteigen, bald herabzukommen scheinen. Dies steht aber mit konzentrischen Kreisen am wenigsten im Einklang. Daher schien es eine bessere Ansicht zu sein, daß dies durch exzentrische Kreise und Epizykel bewirkt wird. Und eben darin ist sich die Mehrzahl der Gelehrten einig.

Aber was darüber hinaus von Ptolemaios und den meisten anderen hier und dort im Laufe der Zeit mitgeteilt worden ist, schien, obwohl es zahlenmäßig entsprechen würde, ebenfalls sehr viel Angreifbares in sich zu bergen. Denn es reichte nicht hin, wenn man sich nicht noch bestimmte ausgleichende Kreise vorstellte, woraus hervorging, daß der Planet sich weder auf seinem Deferenzkreise noch in bezug auf den eigenen Mittelpunkt mit stets gleicher Geschwindigkeit bewegte. Eine Anschauung dieser Art schien deshalb nicht vollkommen genug, noch der Vernunft hinreichend angepaßt zu sein.

Als ich dies nun erkannt hatte, dachte ich oft darüber nach, ob sich vielleicht eine vernünftigere Art von Kreisen finden ließe, von denen alle sichtbare Ungleichheit abhinge, wobei sich alle in sich gleichförmig bewegen würden, wie es die vollkommene Bewegung an sich verlangt. Da ich die Aufgabe anpackte, die recht schwierig und kaum lösbar schien, zeigte sich schließlich, wie es mit weit weniger und viel geeigneteren Mitteln möglich ist, als man vorher ahnte. Man muß uns nur einige Grundsätze, auch Axiome genannt, zugestehen. Diese folgen hier der Reihe nach:

Erster Satz.   Für alle Himmelskreise oder Sphären gibt es nicht nur einen Mittelpunkt.

Zweiter Satz.   Der Erdmittelpunkt ist nicht der Mittelpunkt der Welt, sondern nur der Schwere und des Mondbahnkreises.

Dritter Satz.   Alle Bahnkreise umgeben die Sonne, als stünde sie in aller Mitte, und daher liegt der Mittelpunkt der Welt in Sonnennähe.

Vierter Satz.   Das Verhältnis der Entfernung Sonne – Erde zur Höhe des Fixsternhimmels ist kleiner als das vom Erdhalbmesser zur Sonnenentfernung, so daß diese gegenüber der Höhe des Fixsternhimmels unmerklich ist.

Fünfter Satz.   Alles, was an Bewegung am Fixsternhimmel sichtbar wird, ist nicht von sich aus so, sondern von der Erde aus gesehen. Die Erde also dreht sich mit den ihr anliegenden Elementen in täglicher

Bewegung einmal ganz um ihre unveränderlichen Pole. Dabei bleibt der Fixsternhimmel unbeweglich als äußerster Himmel.

Sechster Satz. Alles, was uns bei der Sonne an Bewegungen sichtbar wird, entsteht nicht durch sie selbst, sondern durch die Erde und unsern Bahnkreis, mit dem wir uns um die Sonne drehen, wie jeder andere Planet. Und so wird die Erde von mehrfachen Bewegungen dahingetragen.

Siebenter Satz. Was bei den Wandelsternen als Rückgang und Vorrük-ken erscheint, ist nicht von sich aus so, sondern von der Erde aus sehen. Ihre Bewegung allein also genügt für so viele verschiedenartige Erscheinungen am Himmel.

(N. Kopernikus, Erster Entwurf seines Weltsystems, 1986, S. 9–11)

Auch wenn sich Copernicus darum bemühte, aus der im „Commentario-lus" skizzierten Theorie numerische Daten für die Planetenbewegung abzuleiten, bleibt diese erste Fassung der heliozentrischen Astronomie doch im wesentlichen qualitativ beschreibend. Daß dieser Arbeit noch keine mathematische Durcharbeitung zugrunde liegt, erkennt man daran, daß Copernicus die Präzession und die Bewegung der Sonnenfernen nicht berücksichtigte und er weiterhin die Drehung der Mondknoten in 19 Jahren außer acht ließ. Er irrte, wenn er glaubte, mit 34 Kreisbewegungen auszukommen, denn insgesamt sind es 38. So erscheint es nicht übertrieben, wenn festgestellt wurde, der „Commentariolus" enthalte „alle Anzeichen einer raschen Arbeit" (E. Zinner, Entstehung und Ausbreitung der copernicanischen Lehre, 1988, S. 185); er ist der erste Schritt zur Systematisierung der Zweifel an der alten Astronomie.

Über die Verbreitung des „Commentariolus" ist zwar wenig bekannt, doch scheint diese kleine Schrift einen nicht zu unterschätzenden Anteil daran gehabt zu haben, daß die Kunde von der neuen Astronomie des Copernicus in gelehrte Kreise drang. Damit könnte die an Copernicus ergangene Bitte um Teilnahme an der für das Laterankonzil 1512–1517 vorzubereitenden Materialien für eine Kalenderreform in Verbindung stehen. Papst Leo X. hatte den Kaiser, die Fürsten, Gelehrte und Universitäten aufgefordert, ihre Meinung zu einer Umgestaltung des Kalenders kundzutun. Die Gutachten kamen jedoch in der Mehrzahl zu spät in die Hand des mit der Leitung des Projektes Beauftragten Paul von Middelburg, so daß die Kalenderfrage auf dem Konzil keine Rolle spielte und erst 1582 durch Papst Gregor XIII. zustande kam. In einem Bericht über die

Bild 51 Unter den neun Musen war die Urania als einzige mit einer Wissenschaft verbunden – eine Referenz an die große Bedeutung, die man der Himmelskunde als Kalenderwissenschaft, Fundament der Astrologie, aber auch als Mittel sittlicher Besserung beimaß. Holzschnitt mit Widmungsversen Konrad Heynfogels (um 1515).

ersten Ergebnisse der eingegangenen Stellungnahmen zählte Paul von Middelburg 1516 unter den Gelehrten, welche die Meinung vertraten, das Osterfest werde nicht richtig gefeiert, weshalb der Kalender korrigiert werden müsse, Nicolaus Copernicus auf (Paul von Middelburg, Secundum compendium correctionis calendarij, 1516, Bl. b 1). Wie dessen Antwort genau aussah, wissen wir nicht, doch wenn man die hierzu gehörigen Worte aus der Widmung des Hauptwerks an Papst Paul III. heranzieht – die Mathematiker sind sich „über die Bewegung der Sonne und des Mondes so unsicher, daß sie nicht einmal die unveränderliche Größe des Jahres nachweisen und beobachten können" (NCGA 3.1, Vorrede), darf angenommen werden, daß Copernicus 30 Jahre zuvor ähnlich geurteilt haben wird: Die Jahreslänge ist noch nicht mit solcher Sicherheit bekannt, daß darauf eine so gewichtige Neuerung, wie die eines reformierten Kalenders zu gründen sei.

Welches waren die Verdienste, die Paul von Middelburg bewogen haben, Copernicus für die Vorbereitung der Kalenderreform heranzuziehen? Es ist nur denkbar, daß Paul ein Exemplar des „Commentariolus" in die Hand bekam und ihm der neuartige mathematische Ansatz der Heliozentrik, die ihm sicher aus der älteren Litaratur geläufig war, in seiner neuen Gestalt interessant erschien. Vermittelt haben könnte diese Kenntnis Bernhard Sculteti, ein Vertrauter von Copernicus und Schriftführer auf dem Laterankonzil, dem es sicher möglich war, Paul von Middelburg von den astronomischen Arbeiten des Frauenburger Domherrn zu berichten.

Die Existenz des „Commentariolus" beweist, daß Copernicus um 1510 eine ausgereifte Grundvorstellung seines Weltsystems gewonnen hatte. Über sein Motiv, das ihn auf diesen Weg brachte, ist viel gerätselt worden. Zunächst einmal ist sicher Apelt zuzustimmen, der 1852 von der Ausbildung des heliozentrischen Weltsystems schrieb:

> Es war nicht etwa eine Zeitidee, die sich nur in ihm zum vollen und deutlichen Bewusstseyn concentrirt hatte, sondern es war ein Originalgedanke seines Geistes, von dem keiner seiner Zeitgenossen auch nur eine leise Ahnung hatte.

(E.F. Apelt, Die Reformation der Sternkunde, 1852, S. 127)

Dennoch bedarf dies einer Erklärung. Oftmals wurde gesagt, Copernicus wäre die herrschende Astronomie mit ihren vielen Epizykeln und Exzentern zu kompliziert erschienen oder ihn habe die mangelnde Genauigkeit astronomischer Berechnungen dazu bewogen, die ganze Astronomie auf neuer Grundlage zu errichten. Im Sinne eines historischen Vergleichs wird oft ein angeblicher Ausspruch des Königs Alfons X. von Kastilien und Leon angeführt „Wäre ich Gott gewesen, ich hätte die Welt besser erschaffen." Ganz abgesehen davon, daß dies lediglich eine Anekdote ist, darf nicht übersehen werden, daß es Copernicus von vorn herein klar war, daß er auf Epizykel und Exzenter keinesfalls verzichten könne. Wenn er am Ende des „Commentariolus" schreibt, daß ihm zur Erklärung der Gestirnsbewegung 34 Kreise ausreichten (in Wirklichkeit brauchte er 38), so konnte er diese Reduzierung, die so gravierend nicht war, keinesfalls von Beginn an wissen. Ebensowenig kann ihn dies dazu bewogen haben, eine heliozentrischen Astronomie zu entwickeln. Zudem bleibt unverständlich, wieso das Streben nach Verbesserung der Berechnung der Gestirnsbewegung für sich allein zum Verlassen der doch zunächst einmal bewährten Grundlage des ptolemäischen Weltsystems hätte führen sollen. Die naheliegende Aufgabe wäre doch gewesen, mehr Beobachtungen zu gewinnen, um die Parameter der Epizykel und Exzenter korrekter abzuleiten und in ein besseres Verhältnis zueinander zu setzen. Alles andere müßte – bis hierher betrachtet – unmotivierter Neuerungstrieb gewesen sein. Jedem Astronomen war die mangelhafte Genauigkeit astronomischer Ortsberechnungen ein Ärgernis, aber das System zu verlassen, fiel

deshalb niemandem ein. In seinem „Prognosticum Astrologicum" für das
Jahr 1587 schrieb Tobias Moller (Bild 52):

Alleine das iudicium aff solch jre Wirckung, so viel die witterung belan-
get, zu sprechen, ist schwer, darumb das Astronomia so trefflich zerrüt-
tet, und kan wol sein, wie mirs denn etliche Jahr her auch offt begegnet,
das sich das contrarium zutreget, als da ich eine dürre prognosticir, sich
dagegen eine solche Nässe thut begeben... Dieses aber geschicht dar-

Bild 52 Titelblatt des „Prognosticum Astrologicum" für 1587, in dem Tobias Moller aus Crimmi-
tschau/Sachsen die Unsicherheit astronomischer Berechnungen beklagt.

umb, auff das mit den Astronomis, und andern Gelerten ich alhie reden möge, das Astronomia dermassen abgangen, das wir davon nichts mehr, denn nur allein einen geringen Schatten noch haben, und also darinnen fledern, das wir nicht wissen wo wir daheime. Und wenn wir sagen, das solch Finsternis des Monden sich jtzt in drey und zwantzigsten Grad der Fische begeben werde, Ist die Frage ob deme auch also, Ja ob der Mond damals im Fischen oder wol einem andern Zeichen stehe.

(T. Moller, Prognosticon Astrologicum M.D.LXXXVII., Bl. C 4[b])

Dieses Beispiel liegt zwar zeitlich nach Copernicus, doch sprach ja schon Martin Luther von der „Unordnung" der Astronomie (M. Luther, Werke, Tischreden, 4. Bd., 1916, Nr. 4638) und insgesamt darf das Problembewußtsein der Unsicherheit astronomischer Rechnungen schon für das 15. Jahrhundert angenommen werden. Daß Moller diese unbestreitbare Tatsache zur Begründung der Fehlerhaftigkeit astrologischer Voraussagen und damit zur Entschuldigung der Astrologie nutzt, berührt zwar nicht das eigentliche Interesse, verdient jedoch wahrgenommen zu werden.

Allein aus diesen Problemen der empirischen Beobachtungen konnte Copernicus nicht zur Überzeugung kommen, daß die Astronomie ein ganz neues Fundament bekommen müsse. Sein Motiv muß deshalb wenigstens teilweise außerhalb der Astronomie gelegen haben. Wie Copernicus selbst seine eigene Person hinter dem Werk ganz zurücktreten läßt, etwa im Unterschied zu Johannes Kepler, der den Leser an seinen Erkenntniswegen teilhaben läßt, so äußert Copernicus nichts Konkretes über den Ursprung seiner Zweifel am geozentrischen Weltsystem. Lediglich in der Widmungsschrift an Papst Paul III., ein eigenständiges Dokument der Wissenschaftsgeschichte von hoher literarischer Qualität (vollständig wiedergegeben im Anhang 1), wird er etwas deutlicher. Er kritisiert zunächst die Unsicherheit und die Uneinheitlichkeit der Astronomie und die Astronomen, die so vielfältige Systeme ersonnen hätten.

Erstens sind sie nämlich über die Bewegung der Sonne und des Mondes so unsicher, daß sie nicht einmal die unveränderliche Größe des Jahres beschreiben und berechnen können. Zweitens benutzen sie bei der Bestimmung der Bewegungen sowohl der genannten, wie auch der anderen fünf Wandelsterne nicht die gleichen Grundsätze und Annahmen sowie die gleichen Ableitungen der scheinbaren Umläufe und Bewegungen. Denn die einen verwenden nur homozentrische Kreise, andere Exzenter und Epizykel, und doch erreichen sie mit ihnen das Gesuchte nicht vollständig.

(NCGA 3.1, Vorrede, vgl. Anhang 1)

Doch wie gesagt, mit dieser Kritik stand Copernicus nicht alleine. Näher an die Beantwortung der Frage nach seinem Motiv führen seine Worte über die Astronomen, diese konnten bisher

die Hauptsache, nämlich die Gestalt der Welt und den unbestreitbaren Zusammenhang ihrer Teile nicht finden oder aus jenen erschließen. Im Gegenteil, es erging ihnen deshalb wie jemandem, der von verschiedenen Vorlagen die Hände nähme, die Füße, den Kopf und andere Glieder, die zwar von bester Beschaffenheit, aber nicht nach dem Bild eines einzigen Körpers gezeichnet sind und in keiner Beziehung zueinander passen, weshalb eher ein Ungeheuer als ein Mensch aus ihnen entstände.

(NCGA 3.1, Vorrede)

Copernicus suchte die Verwirklichung einer klaren, symmetrischen, harmonischen Gliederung des Planetensystems, strebte nach Vollkommenheit und Einfachheit. Damit befand er sich in Übereinstimmung mit wissenschaftlichen, eigentlich philosophischen und ästhetischen Prinzipien, wie sie insbesondere die Pythagoreer vertreten hatten, aber ebenso in das Werk von Aristoteles und Platon eingeflossen waren. Getreu dem Grundsatz, daß die Himmelskörper vollkommen sein müssen, waren ja schon ihre Kugelgestalt und ihre kreisförmige Bewegung als Postulate vor der empirischen Beobachtung (die Bewegung der Planeten erscheint gerade nicht gleichförmig auf Kreisen), wenn auch keinesfalls unabhängig von diesen, entstanden. Copernicus sah in manchen mathematischen Prinzipien der zeitgenössischen Astronomie schwerwiegende Verstöße gegen die antike Kosmos-Vorstellung. Die Astronomen mußten „sehr viele Zugeständnisse machen, die offensichtlich mit den ersten Grundsätzen über die Gleichmäßigkeit der Bewegungen in Widerspruch stehen" (NCGA 3.1, Vorrede). Hier spielt Copernicus auf das sog. „punctum aequans" an, den „Ausgleichspunkt" (vgl. Abb. 12). Aristoteles hatte, wie bereits dargelegt, für die Himmelskörper, die Körper der Ätherregion, eine kreisförmige Bewegung um den Mittelpunkt der Welt angenommen; dies sei ihre natürliche Bewegung. Da nun der Weltmittelpunkt mit dem Mittel-

punkt der Erde identisch ist, vollziehe sich die Bewegung der Himmelskörper kreisförmig um den Erdmittelpunkt. Diese einfache kosmologische Struktur ließ sich astronomisch nicht durchführen, weil die erscheinende Bewegung der Planeten nicht kreisförmig ist. Die Lösung lag in der
Kombination verschiedener Kreisbewegungen auf Epizykeln. Die Gleichförmigkeit der Bewegung des Planeten war nun auf den Mittelpunkt des
Epizykels bezogen. Eine bessere mathematische Durcharbeitung der Epi-
zykelvorstellung führte zur Annahme des „Ausgleichspunktes". Mit Hilfe
dieser Konstruktion vollzog sich nun die Planetenbewegung zwar auf vollkommenen Kreisen, relativ zum Kreismittelpunkt jedoch nicht mit gleich-
förmiger Geschwindigkeit. Von diesem aus gesehen legt ein Planet in
gleichen Zeiten unterschiedlich große Bahnstücke zurück. Die Gleichförmigkeit der Bahnbewegung ergibt sich erst von einem mathematisch frei
wählbaren Punkt, dem sog. Ausgleichspunkt; die Gleichförmigkeit der
Bewegung lag damit außerhalb jeder physischen Realität und wurde zu
einem geometrischen Problem.

Darin liegt der Grund, warum Copernicus den Ausgleichspunkt als
schweren Verstoß gegen aristotelische Prinzipien der Planetenbewegung
ansah. Das ist eigentlich verwunderlich, denn diese Konstruktion war
schließlich rein mathematisch zu sehen, ohne jeden Anspruch auf wirkliche Realität, was Ptolemäus generell für seine Darstellungsmethoden der
Planetenbewegung im „Almagest" ausdrücklich hervorgehoben hatte.
Übertrug Copernicus, sicherlich unbewußt, seine Vorstellung von einer
Astronomie, die den wahren Weltbau darstellen sollte, auf die geometrischen Bewegungskonstruktionen der antiken Astronomie? Sollte dies so
sein, unterlag er jedenfalls einem Irrtum. Wie dem auch sei, die Existenz
des „punctum aequans" war für ihn eine wichtige Anregung, die ptolemäische Planetentheorie aus der Sicht eines konsequenten Aristotelikers
kritisch zu durchdenken. In seiner Planetentheorie gelingt ihm tatsächlich
die Eliminierung des „punctum aequans". Dennoch ist Copernicus nicht in
der Lage, die Gleichmäßigkeit der Planetenbewegung exakt auf die Sonne
zu beziehen, wie er dies von vornherein im 3. Satz des „Commentariolus"
schreibt – daß nämlich die Bahnkreise der Planeten die Sonne umgeben,
als stünde sie in aller Mitte, aber der Mittelpunkt der Welt doch nur in
„Sonnennähe" liege. Deshalb meinte Owen Gingerich, wir könnten „mit
Recht das copernicanische System eher ein heliostatisches, denn ein heliozentrisches nennen" (O. Gingerich, The Mercury theory from antiquity
to Kepler, 1968, S. 57).

Soweit liegen der Idee der Umgestaltung der Astronomie astronomische Aspekte zugrunde, doch vermögen diese nicht, den Weg zur helio-

zentrischen Theorie zu zeigen, weil all dies auch anderen Astronomen bekannt war. Es mußte noch etwas hinzutreten, das außerhalb der Astronomie liegt und die Kritik in eine ganz bestimmte Richtung lenkte. Diese übergreifenden wissenschaftstheoretischen Aspekte lagen schon der bis hierher verfolgten Kritik von Copernicus zugrunde: das Streben nach Harmonie, nach Einfachheit – letztlich nach Schönheit des Weltbaus. Copernicus schrieb, wiederum in der Widmung an Papst Paul III., daß er „lange Zeit über diese Unsicherheit der überlieferten mathematischen Lehren von der Berechnung der Umdrehungen der Weltsphären" nachgedacht und allmählich Widerwillen darüber empfunden hatte,

daß den Philosophen kein einigermaßen sicheres Gesetz für die Bewegungen der Weltmaschine bekannt sein sollte, die doch um unseretwillen vom besten und genauesten Werkmeister eingerichtet wurde... Daher machte ich mir die Mühe, die Bücher aller Philosophen, derer ich habhaft werden konnte, von neuem durchzulesen, um zu erforschen, ob einer vermutet habe, daß die Bewegungen der Weltsphären andere seien, als die Lehrer der Mathematik in den Schulen annehmen.

(NCGA 3.1, Vorrede, vgl. Anhang 1)

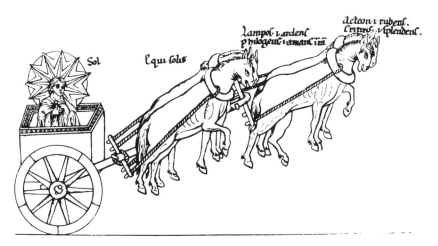

Bild 53 Im „Hortus deliciarum" der Herrad von Landsberg (2. Hälfte 12. Jahrhundert) werden die feurigen Sonnenrosse antiker Bildtradition realistisch durch schwere Ackerpferde ersetzt.

Tatsächlich fand er bei Cicero und Plutarch die Lehren von Philolaos, Herakleides und Ekphantos und schließlich die von Aristarch. Dennoch liegt auch hierin nicht des Rätsels letzte Lösung, weshalb weiter zu fragen ist, denn wieder muß gesagt werden, daß die betreffenden Texte jedem zugänglich waren.

Copernicus war im Verlaufe seiner humanistischen Studien mit vielfältigen geisteswissenschaftlichen Strömungen bekannt geworden. Es wurde schon gesagt, daß Bologna um die Wende vom 15. zum 16. Jahrhundert eines der Zentren der Buridanschen Lehren war und Copernicus zudem hier, oder schon in Krakau mit den Lehren von Platon und Pythagoras bekannt wurde. Spuren der Vertrautheit mit diesen Vorstellungen finden sich in seinem Hauptwerk nicht nur in direkten Bezügen auf Platon, sondern auch in Argumentationen und Begriffsbildungen. Offenbar spielte die neuplatonische Lichtmetaphysik im Denken von Copernicus keine geringe Rolle. Der metaphysische Heliozentrismus, der die Sonne mit ihrem Licht als Träger alles Guten, Schönen, Geistigen, aller Bewegung und allen Lebens sah, wurde von Copernicus mit anderen Bewußtseinselementen zum astronomischen Heliozentrismus umgebildet. So stellen sich bis hierher verschiedene Elemente aus Astronomie und Philosophie dar, die Copernicus zu einem Gesamtbild von der Struktur der Welt vereinte:

– Kritik an der Genauigkeit der Astronomie;
– Verstöße der ptolemäischen Astronomie gegen den Grundsatz der Gleichförmigkeit der Bewegung der Himmelskörper;
– die Vorstellung vom Kosmos als einem wohlgeordneten, einfachen Ganzen;
– Hinweise auf eine Sonderstellung der Sonne im Planetensystem;
– die pythagoreische Vorstellung der Sonne als edelstem und astronomisch gesehen größtem Himmelskörper;
– Anregungen von Seiten der antiken Lehren von Philolaos u. a. sowie des Heliozentrismus des Aristarch;
– der metaphysische Heliozentrismus mit der Sonne als dem Sinnbild des Schönen und des Bewegungsprinzips der Welt.

Um dies zu einer astronomisch tragfähigen Synthese zu führen, war noch ein letztes weltanschauliches Hindernis zu überwinden: Der Dualismus von Himmel und Erde verkörperte seit jeher die Gegensätze Unvollkommenheit – Vollkommenheit, Sündhaftigkeit – Heiligkeit, Menschliches – Göttliches. Die Entfernung der Erde aus ihrer Position der größten Gottesferne (aber gleichermaßen der bevorzugten Position der Weltmitte, deren sie als mangelhaftester Körper bedürfe), stellt diesen gesamten Dualismus infrage. Wenn das Mangelhafteste nicht mehr in maximaler Distanz zum Vollkommensten steht, befindet sich das Vollkommenste dann notwendigerweise in größter Entfernung von der Welt? Die Auflösung des dualistischen Systems war erst möglich, nachdem der Kampf gegen die peripatetische Scholastik generell geführt wurde. An dieser Stelle muß noch einmal an Nicolaus Oresme erinnert werden. Mit Bezug auf die christliche Ubiquitätslehre hatte er festgestellt, daß Gott in derselben Weise am Himmel, wie auf der Erde gegenwärtig sei und so die Erde nicht länger als der niedrigste Ort der Welt zu gelten habe – ja im Gegenteil, wie das Herz im Lebewesen an einem besonders ausgezeichneten Ort sei, die Sonne als das Herz der Welt im Zentrum stehen müsse. In die Richtung der Relativierung von Zentrum und Peripherie ging dann auch die theologisch geprägte Kosmologie des Nicolaus Cusanus.

Nach diesen Vorbereitungen im Denken der Antike und des Spätmittelalters schwand der letzte Zwang, die Sonderstellung der Sonne nur bis zur Mitte zwischen den Planetenbahnen zu führen und es wurde möglich, die Sonne, konsequent zuende gedacht, in die Mitte der Welt zu setzen. Diese Synthese aus den vielfachen geistesgeschichtlichen Anregungen, aus der Astronomie, Philosophie und Theologie zu einem tragfähigen astronomischen System ausgearbeitet zu haben, ist das alleinige Verdienst von Copernicus, seine eigenständige Leistung, die eine für uns kaum vorstellbare Geisteskraft erforderte, eine geistige Offenheit zur Aufnahme vielfältigster Anregungen und einer meisterhaften Beherrschung des astronomischen „Handwerkszeuges".

KAPITEL 7

4 mal 9 Jahre Reifezeit eines genialen Gedankens – astronomische Forschung in unruhiger Zeit

Wie ich mir ganz gut denken kann, wird es so kommen, daß gewisse Leute, sobald sie vernommen haben, daß ich meinen vorliegenden Büchern, die ich über die Umschwünge der Weltsphären geschrieben habe, der Erdkugel bestimmte Bewegungen zuschreibe, die laute Forderung erheben, man müsse mich mit einer solchen Meinung sofort verwerfen.

(NCGA 3.1, Vorrede)

Mit diesen Worten, gerichtet an Papst Paul III., beginnt Copernicus sein großes Werk. Der Neuartigkeit, ja der Ungeheuerlichkeit seiner Astronomie war er sich völlig bewußt; neu war seine kühne Konzeption, obwohl die einzelnen Bausteine für jeden Gebildeten offenlagen. Dennoch schwächte er bald den Neuheitswert seiner Lehre selbst ab, bezieht sich auf Anregungen bei antiken Autoren und versteht sich als Reformer der überlieferten Astronomie, als legitimer Fortsetzer der „Alten", der sich nach humanistischer Gepflogenheit auf antike Autoritäten beruft. Stets bemühte er sich in seinem Werk, nur so weit von den alten Vorbildern abzurücken, wie es die Entwicklung der Gedanken erforderte. Gegen den Vorwurf der Neuerungssucht, der später offen geäußert wurde, verteidigte ihn 1539 sein einziger Schüler Georg Joachim Rheticus, der in diesem Zusammenhang interessante Einblicke in die Arbeitsweise von Copernicus gibt:

Der H. Doktor, mein Lehrer, hat aber die Beobachtungen aller Zeitalter mit seinen eigenen der Reihe nach oder in Verzeichnissen gesammelt und hat sie immer zur Einsichtnahme bei sich. Wenn dann irgendwelche Feststellungen getroffen oder wissenschaftliche Lehrsätze aufgestellt werden sollen, schreitet er von jenen ersten Beobachtungen bis zu seinen eigenen fort und wägt genau ab, in welcher Richtung Übereinstimmung zwischen ihnen bestehen könnte. Ferner beurteilt er die Schlüsse, die er unter Leitung der Göttin Urania richtig daraus gezogen hat, nach Ptolemäus und den Hypothesen der Alten, und nachdem er sie mit größter Sorgfalt gründlich geprüft und gefunden hat, daß diese Hypothesen unter dem Zwang des astronomischen Naturgesetzes verworfen werden müssen, stellt er gewiß nicht ohne göttliche Eingebung und ohne Geheiß der Himmlischen neue Hypothesen auf. Darauf stellt er unter Anwendung der Mathematik auf geometrischem Weg fest, was man aus solchen Annahmen durch stichhaltige Folgerung ableiten kann, und schließlich wendet er die Beobachtungen der Alten und seine eigenen auf die angenommenen Hypothesen an, und dann erst, nachdem er alle diese genannten Arbeiten zu Ende geführt hat, schreibt er endlich die Gesetze der Astronomie nieder.

(G.J. Rheticus, Erster Bericht, 1943, S. 82f.)

Und über sein Verhältnis zu den „Alten" äußerte er sich 1524 in einem Brief an seinen Krakauer Studienfreund Bernhard Wapowski:

Allein wir müssen ihrem Vorgange genau folgen und ihren Beobachtungen, welche uns, wie durch ein Vermächtniss, überliefert sind, fest anhangen. Und wenn Jemand etwa meint, es sei ihnen nicht voll zu trauen, dem ist in dieser Beziehung wenigstens der Eingang zu unserer Wissenschaft verschlossen: vor dem Eingange liegend, wird er, einem Kranken gleich, Träume über die Bewegung der achten Sphäre träumen, da er durch die Verunglimpfung Jener glaubt, seinen eigenen Phantasien zu Hülfe zu kommen. Es steht wohl unumstösslich fest, dass die Alten mit grösster Sorgfalt und emsigem Eifer ihre Beobachtungen angestellt haben, die uns so viele herrliche und bewundernswürdige Aufschlüsse hinterlassen haben.

(L. Prowe, N. Coppernicus, Bd. 1.2, 1883, S. 229)

Auf alles andere, denn auf Neuerungssucht deutet zudem die ganz eigentümliche Entstehungsgeschichte des Hauptwerkes von Copernicus hin. Leider gibt es weder genaue Informationen dafür, wann Copernicus mit der Ausarbeitung seines Buches begann, noch wann er es im wesentlichen

Bild 54 Dank der Aufmerksamkeit früherer Besitzer und manchen Zufalls blieb die Originalhandschrift des Werkes von Copernicus erhalten. Zahllose Textumstellungen, Korrekturen und Korrekturen der Korrekturen belegen das jahrelange Ringen des Autors um die Verbesserung seines Werkes. ▶

ob qua in dimidio gradu et tertia posset error comitti
nullatenus sunt contemnenda. Modis igitur conter-
rendi, tempus aequale cum diverso apparente in quo oes
differentiae congruunt est iste. Proposito quomis
ipe quaerendus est in utroqz termino ipius tpis principio
nempe et fine Locus Solis medius ab aequorctho medio
p motu eius aequale quae diximus propositum: atqz etia
Verus apparens ab aequorctho vero: considerandum qz quot
partes tpales ptransierit ex rectis ascensionibus circa
meridie noctemue media: vel interfuerit eis, quae a
primo loco vero ad secundum vera. Iam si aequales
fuerit illis: q utriqz loco medio: intersunt gradibus:
erit tunc tempus assumpti apparens aequale mediorum
Quod si partes tpales excesserint, excessus ipe apponatur
tempori dato: si vero defecerint, ipe defectus tempori
apparenti subtrahatur. Hoc em facientes, & ys quae
collecta reliqua fuerit habebimus tpus in aequalitate
comutata capiendo pro qualibet parte tpali quatuor
scrup horae, vel x scrup sicta omnius sexagesime diei.
Atqui si tempus aequale datum fuerit: nosseqz velis quantz
tempus apparens illi suppetat e contrario faciendu erit
Habuimus ante ad prima olympiade Locum Solis
medium ab aequorctho verno medio in meridie prime
diei mensis primi sctm Athenienses Hecatombaeonos
gradus xc lviiij: et ab aequorctho apparente gradus
xxix scrup lviij camu Ad annos ante Chri media   0. 36 [Cautio]
Solis motum vary & a scrup Capricorni. Verum
viijax grad 48 scrup eiusdem. Ascendunt igitur in recta
sphaera a xxyx lvj Geminorz ad xiiij iiij Capricorni vary 48
tempora chxfiix lviij excedentia mediorum locorum dystantia
in temporibus 1 4. Quae faciunt omnis horae scrup vij
74. Et sic de caeteris: quibus exactissime posset ex-
aminari rursus Lunae: de qua sequenti libro dicetur

abschloß. Mit Rücksicht auf die Differenzen zwischen dem „Commentariolus" und dem Hauptwerk kann der Beginn der Niederschrift des letzteren frühestens um 1515 liegen, allgemein wird eher das Ende der 20er Jahre für die ältesten Teile angenommen. Die späteste in seinem Buch verwertete Beobachtung betrifft die Bedeckung der Venus durch den Mond am 12. März 1529 (NCGA 3.1, Kap. 5.23); weitere Beobachtungen sind nur aus handschriftlichen Aufzeichnungen bekannt geworden. Ein weiterer, für den Zweck der Datierung brauchbarer Hinweis bezieht sich auf die in sein Buchmanuskript nicht eingearbeitete Beobachtung des Venusapogäums von 1532. Für gewöhnlich finden sich im Hauptwerk die Apogäumsangaben sowohl nach dem Almagest des Ptolemäus, als auch nach eigenen Beobachtungen. Doch der 1532 für die Venus gefundene Wert, den Copernicus in sein Exemplar eines Tafelwerkes von Johannes Regiomontan eintrug, findet im Hauptwerk keine Berücksichtigung. Die

Bild 55 Die Armillarsphäre war ein weiteres wichtiges Beobachtungs- und Lehrgerät aus der Zeit von Copernicus. Es war Bestandteil des Druckersignet von Petrus Liechtenstein, aus dessen Offizin in Venedig viele wichtige astronomische Werke kamen.
Nach: Tabulae astronomicae. Venedig 1492.

Erklärung für diese Unterlassung könnte darin liegen, daß Copernicus die Reinschrift seines Werkes vor 1532 angefertigt hatte und vergaß, das korrigierte Apogäum der Venus in sein Manuskript zu übertragen. Dabei ist allerdings zu bedenken, daß Copernicus von den rd. 60 nachweisbaren Beobachtungen nur 27 für sein großes Werk ausgewertet hat, weshalb die hierauf gestützte Datierung mit Vorsicht zu behandeln ist.

Glücklicherweise ist das Originalmanuskript des großen Werkes in der Handschrift seines Autors erhalten gelieben, so daß versucht werden kann, hieraus Schlüsse zu ziehen. Graphologische Gutachten weisen darauf hin, daß das Manuskript in einem nicht allzulangen Zeitraum verfaßt wurde. Zwar gibt es Unterschiede in der Buchstabengröße, im Zeilenabstand, bei einigen Buchstaben sogar in der Schreibweise, aber diese Differenzen tauchen recht regellos auf und deuten auf keine zeitliche Richtung hin. Für die genannte Entstehungszeit des Werkes gibt Copernicus selbst noch einen kleinen Hinweis. Er schreibt nämlich, er habe es „nicht nur ins neunte, sondern annähernd ins vierte Jahrneunt verborgen gehalten" NCGA 3.1, Vorrede). Sicher bringt Copernicus hier im Anklang an Horaz eine gelehrte Zahlenspielerei vor, doch würde sie, ausgehend von der Druckzeit des Werkes auf die Jahre zwischen 1507 bis 1515 verweisen, womit dann in poetischer Diktion nicht die Fertigstellung des Werkes, sondern die vorher entstandenen Materialsammlungen, die Entwürfe, oder gar die grundsätzliche Idee gemeint ist. Auf jeden Fall paßt dies gut zur angenommenen Datierung des „Commentariolus".

Daß angesichts des völligen Fehlens persönlicher Bezüge des Autors zu seinem Werk „Über die Umschwünge der himmlischen Kugelschalen" überhaupt etwas zu dessen Entstehungsgeschichte gesagt werden kann, ist in erster Linie der dank vieler glücklicher Umstände, trotz widriger Schicksale über die Jahrhunderte hinweg erhaltenen Handschrift des Autors möglich. Die leeren Blätter vor und nach dem Text nicht eingerechnet, besteht sie aus 202, von Copernicus beidseitig beschriebenen Folioblättern und befindet sich seit 1956 in der Bibliothek der Universität Krakau, der Stätte der einstigen Studien ihres Verfassers. Soweit sich die historischen Details heute noch erkunden lassen, wird nach dieser Handschrift Rheticus bei seinem Aufenthalt in Frauenburg, also unter den kritischen Augen und dem Rat des Autors, der sich für diese Arbeit wohl nicht mehr imstande sah, eine Abschrift angefertigt haben, die wenig später in Nürnberg dem Druck zugrunde lag. Wie Pierre Gassendi 1654 nach einer nicht genannten Quelle schreibt, habe Copernicus erst zusammen mit seiner im Juni 1542 verfaßten Vorrede an Papst Paul III. die erhaltene Handschrift des Werkes an Rheticus geschickt. Offenbar hatte Copernicus in letzter

Minute noch einige Textkorrekturen vorgenommen, die sich durch eine glänzende schwarze Tinte abheben, im Druck nur teilweise sowie in manchen Fällen erst in der Errataliste Berücksichtigung fanden. Der Druck hatte inzwischen begonnen.

Während das dem Drucker vorliegende, von Rheticus' Hand geschriebene Manuskript nach Abschluß der Arbeiten verlorenging, verblieb die Vorlage des Autors im Besitz von Rheticus. Noch vor seinem Tod übergab er dieses Dokument seinem treuen Schüler, dem Heidelberger Hofmathematiker und Professor Valentin Otho. In Heidelberg erwarb am 19. Dezember 1603 Jakob Christmann, Dekan der Artistenfakultät, die Handschrift mit dem ausdrücklichen Vermerk, sie zum Studium der Mathematik zu benutzen, also als reinen Gebrauchsgegenstand, „ad usum studij mathematici" (N. Copernicus, Gesamtausgabe, Bd. 1, 1974, S. 30).

Eine ganz andere Einstellung zu dieser wertvollen Handschrift gewann der nächste Besitzer, Johannes Amos Comenius, der sie am 17. Januar 1614 kaufte (diese Angaben sind auf einem dem Text des Werkes vorangestellten leeren Blatt vermerkt worden). Comenius war zwar kein Anhänger des heliozentrischen Weltsystems, war sich jedoch des ideellen Wertes seines Besitztums wohl bewußt und bewahrte die Handschrift in all den Jahren seines unsteten und gefahrvollen Lebens sorgfältig auf. Vermutlich führte er sie 1614 auf einer Reise nach Amsterdam mit sich, denn die drei Jahre später dort erscheinende Ausgabe des Werkes weist gegen die bis dahin vorliegenden zwei Drucke gemeinsam mit der Handschrift einige Gemeinsamkeiten auf. Diese könnten ihre Erklärung darin finden, daß der Amsterdamer Bearbeiter der dritten Ausgabe des Hauptwerkes 1617, Nicolaus Mulerius, bei Comenius Einblick in das Autograph bekommen hatte. Wann sich Comenius von der Handschrift trennte, ist nicht bekannt. Sie erscheint in dem am 5. Oktober 1667 aufgestellten Inventar der Bibliothek des gelehrten Otto von Nostitz, unter Kaiser Ferdinand II. Kanzler von Schlesien, auf dessen Schloß Jauern. Seitdem befand sich die Handschrift im Besitz dieser Familie, bald in ihrem Palais in Prag untergebracht.

Die wissenschaftliche Welt hatte von der Existenz des Autographs keine Kenntnis, obwohl doch dessen Auswertung wichtige Ergebnisse für die Astronomie gebracht hätte. Erst 1788 findet sie im „Versuch einer Beschreibung sehenswürdiger Bibliotheken Teutschlands" von F.K.G. Hirsching (Bd. 3, Erlangen 1788, S. 472) Erwähnung: „eine mäßige Handschrift von des Copernicus eigener Hand". Die wissenschaftliche Bearbeitung ließ jedoch weiter auf sich warten; Hirschings Buch war für die

Astronomen eine zu entlegene Quelle. Erstmals kamen in der lateinisch-polnischen Parallelausgabe von 1854 die wichtigsten, nicht mit zum Abdruck gebrachten Teile aus der Handschrift sowie weitere kleinere Passagen und Varianten ans Licht. Eine durchgängige Berücksichtigung erfolgte indes erst schrittweise in der Thorner Ausgabe 1873, der Münchener 1949 und schließlich in der wissenschaftlich-kritischen Edition im Rahmen der Nicolaus Copernicus Gesamtausgabe 1984.

Doch nun wieder 450 Jahre zurück in die Vergangenheit! Copernicus hatte sein Manuskript um 1532 fertiggestellt und doch vergingen noch einmal mehr als zehn Jahre bis zum Druck. Nahm der Autor den Rat des Horaz, ein fertiges Werk erst nach neun Jahren zu veröffentlichen, ernst, fast zu ernst, so daß er mit seinem Zögern schließlich gar den Verlust seines Lebenswerkes riskierte? Buchstäblich bis zur letzten Minute arbeitete Copernicus an der Verbesserung des Manuskripts. Die Handschrift begann sehr sorgfältig mit einer sauberen Schrift, mit deutlich abgehobenen Kapitelüberschriften, mit Platz für später einzusetzende Initialen bei den Buchanfängen. Für den Fixsternkatalog, der zu den ältesten Teilen gehört, wurden die Tabellenköpfe sorgfältig gestaltet, zum Teil mit roter Auszeichnungsschrift, die senkrechten und waagerechten Striche der Tabelle sauber gezogen... Doch offenbar lag dem Autor keine fertig redigierte Fassung zur Abschrift vor, sondern er arbeitete während des Schreibens intensiv weiter, manchmal mit dem vollbrachten sehr unzufrieden. Immer mehr häuften sich die Korrekturen von Zahlen und Worten, Textteile wurden gestrichen, neue eingefügt, die eingefügten korrigiert, Zeichungen geändert und sogar die Gliederung des Werkes während des Schreibens umgestellt (ursprünglich sollten die Trigonometrie und der Fixsternkatalog jeweils ein eigenes Buch bilden). Manche Kapitel der Handschrift, vor allem die zur Darstellung der Venus- und Merkurbewegung im 5. Buch, behielten bis zuletzt die Form eines Entwurfs, in der sich ein Uneingeweihter kaum hätte zurechtfinden können. Hier spürt man endlich einmal den Autor hinter seinem Werk hervortreten, wie er um die Bewältigung eines Problems rang, wie er entwarf und verwarf, Kapitelanfänge ausstrich, um Probleme genauer darzustellen und später wieder von vorne anfing oder anderes Beobachtungsmaterial heranzog.

Anhand der verwendeten Tinten und der Papiersorten (letztere erkennbar an den Wasserzeichen) konnte nachgewiesen werden, daß Copernicus neben kleineren Korrekturen, die wohl ständig erfolgten, den gesamten Text im Anschluß an eine erste Fertigstellung wenigstens zweimal gründlich durchgearbeitet hat. In diesem Zusammenhang soll erwähnt werden, daß zwei Blätter des Textes von Copernicus der gleichen Papiersorte an-

Bild 56 Wasserzeichen bilden gelegentlich einen wichtigen Datierungshinweis. Mit Hilfe des übereinstimmenden Bildes in einem datierten Brief des G.J. Rheticus (Geheimes Staatsarchiv Berlin, Preußischer Kulturbesitz, XX. HA StA Königsberg HBA A4, Kasten 206, Brief vom 28. August 1541, vgl. Abb. 70) und einem Korrekturblatt im Manuskript von Copernicus konnte in einem Fall dessen Arbeit am Hauptwerk genauer datiert werden.

gehören, die Georg Joachim Rheticus am 28. und 29. August 1541 in Frauenburg für zwei Briefe an Herzog Albrecht von Preußen nutzte – nachweisbar an den übereinstimmenden Wasserzeichen (Geheimes Staastarchiv Preußischer Kulturbesitz, Berlin, Bild 56). Wenn angenommen werden darf, daß das Frauenburger Domkapitel seinen Papiervorrat nicht für viele Jahre kaufte, ist damit ein weiteres Zeichen dafür gewonnen, wie lange Copernicus an seinen Darlegungen arbeitete. Die auf diesem Papier niedergelegten Teile des Werkes, es handelt sich um die beiden Blätter 24 und 25 aus dem 14. Kapitel des 1. Buches zur Trigonometrie, sind schon äußerlich als spätere Einschübe erkennbar. Die hier begonnene Aufgabe 13 stand in einer ersten Fassung bereits auf Bl. 22^v, wurde dort später ausgestrichen und auf dem eingelegten Papier erneut ausgeführt. Möglicherweise hängt dies damit zusammen, daß, wie ohnehin angenommen wird, Copernicus nach Diskussionen mit Rheticus eine Überarbeitung gerade der trigonometrischen Ableitungen in seinem Werk vornahm.

Darüber, warum sich Copernicus mit der Veröffentlichung seines Werks so viel Zeit gelassen hatte, ist viel spekuliert worden. Fürchtete er mit seiner dem „gesunden Menschenverstand" widersprechenden Lehre den Spott der Menge, ahnte er Verfolgungen wegen Religionsfrevel wie einstmals Aristarch drohten, hatte er gar eine Verbreitung durch den Druck überhaupt nicht beabsichtigt...? Tatsächlich sind für all diese Vermutungen immer wieder Gründe vorgebracht worden. Natürlich war sich Copernicus des Gegensatzes seiner Lehre zur tradierten Astronomie bewußt; davon zeugen allein schon seine Einleitungsworte zur Widmung an Papst Paul III. Und Copernicus sah, daß er Angriffe von seiten der Theologie, von „leeren Schwätzern", die irgendwelche „übel verdrehten Worte der Heiligen Schrift" gegen ihn anführen, zu gewärtigen habe. Schließlich hatte schon 1540 Achilles Gasser in einem der 2. Auflage der „Narratio prima", in der Rheticus der gelehrten Welt erstmals die Lehre von Copernicus in großen Zügen vorstellte, beigegebenen Widmungsbrief angemerkt:

Freilich, das Buch stimmt nicht mit der bisherigen Lehrmeinung überein und man möchte meinen, daß es nicht nur mit einem einzigen Satz den gebräuchlichen Schulmeinungen entgegengesetzt und, wie die Mönche sagen, ketzerisch ist.

(K.H. Burmeister, Georg Joachim Rheticus, 1967–68, Bd. 3, S. 17)

Doch diese Probleme, die sich fast 80 Jahre später im Zusammenhang mit der Verteidigung der heliozentrischen Astronomie durch Galilei zuspitzten, scheinen Copernicus nicht sehr beunruhigt zu haben, ja er hat sie geradezu unterschätzt und mit dem Verweis darauf abgetan, daß der ansonsten berühmte Lactanz „geradezu kindisch über die Form der Erde spricht, wenn er diejenigen verspottet, die gelehrt haben, daß die Erde eine Kugelgestalt besitze" (NCGA 3.1, Vorrede). Im übrigen: „Mathematik wird für die Mathematiker geschrieben" (ebd.). Das reichte am Ende natürlich nicht, um den Anspruch der zeitgenössischen Theologen auf die Erklärung der ganzen Welt aus wortgetreuer Bibelinterpretation zu entkräften, und ihnen lediglich mitzuteilen, daß sie das ganze ohnehin nichts anginge, half wenig. Dennoch, eine direkte kirchliche Verfolgung hatte Copernicus nicht zu befürchten. Warum also zögerte er?

In der Widmung an den Papst verweist Copernicus darauf, er habe lange überlegt, ob er nicht nach dem Vorbild der Pythagoreer handeln solle, „die Geheimnisse der Philosophie nicht schriftlich, sondern nur Verwandten und Freunden mündlich mitzuteilen". Da Copernicus mit pythagoreischen Schriften gut vertraut war, mehr noch, sich mannigfache Anklänge an ihre Lehre in seinem Denken finden, wird er sich mit diesem Standpunkt ernsthaft auseinandergesetzt haben. In der ursprünglichen Textfassung gab Copernicus dieser Überlegung mit dem Abdruck des sog. Lysisbriefes eine umfangreiche Darstellung. Der (fingierte) Brief beinhaltet die Ermahnung des Pythagoreers Hipparch (nicht zu verwechseln mit dem gleichnamigen Astronomen) an Lysis, getreu den Lehren des Pythagoras „die Schätze der Philosophie nicht denen mitzuteilen, welche sich von der Reinigung des Geistes nichts haben träumen lassen" (NCGA 3.1, Vorrede), also die tiefsten Erkenntnisse von der Welt nicht schriftlich darzulegen oder öffentlich zu lehren, sondern nur Freunden und Verwandten anzuvertrauen. Es fällt schwer, anzunehmen, daß Copernicus diesen Standpunkt konsequent verfolgen wollte. Hatte er wirklich vor, sein Werk nicht zu veröffentlichen oder ist die Wiedergabe des Lysisbriefes eher als Probe seiner griechischen Sprachkenntnis (er sagt in dem vorangestellten Satz nicht ohne Stolz, er habe diesen Text selbst übersetzt), als Zeichen seiner Verbundenheit mit der griechischen Antike, seines Bekenntnisses zum Humanismus zu sehen? Übrigens kam diese Passage durch eine größere Textumstellung später gar nicht zum Abdruck und fand nur noch eine ganz kurze Erwähnung in der Widmung an Paul III. Konnte es sich Copernicus überhaupt leisten, die Mahnung des Lysis auf sich zu beziehen? Er befand sich schließlich in einer ganz anderen Situation als die Mitglieder der pythagoreischen Schule. Waren jene Teil einer nach den Prinzipien eines religiösen Bundes organisierten Gelehrtengesellschaft, in der Kommunikation und Wissensweitergabe garantiert war, stand Copernicus völlig alleine da, ohne „Verwandte und Freunde", mit denen er seine Ideen sachkundig diskutieren, mit denen sie weiterleben konnten. Daß ihm mit Rheticus, vier Jahre vor seinem Tod, noch ein begeisterter Schüler zufiel, konnte er nicht ahnen. Hätte Copernicus eine Publikation seiner Lehren ausgeschlossen, wäre er das Risiko eingegangen, daß sein Lebenswerk mit seinem Tod untergegangen wäre.

Wenn es für kurze Zeit gestattet ist, den Faden der Eventualität weiterzuspinnen und angenommen werden darf, Rheticus hätte die Reise nach Frauenburg unterlassen, wäre die Zukunft des Werkes von Copernicus sehr ungewiß gewesen. Copernicus hätte bis zu seinem Tod an den Korrekturen gearbeitet, der Freund Tiedemann Giese wäre zur Herausgabe nicht in der Lage gewesen (gegen den ausdrücklichen Willen von Copernicus hätte er ohnehin nie den Druck veranlaßt) und ein anderer Bearbeiter hätte sich kaum gefunden. Die keinesfalls im druckfertigen Zustand befindliche Handschrift wäre vielleicht ins Frauenburger Domarchiv gekommen (oder bei den Erben verloren gegangen), mit umfangreichen Teilen desselben im 30jährigen Krieg nach Schweden gelangt, wo sie ein fleißiger Archivar Jahrhunderte später entdeckt hätte. Aber die Geschichte verlief anders und es steht dem Historiker nicht an, hypothetische Abläufe zu ersinnen. Übrigens hatte Copernicus schon mit der Niederschrift des „Commentariolus" gegen pythagoreische Grundsätze der „Wissenschaftspolitik" verstoßen. Wie auch immer, in welchem Maße Copernicus mit seinem Werk rang, dessen Bearbeitung immer wieder durch Verpflichtungen als Domherr unterbrochen wurde, bezeugt Rheticus, der von einem merkwürdigen Gedanken berichtet, den Copernicus gehabt haben soll, nämlich nur astronomische Tafeln zu veröffentlichen, ohne auf deren heliozentrische Grundlage, einzugehen.

So würde er folgende Ziele erreichen: Er würde keinen Streit unter den Philosophen verursachen; die gewöhnlichen Mathematiker hätten die verbesserte Berechnung; die wahren Meister aber, die Jupiter mit gnädigem Auge angeschaut haben, würden aus den vorgelegten Zahlen leicht zu den Grundsätzen und Quellen gelangen, aus denen alles abgeleitet ist.

(G.J. Rheticus, Erster Bericht, 1943, S. 114)

Dies kann kaum mehr als ein gesprächsweise geäußerter Gedanke gewesen sein, wenn es sich nicht überhaupt mehr um eine von Rheticus herrührende Ausschmückung handelt. Es bedurfte nicht erst des von Rheticus angeführten Bedenkens, es „werde unter den Fachleuten kaum einer sein, der einstmals die Grundsätze der Tafeln durchschauen und sie veröffentlichen könnte." (Ebd., S. 115) Außerdem erledigt sich dieser angebliche Plan schon allein durch die stetig erfolgte Arbeit am Manuskript des Werkes. Und schließlich sprach Rheticus selbst nur davon, daß er durch sein Drängen die Freigabe des Manuskripts für den Druck beschleunigt habe, nicht Copernicus grundsätzlich von der Veröffentlichung überzeugen mußte, wie er in einem Brief vom 13. August 1542 schrieb: „Denn ich sehe einen großen Lohn für diese Mühen darin, daß ich den ehrwürdigen Mann mit einem gewissen jugendlichen Übermut dazu bewegen konnte, seine Thesen auf diesem Fachgebiet der ganzen Welt zu einem früheren Zeitpunkt mitzuteilen." (Ebd., S. 52)

Es scheint, daß Copernicus im Jahe 1535 einen „Testfall" für die Genauigkeit der Planetenberechnungen aus seinem System schaffen wollte. In einem Brief seines Krakauer Freundes Bernhard Wapowski an Sigismund von Herberstein vom 15. Oktober 1535 ist nämlich die Rede von einem „Almanach", den Copernicus auf Drängen Wapowskis bearbeitet hatte und den dieser in Druck geben wollte (E. Brachvogel, Zur Koppernikusforschung, 1933–35, S. 238–39). Der nur wenige Wochen darauf erfolgte Tod Wapowskis hinderte ihn an der Ausführung und Copernicus selbst scheint sich um die ganze Sache nicht mehr bemüht zu haben. So kam es, daß sowohl die im Besitz Wapowskis befindliche Orginalhandschrift, als auch eine an von Herberstein geschickte Kopie verloren ging und der Druck mit ziemlicher Sicherheit nicht zustande kam. Dieser Almanach wird im Gegensatz zur eigentlichen Bedeutung des Begriffs keine rein astrologische Vorhersage gewesen sein, denn auf diese Weise hätte Copernicus keine Prüfung für seine Ortsberechnung der Sonne, des Mondes und der Planeten erreichen können (damit soll nichts über das Verhältnis von Copernicus zur Astrologie gesagt sein, die er sicherlich im damals ganz normalen Maße akzeptierte). Eher dürfte es sich um ein Kalendarium gehandelt haben, das üblicherweise täglich die Positionen der Himmelskörper verzeichnete (Bild 57).

N. Martius. | **Sonn vnd Monschein** | **Erwehlungen vnd Aspecten.** | **Alt Hornung**

[Calendar table in old German Fraktur print — March calendar with columns for days, saints, sun and moon, astrological elections and aspects]

Bild 57 Die Jahreskalender informierten ausführlich über Planetenkonstellationen, kalendarische Daten und astrologische Vorhersagen für das Wetter, Arbeiten in Haus und Hof sowie über gute und schlechte Tage für medizinische Behandlungen. Das Manuskript eines wahrscheinlich von Copernicus 1535 verfaßten Kalenders wurde nicht veröffentlicht und ist verschollen.
Nach: Bartholomäus Scultetus, „Neu und Alter röm. Allmanach" auf das Jahr 1608. Görlitz.

Zurück zur Handschrift des Werkes, deren Existenz allein schon beweist, daß Copernicus seine Forschungen irgendwann einmal der gelehrten Öffentlichkeit übergeben wollte. Deren anfänglich so sorgfältige Anlage kann kein Argument dafür sein, daß Copernicus sein Werk in dieser Form als beendet ansah. Die würdige Gestaltung des Codex deutet lediglich auf die innere Verbundenheit des Autors mit seinem Werk, der

Frucht jahrzehntelanger Bemühungen. Das hielt Copernicus nicht davon ab, seine Korrekturen einzufügen, wie er sie für erforderlich hielt, in einer Art, die nicht geeignet war, den Augen der Nachwelt übergeben zu werden. Doch um künftigen Kritikern möglichst wenige Ansatzpunkte zu geben, mußte alles besonders sorgfältig geprüft werden, mußte immer weiter an der strengen mathematischen Durcharbeitung gefeilt werden. Denn eine rein philosophische Spekulation, wie 2000 Jahre zuvor von den Pythagoreern, hätte in der Astronomie gar nichts bewegt. Von einem freiwilligen Verzicht auf Veröffentlichung im pythagoreischen Sinne kann erst die Rede sein, wenn das Werk in seiner endgültigen Form hergestellt ist. Die Manuskriptkorrekturen belegen, daß davon vor 1539 keinesfalls gesprochen werden kann und weitere Eintragungen erfolgten noch später. Viele Mängel konnte der Autor bis zuletzt nicht beseitigen; manche behob später Rheticus, einige erschienen in der dem Werk beigefügten Druckfehlerliste, eine große Zahl blieb unberücksichtigt.

Nimmt man all dies zusammen, bleibt es nur übrig, das lange Hinauszögern der Veröffentlichung durch Copernicus unter wissenschaftstheoretischen Gesichtspunkten aus dem Charakter des Autors zu erklären. Nachdrücklich wurde darauf verwiesen, daß Copernicus im Sinne Wilhelm Ostwalds ein typischer Vertreter des Gelehrtentyps der sog. „Klassiker" ist. Diese Gelehrten zeichnen sich durch eine gründliche Arbeitsweise aus, sie schreiben schwerflüssig, produzieren sparsam, „weil sie ihre Forschungsergebnisse immer wieder prüfen und sich nicht genug tun können beim Umgestalten, Verbessern und Feilen ihrer Manuskripte" (F. Herneck, Nicolaus Copernicus und die Typologie der Gelehrten, 1974). Genauso ging Copernicus vor und dies löst das Rätsel um die lange Entstehungsgeschichte seines Hauptwerks zwanglos und fern der vielen künstlich ersonnenen Erklärungsversuche.

Im ersten Entwurf des heliozentrischen Weltsystems von Copernicus dem „Commentariolus" sind noch keine eigenen Himmelsbeobachtungen verarbeitet. Die dort genannten numerischen Daten entstammen den Alphonsinischen Tafeln. Auffällig erscheint es, daß im Hauptwerk zwar 27 eigene Beobachtungen berücksichtigt werden, aber keine später als 1529, obwohl doch nach Heranziehung aller Aufzeichnungen von Copernicus 63 Beobachtungen bis 1541 registriert werden konnten. Bei all den bis in die späten 30er Jahre erfolgten Arbeiten am großen Werk griff er nicht mehr auf seine Beobachtungen zurück. Die Zahl der von Copernicus angestellten Beobachtungen ist selbst für die Zeit des frühen 16. Jahrhunderts recht gering und macht deutlich, daß sich Copernicus nicht als beobachtender Astronom verstand, ja er geradezu die Bedeutung eines umfangreichen empirischen Materials für die Erneuerung der Astronomie unterschätzte – dies beispielsweise in deutlichem Gegensatz zu Johannes Regiomontan und dessen Schüler Bernhard Walther. Freilich könnte es sein, daß er von weiteren Himmelsbeobachtungen keine Aufzeichnungen machte. Tatsächlich sind manche Daten so unvollständig notiert, daß sie für eine wissenschaftliche Aussage unbrauchbar sind und so wäre es möglich, daß eine Registrierung in manchen Fällen ganz unterblieb. Viel lieber als auf eigene Beobachtungen, die er, so weit wir dies heute sehen, gar nicht so systematisch sammelte, wie es Rheticus schildert, sondern ganz verstreut am Rand eines Buches notierte, verließ er sich auf die aus antiker Zeit. Und mit seinen selbst gefertigten Beobachungsinstrumenten blieb er in erstaunlicher Weise weit hinter den Möglichkeiten der Herstellung von Präzisionsgeräten. Es erhebt sich nun die Frage, welche Bedeutung die Gestirnsbeobachtungen von Copernicus für sein Weltsystem überhaupt besaßen. Ganz sicher begann er seine Beobachtungen nicht mit dem Vorsatz, ein neues Weltsystem zu begründen; er zweifelte keineswegs an der Sorgfalt und genauen Arbeit der alten Astronomen. Es handelte sich zunächst um Routinebeobachtungen zur Prüfung der Veränderungen, die in den Jahrhunderten seit Ptolemäus am Himmel vorgegangen sein könnten sowie im Anschluß an Johannes Regiomontan um die Frage, inwieweit die vorhandenen Gestirnstafeln Fehler in der mathematischen Darstellung der Himmelsbewegungen verursachten. Selbst die dann folgenden eigenen Beobachtungen ändern nichts an der Feststellung, daß Copernicus im wesentlichen mit antiken Daten arbeitete, zu denen nur wenige von neueren Astronomen hinzukamen. Seine eigenen Beobachtungen waren ein Mittel zur Ausdehnung des Beobachtungszeitraumes und damit zur besseren Prüfung der himmlischen Bewegungsabläufe, da sich kleine Fehler erst nach geraumer Zeit zu meßbaren Differenzen summieren. Rheticus schildert dies in seinem „Ersten Bericht" sehr anschaulich:

In dieser Hinsicht entfällt auf meinen H. Lehrer deshalb eine größere Arbeitslast als auf Ptolemäus, weil er die fortlaufende Reihe aller Bewegungen und Erscheinungen, die von den Beobachtungen zweier Jahrtausende als von den hervorragendsten Führerinnen auf dem weltenweiten Gebiet der Astronomie entwickelt wird, in ein gesichertes und in seinen Teilen übereinstimmendes System oder in eine Harmonie bringen mußte; dem Ptolemäus dagegen standen kaum aus dem vierten Teil dieser großen Zeitspanne verläßliche Beobachtungen der Alten zur Verfügung. Und da von der Zeit, dem wahren Gott und Gesetzgeber der Verfassung des Himmelsstaates, die Irrtümer der Astronomie enthüllt werden, weil ja ein gleich nach der Einführung von Hypothesen, Vorschriften und Tafeln der Astronomie noch unmerklicher oder auch vernachlässigter Fehler mit fortschreitender Zeit zutage tritt oder sogar ins Ungemessene anwächst, so mußte mein H. Lehrer das Gebäude der Astronomie nicht so fast instand setzen, als vielmehr von neuem aufbauen.

(G.J. Rheticus, Erster Bericht, 1943, S. 50)

Über die Genauigkeit seiner Beobachtungen äußerte sich Copernicus gegenüber Rheticus recht kritisch, wie jener im Vorwort zu seinen Ephemeriden von 1550 erinnert:

Nicht gern mochte er sich auf kleinste Distanz-Bestimmungen einlassen, wie sie Andere erstreben, die mit peinlicher Genauigkeit bis auf zwei, drei oder vier Minuten den Ort der Gestirne ermittelt zu haben meinen, während sie zuweilen dabei um ganze Grade abirren. Ich selbst würde hocherfreut sein wie Pythagoras, da er seinen Lehrsatz entdeckte, wenn ich im Stande wäre, meine Ermittlungen bis auf 10 Minuten der Wahrheit nahe zu führen.

(L. Prowe, N. Copernicus, Bd. 1.2, 1883, S. 57f.)

Diese Bescheidenheit war durchaus angebracht und zeichnet Copernicus aus; dennoch, 10 Bogenminuten sind immerhin etwa 1/3 des Vollmonddurchmessers! Neuere Berechnungen mit modernen Hilfsmitteln zeigen, daß seine Planetenbeobachtungen von den tatsächlichen Werten in einigen Fällen bis zu einigen Minuten, teilweise um 1° oder 1,5°, in Ausnahmefällen infolge Meß- oder Rechenfehler bis auf 5° abweichen (V. Bialas, Die Planetenbeobachtungen des Copernicus, 1973). Generell beeinflußt wurde die Beobachtungsgenauigkeit sowohl durch die Konstruktion des verwendeten Instruments, als auch durch die Anzielung des Objekts, die Ablesegenauigkeit und durch von den Instrumenten unabhängige Faktoren, wie die Witterungsverhältnisse und die Refraktion, d.h. die von der Höhe des Gestirns abhängige Beugung des Lichtes in der Atmosphäre, die dessen Ort verfälscht.

Copernicus stieß bei seinen Beobachtungen auf Fehler und Ungenauigkeiten in den alten Tafelwerken, teilweise gelang ihm die Ableitung besserer Werte für die Bahnparameter der Planeten, im wesentlichen dadurch bedingt, daß ihm seit der Antike, seit Ptolemäus, ein Beobachtungszeitraum von 1500 Jahren überschaubar wurde. Doch grundsätzlich waren seine Beobachtungen in beide Weltsysteme integrierbar, sie waren nicht aus seinem System abgeleitet, sondern von der bewegten Erde aus gewonnen – mit einer Genauigkeit, die beispielsweise an die späteren Tycho Brahes mit einem mittleren Fehler von 25″ nicht im entferntesten heranreichten. In diesem Sinne urteilte Apelt: „Nicht durch die Erfahrung oder die Geometrie, sondern durch die Philosophie ist Kopernikus veranlasst worden, ein neues Weltsystem auszudenken." (E.F. Apelt, Die Reformation der Sternkunde, 1852, S. 124) Das ist korrekt und nur weil die Daten für sich kein bestimmtes System in der Alternative Geo- oder Heliozentrismus repräsentieren, konnten später einzelne mathematische Lösungen von Copernicus eine weite Anerkennung finden, während sein System auf Ablehnung stieß. Besaßen also die Himmelsbeobachtungen, eigne wie fremde, für die Aufstellung und Begründung des heliozentrischen Weltsystems keine Bedeutung, waren sie andererseits doch von großer Wichtigkeit. Anhand der Beobachtungen war das neue System zu prüfen, indem gezeigt werden mußte, daß es zur Berechnung der Gestirnsbewegung wenigstens ebensogut geeignet war, wie das von Ptolemäus. Diesen Fragen wandte Copernicus große Aufmerksamkeit zu, wie die Diskussion von Beobachtungsdaten im Hauptwerk bezeugt, und er vermochte sie in seinem Sinne zu entscheiden.

Tabelle 2: Die Dimensionen der Planetenbahnen nach S. Theodoricus (1573) in Erdradien

Objekt	Entfernung von der Erde	
	minimal	maximal
8. Himmel, Fixsternsphäre	– 20081 1/2	–
7. Himmel, Saturn	20072	14378 1/3
6. Himmel, Jupiter	14369 1/4	8852 3/4
5. Himmel, Mars	8022	1176
4. Himmel, Sonne	1179	1122
3. Himmel, Venus	1070	166
2. Himmel, Merkur	166	56
1. Himmel, Mond	65 1/2	55 1/10

Bei der Bewertung dieser Beobachtungsgenauigkeit muß daran gedacht werden, mit welch einfachen, um nicht zu sagen primitiven, Hilfsmitteln Copernicus arbeitete. Er legte offenbar keinen Wert darauf, die zu seiner Zeit im süddeutschen Raum von professionellen Instrumentenbauern aus Messing oder ausgesuchten Hölzern gefertigten guten Instrumente zu beschaffen, die er sich bei seinem Einkommen aus den kirchlichen Pfründen, durchaus hätte leisten können. In seinem Hauptwerk spricht er von drei Instrumenten, die seit antiker Zeit zu den gebräuchlichsten Beobachtungsgeräten gehörten, des Dreistabs (Bild 58), des Quadranten (vgl. Bild 38) und der Armille (vgl. Bilder 35 und 55). Daß Copernicus diese Instrumente selbst besaß, ist zwar anzunehmen, aber nicht für alle drei nachweisbar. Andererseits liegt es nahe, daß Copernicus sowohl weitere kleinere Instrumente besaß, deren Benutzung damals allgemein üblich war, wie der sog. Jakobsstab, oder das Astrolab sowie vom Quadranten nicht nur den in großer Ausführung mit einer Seitenlänge von etwa 1,70 m (im Hauptwerk Kap. 2.2 beschrieben), sondern weiterhin als kleines Handgerät. Die Verwendung und Herstellung des Dreistabs, parallaktisches Instrument genannt, beschreibt Copernicus im Anschluß an den Almagest des Ptolemäus (Ptolemäus, Handbuch, Bd. 1, S. 295–297):

Das parallaktische Instrument besteht aus drei Leisten, von denen zwei gleich, mindestens vier Ellen lang, die dritte etwas länger ist. Die letztere und die eine von den beiden ersteren werden an beiden Enden der dritten durch eine kunstgerechte Bohrung und kleine Achsen oder Zapfen, die genau in diese passen, so befestigt, daß sie in den Gelenken so wenig Spielraum wie möglich haben, während sie in einer Ebene drehbar sind. Auf dem längeren Lineal werde vom Mittelpunkt seines Gelenks aus eine Gerade über seine ganze Länge hin eingezeichnet und darauf eine Strecke abgetragen, die gleich dem möglichst genau gemessenen Abstand der Gelenke ist. Diese teile man in tausend oder, wenn dies möglich ist, noch mehr gleiche Teile und setze diese Teilung auf dem Rest mit den gleichen Teilen fort, bis man 1414 Teile erreicht hat. Diese sind als Kreissehne die Seite des Quadrats, das einem Kreis mit dem Halbmesser 1000 einbeschrieben werden kann. Der Rest, der an diesem Lineal noch übrig bleibt, kann als überflüssig abgeschnitten werden. Auch auf dem anderen Lineal wurde vom Mittelpunkt des Gelenks aus eine Linie eingezeichnet, die jenen 1000 Teilen oder der Strecke zwischen den Mittelpunkten der Gelenke gleich ist; auch soll es zum Durchblicken Öffnungen haben, die seitwärts, wie an Dioptern befestigt sind. Sie sind so angepaßt, daß die Sehlinie selbst gegen die auf der Länge des Lineals vorher eingezeichneten Linie keinerlei Neigung, son-

tribus quadrantibus circuli, tunc Lunæ latitudo vergit in boream ; alioqui ubi motus latitud. coæquatus superat quadrantem, & minor est tribus quadrantibus, latitudo est auſtralis. *uti in noſtro exemplo accidit. poſito huius motus principio a borco limite.*

De inſtrumento Parallactico.

P Tolemæo ὄργανον παραλλακτικ̀ν *appellatur, non* Parallaticum, *uti ſcri-bunt* Regiomontanus, Copernicus, *&* Tycho Brahe. *nomen habet ab uſu, quia inſtrumenti iſtius ope cognoſcuntur Lunæ* Parallaxes *in cir-culo verticali, eo præcipue temporis momento quando circulus magnus deduc-tus e polo zodiaci tranſit per polum horizontis,& per centrum Lunæ.* Pto-lemæus *fabricam deſcribit lib.* 5 *cap.* 12. *&* Tycho *in Mechanicis: ubi etiam memorat ſibi dono miſſum fuiſſe inſtrumentum* Parallaticum, *quo quondam uſus fuerat* Copernicus.

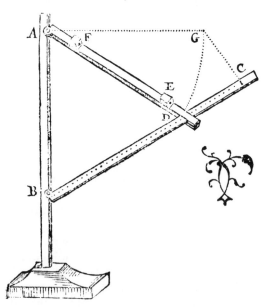

A B *linea eſt ad verticem erecta pedeſtali, uti vo-cant infixa.* A B *&* A D *æquales ſunt lineæ,* B C *vero tanta eſt, quanta eſſe debet ut angu-lus in* A *ſit rectus quoties extremita-tes* D *&* C *jun-guntur in puncto* G.

    Linea B C *di-viſa eſt in partes* 1414, *quales part.* A D *continet* 1000.

    F *&* E Ptole-mæo *ſunt* πρίσματα τετράγωνα *in me-dio perforata, ita ut foramen in* F *ſit majus quam in* E. *Sunt autem* πρισμάτια *non laminæ, ſed corpora oblonga ac craſſa, per quæ tranſmiſſus radius-viſus non vacillat.*

I: triar

Bild 58   Der Arzt und Mathematiker Nicolaus Mulerius fügte als Herausgeber der 3. Auflage des Werkes von Copernicus in Amsterdam 1617 seinem Kommentar eine Abbildung des Dreistabs, einem der wichtigsten Beobachtungsgeräte von Copernicus, hinzu.
Nach: Nicolaus Copernicus, Astronomia instaurata libris sex comprehensa. Amsterdam 1617.

dern gleichen Abstand von ihr haben. Weiterhin soll dafür gesorgt sein, daß diese Linie selbst mit ihrem Endpunkt die unterteilte Linie berührt, wenn man dieses Lineal an das längere anlehnt. Auf diese Weise soll ein gleichschenkliges Dreieck entstehen, dessen Grundlinie aus Teilen der unterteilten Linie besteht. Dann wird ein Pfahl, der genauestens kreuzförmig ausgefräst und geglättet ist, errichtet und festgemacht. An diesem befestige man unser Instrument mit der Seite, an welcher die beiden Gelenke sind, mit einer Art Angel, in denen es wie bei einer Tür üblich ist, herumgeschwenkt werden kann, jedoch in der Weise, daß die Gerade durch die Mitten der beiden Gelenke immer einem Lot entspricht und wie die Achsen des Horizonts zu seinem Scheitel zeigt. Wer nun den Abstand irgendeines Gestirns vom Zenit suchen will, der behält das Gestirn durch die Öffnungen des Lineals genau im Blick, führt das Lineal mit der Teilungslinie von unten heran und sieht, wie viele Teile sich unter dem Winkel erstrecken, der zwischen der Blickrichtung und der Achse des Horizonts liegt. Da der Durchmesser des Kreises 2000 solche Teile hätte, wird er mit Hilfe der Tafel den gesuchten Großkreisbogen zwischen dem Gestirn und dem Scheitelpunkt erhalten.

(NCGA 3.1, Kap. 4.15)

Da diese Beschreibung für sich spricht, sei nur in Verbindung mit Bild 59 das dem Gerät zugrundeliegende mathematische Problem herausgenommen: Durch die beiden 1000 Einheiten langen Stäbe kann ein Quadrat gebildet werden, in dem der dritte Stab mit 1414 Einheiten gleich der Diagonalen ist. Wird dem Quadrat ein Kreis umschrieben, schließen bei der Beobachtung der senkrechte und der Visierstab den Winkel α' (dazu ist α der Scheitelwinkel) als die Zenitdistanz des beobachteten Himmelskörpers ein, die in moderner Schreibweise mit $\sin \alpha/2 = s/2r$ ($r=1000$, $s=$Skalenwert) berechnet werden kann.

Über dieses Instrument sind wir weiterhin recht gut unterrichtet. Copernicus hatte es sich aus Fichtenholz selbst hergestellt und die Skalenteilung mit Tintenstrichen aufgetragen. In seinem Hauptwerk erwähnt er beispielsweise, er habe

am 27. September des Jahres 1522 nach Christi, 5 und zwei Drittel mittlere Stunden nach Mittag, um die Zeit des Sonnenuntergangs in Frauenburg mit dem parallaktischen Instrument den Mittelpunkt des Mondes im Meridiankreis im Zenitabstand von 82°50′ gefunden.

(NCGA 3.1, Kap. 4.16)

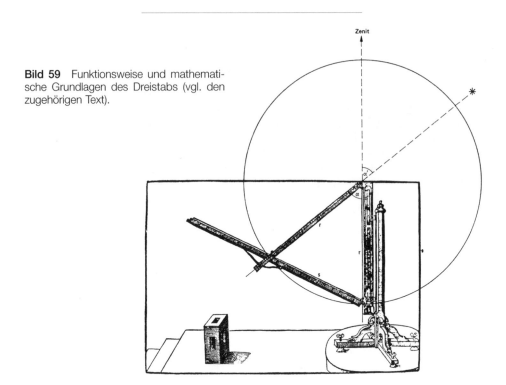

Bild 59 Funktionsweise und mathematische Grundlagen des Dreistabs (vgl. den zugehörigen Text).

Weiterhin hat Copernicus den Dreistab zur Messung der Höhe der Sonne, der Planeten und der Fixsterne benutzt. Lange Zeit wurde dieser in Frauenburg als Erinnerungsstück an den berühmten Domherrn aufbewahrt. Im Jahre 1584 sandte der berühmte Tycho Brahe seinen Assistenten Elias Olsen nach Ermland, um die Polhöhe, also die geographische Breite Frauenburgs, zu untersuchen; er fand sie mit 54°22′30″ um etwa 3′ größer als Copernicus. Weitaus ungenauer als die Polhöhe erwies sich die geographische Länge, der Meridian von Frauenburg. Die Kenntnis dieser Angabe ist für astronomische Berechnungen von grundsätzlicher Bedeutung, weil in astronomischen Tafelwerken die Zeitangaben für bestimmte Ereignisse auf einen Bezugsmeridian reduziert sind und für anderere Beobachtungsorte mit Hilfe der Längendifferenz zu berechnen ist. Copernicus schreibt zu seinen Beobachtungen:

> All dies ist auf den Meridian von Krakau bezogen, weil Frauenburg an der Mündung der Weichsel, wo wir meistens unsere Beobachtungen gemacht haben, unter diesem Meridian liegt, wie uns die beiderorts beobachteten Sonnen- und Mondfinsternisse zeigen.
>
> (NCGA 3.1, Kap. 4.7)

Eine kritische Prüfung dieser Annahme zeigte, daß in Wirklichkeit zwischen beiden Orten eine Längendifferenz von etwa 17′30″ besteht.

Elias Olsen erhielt den Dreistab ausgehändigt, der fortan von Brahe in seinem Observatorium auf der Ostseeinsel Hven einen ehrenvollen Platz erhielt. Nach dem Tod Brahes, der seit 1599 als Hofmathematiker in Prag weilte, kam das Instrument in den Besitz des Kaisers Rudolf II., ging bedauerlicherweise während der Belagerung der Stadt nach der Schlacht am Weißen Berg 1620 verloren.

Ob Copernicus gleichfalls einen Quadranten und eine Armille besaß, wird vielfach bezweifelt und muß trotz seiner detaillierten Beschreibungen der Herstellung dieser Geräte offen bleiben. Der in der Meridianlinie gestellte Quadrant, für den Copernicus eine Kantenlänge von etwa 2 Metern erforderlich hielt, war durch die Registrierung des Schattens eines an der oberen südlichen Ecke eingelassenen Stabes für die Messung der täglichen maximalen Sonnenhöhe, damit der Schiefe der Ekliptik geeignet. Dieser Instrumententyp fand noch im 18. Jahrhundert Verwendung, nun gelegentlich mit einem Fernrohr als Visiereinrichtung versehen.

Die Armille, ein System aus ineinander gelagerten, drehbaren Kreisringen, welche die Hauptkreise des Himmels darstellen, macht es möglich, durch Visiereinrichtungen auf den Ringen die Gestirnskoordinaten zu messen.

Wiederum nicht beweisbar, aber doch recht wahrscheinlich ist die Verwendung des Jakobsstabes durch Copernicus: Auf einem an die Augen gehaltenen Stab sind ein oder mehrere Querhölzer befestigt, die so in der Längsrichtung verschoben werden, bis zwei zu beobachtende Gestirne über das eine bzw. andere Ende des Querholzes gesehen werden können. Aus dem Abstand des Querholzes zum Auge (ablesbar auf einer Skale) ist in Verbindung mit dessen Länge der Abstand zwischen beiden berechenbar (B.R. Goldstein, The astronomy of Levi ben Gerson, 1985).

Besonders der Quadrant, aber auch der Jakobsstab, wurde im 16. Jahrhundert nicht nur als astronomisches Instrument viel angewendet, sondern daneben zur Vermessung im Gelände, für die zivile oder militärische Bestimmung der Höhe oder der Entfernung von Gebäuden sowie in der Militärtechnik als Geschützaufsatz.

Die offensichtliche Unvollkommenheit des Instrumentariums von Copernicus ist nur unter der Voraussetzung zu erklären, daß er sich selbst nicht als beobachtender Astronom verstand. Dennoch beklagte er die so nördliche Lage Frauenburgs, durch welche die Planeten oft nur in großer Horizontnähe gesehen werden können, zudem infolge häufiger Dunst- und Nebelbildung des nahe gelegenen Frischen Haffs beeinträchtigt. Er beneidete die „Alten", die „durch einen klaren Himmel begünstigt" waren, „weil ja nach ihren Berichten der Nil keine solchen Dünste aufsteigen läßt wie bei uns die Weichsel" (NCGA 3.1, Kap. 5.30).

Das oben gegebene Beispiel der Mondbeobachtung steht zugleich dafür, wie Copernicus seine Beobachtungsdaten registrierte. Die Stundenzählung erfolgte wechselnd vom Mittag oder der Mitternacht aus, er zählte die gleichlangen Stunden. Letzteres sei näher erklärt: Seit alter Zeit gab es (unter anderen) die beiden Arten der Stundenzählung nach den ungleichen oder Temporalstunden und den gleichlangen oder Äquinoktialstunden. Die ungleichen Stunden erhält man, wenn die Zeit zwischen Sonnenauf- und -untergang bzw. Sonnenunter- und -aufgang jeweils in zwölf gleiche Teile geteilt werden. Die Länge dieser Stunden wechselt mit den Jahreszeiten, von Tag zu Tag. Im Resultat sind die Tagesstunden im Winter und die Nachtstunden im Sommer im Minimum nur etwa 40 Minuten lang, dagegen die Nachtstunden im Winter und die Tagstunden im Sommer bis zu 80 Minuten. Für höhere Bedürfnisse der Zeitmessung war dies selbstverständlich unbequem, weil zeitraubende Berechnungen die Folge gewesen wären, wollte man verschiedene Angaben untereinander vergleichbar machen. Aus diesem Grund bildete man eine durchschnittliche Zeitstunde von 60 Minuten, wie an den Tagen der Frühlings- und Herbst-Tagundnachtgleiche. Ihre Berechnung erläutert Copernicus im Kapitel 2.8 seines Werkes (NCGA 3.1).

Die Bestimmung der Stunden dürfte Copernicus mittels geeigneter Sternbeobachtungen vorgenommen haben. Als Instrument der Zeitbewahrung wird ihm eine Wasseruhr, vielleicht eine Sanduhr gedient haben, doch hat Copernicus dazu nichts mitgeteilt. Mit diesem Verfahren ließen sich die halben, drittel, viertel, achtel und zwölftel Teile der Stunden mit ausreichender Genauigkeit messen. Für eine bis auf Minuten gehende Zeitangabe reichten diese Hilfsmittel allerdings nicht aus.

Viel gerätselt und gestritten wurde darum, wo Copernicus seine Stätte der Himmelsbeobachtungen in Frauenburg eingerichtet hatte. Lange glaubte man, die Sternwarte des Copernicus in dem Turm sehen zu dürfen, den der Domherr als Wohnsitz für Zeiten der Gefahr hergerichtet hatte. „Hier, auf einsamer Warte droben über dem Haff und der Domstadt Frauenburg, wurde die Welt aus den Angeln gehoben. Hier wurde die Grundlage für eine neue Anschauung vom Weltall geschaffen", schrieb der Copernicus-Forscher Eugen Brachvogel mit poetischem Schwung (E. Brachvogel, Die Sternwarte des Copppernicus, 1939–42, S. 354). Zwar gewährte der Turm eine weite Sicht auf das Land, war dennoch mit seinen kleinen Fenstern zur Handhabung astronomischer Instrumente, selbst

kleiner Handgeräte, ungeeignet. Als Ausweg bot sich der vom Turm aus-
gehende Wehrgang an, dessen Verwendung als Beobachtungsplattform
lange vermutet wurde, wie es Johann Bernoulli beschrieb: „es gehet auch
ein kleiner Altan von diesem Zimmer nach dem nahe liegenden großen
Glockenthurm, welcher Altan unter freyem Himmel, nach den Umständen zum nämlichen Behuf dienete" (J. Bernoulli, Reisen durch Brandenburg, Pommern, Preußen, Bd. 3, 1779, S. 18). Doch daraus resultierten
neue Schwierigkeiten der Erklärung, die vor allem darin begründet sind,
daß Copernicus seinen Haushalt hauptsächlich im außerhalb der Dombe-
festigung gelegenen Allodium führte, während der Turm lediglich eine
Notunterkunft für Gefahrenzeiten war. Wenn Copernicus bei seinem Allodium ein Garten zur Verfügung stand, warum sollte er dann zu nächt-
licher Stunde auf den Domberg gehen und seinen Turm besteigen? Mehr
als einen befestigten Platz benötigte Copernicus für seine Sternwarte ohnehin nicht – an einen Ort mit umfangreichen Baulichkeiten ist nicht zu
denken. Noch auf Zeitgenossen des Copernicus geht eine Erzählung zurück, in der die Sternwarte mit Gerüst, Wall und Beobachtungssitz
erwähnt wird, ohne an den Turm oder den Wehrgang zu erinnern. Erst
später spricht man vom Turm und einer ihn umgebenden „Galerie" als
dem Beobachtungsort.

Im Garten des Allodiums, das den Charakter eines kleinen Wirtschafts-
hofes hatte, war für die Aufstellung der Instrumente sicher genug Platz
vorhanden, wohingegen der Wehrgang beispielsweise für die Aufstellung
des Dreistabs mit einer Länge des Visierstabes von etwa 2 Metern, mit
dem in völliger Dunkelheit gearbeitet werden mußte, viel zu schmal war.
Zwischen 1966 und 1969 wurden an mehreren Stellen in der Nähe des
ehemaligen Grundstücks von Copernicus Untersuchungen, Probebohrun-
gen und elektrische Messungen, vorgenommen, um eine befestigte Platt-
form aufzufinden. Zwar kam gotisches Mauerwerk ans Tageslicht, doch
gelang ein eindeutiger Nachweis der Beobachtungsstätte nicht. Wie dem
auch sei, wissenschaftlich betrachtet ist die Entscheidung unerheblich, da
zwischen beiden möglichen Beobachtungsorten nur ein Fußweg von etwa
140 Metern liegt.

Die vier mal neun Jahre des Ringens mit der Darlegung einer neuen
Astronomie dürfen nicht so verstanden werden, daß Copernicus in seiner
Studierstube saß und ungestörte Muße hatte, sich der Welt der Gestirne zu
widmen. In Fortsetzung der oben schon dargelegten Aufgaben im Dienst
des Bischofs und des Frauenburger Kapitels warteten immer wieder die
unterschiedlichsten, auf verschiedene Weise anspruchsvollen Ämter und
Aufgaben auf den Gelehrten und Verwaltungsbeamten im höheren

Dienst. In den Jahren 1520, 1524/25 und 1529 wurde er erneut zum Kanzler des Kapitels berufen, vermutlich 1530 wieder zum „magister pistoriae", 1538 übertrug ihm das Kapitel die „Mortuarie", die Verwaltung der Totengedächtnisstiftungen und schließlich 1541 die Führung der Dombaukasse. Letzteres bedeutete die Leitung der Ziegelei, der Lehmgewinnung auf dem Ziegelacker, der Sicherung der Brennholzversorgung sowie den Verkauf bzw. die Verteilung von Ziegelsteinen und Kalk an die Domherren und Einwohner der Stadt. Diese einzelnen Verwaltungsaufgaben waren jedoch nicht vergleichbar mit den Anforderungen, denen sich Copernicus zwischen 1517 und 1526 zu stellen hatte, für die er seine organistorischen Fähigkeiten und seine Kenntnis des Rechts- und Verwaltungswesens unter Beweis zu stellen hatte. Kurz vor 1517, Copernicus wird sicher nach der Darlegung seiner Grundgedanken eines neuen astronomischen Systems im „Commentariolus" mit großen Erwartungen an der detaillierten Entwicklung seines Systems gearbeitet haben, wandte er sich einem ganz anderen Thema zu.

Die drei preußischen Territorien, das Königliche Preußen, das Ordensland und das Bistum Ermland bildeten trotz unterschiedlicher politischer Orientierungen eine wirtschaftliche Einheit, mit grenzüberschreitender Geltung der in Danzig, Elbing, Thorn (für das Königliche Preußen) und Königsberg (für das Ordensland) geprägten Münzen (Ermland besaß keine Prägestätte). Seit Ende des 14. Jahrhunderts setzte eine extreme Qualitätsverschlechterung der Münzen ein, die sich im Rückgang des Feingehaltes an Silber von 980/1000 bis 1516 auf 262/1000 niederschlug. Die Folge waren Störungen im Handelsverkehr, der Verteilung der Waren, also wirtschaftliche Beinträchtigungen. Da der Nominalwert weit über dem des Silbergehaltes lag, wurden die alten, voll- oder doch wenigstens höherwertigen Münzen eingeschmolzen und durch Umprägung in minderwertige ein Gewinn in Form der Differenz des Silbergehaltes erreicht. Der schon 1516 extrem niedrige Edelmetallgehalt sank bald noch weiter infolge der aggressiven Politik des Ordensmeisters, dessen Weigerung, dem polnischen König den schuldigen Lehnseid zu leisten, 1520 zum Ausbruch kriegerisch ausgetragener Feindseligkeiten führte.

Copernicus wurde mit diesem Problemkomplex des Münzwesens schon 1504, gerade von seinen Studien in Italien zurückgekehrt, auf dem Ständetag in Elbing konfrontiert (Die Geldlehre des Nicolaus Copernicus, 1978). Schon damals mag der junge Gelehrte auf das Thema aufmerksam geworden sein. Am 15. Aug. 1517 legte Copernicus zum erstenmal seine Überlegungen zu einer Münzreform in lateinischer Sprache schriftlich nieder. Die kurze Abhandlung, im viel späteren Druck etwas mehr als 120

Zeilen, besitzt den Charakter eines auf Verlangen angefertigten Forschungsberichtcs.

Münze ist geprägtes Gold oder Silber und dient dazu, die Preise käuflicher und verkäuflicher Dinge zu berechnen und zu zahlen, je nach Festlegung durch das Gemeinwesen oder dessen Oberhaupt. Sie ist also gewissermaßen das Maß für Bewertungen. Nun muß aber das Maß immer eine feste und beständige Größe haben, sonst würde die Ordnung des Gemeinwesens zwangsläufig gestört. Denn die Käufer und Verkäufer würden ebenso mannigfach betrogen werden, als wenn die Elle, der Scheffel oder das Gewicht nicht mehr ihre bestimmte Größe hätten. Als ein solches Maß betrachte ich daher die Bewertung der Münze selber; und obgleich diese auf der Güte des Materials beruht, muß man dennoch zwischen Geltung und Bewertung unterscheiden. Denn eine Münze kann höher bewertet werden als das Material, aus dem sie besteht, und umgekehrt.

(Die Geldlehre des Nicolaus Copernicus, 1978, S. 25)

Mit diesen Worten beginnt Copernicus seine Darlegungen und setzt fort mit einer Untersuchung der Ursachen der Geldentwertung, die er sowohl in einer größeren Beimischung von Kupfer, einem zu geringen Gesamtgewicht, in einer zu großen Menge umlaufenden Geldes, als auch in großer Abnutzung der Münzen sieht. Deshalb sollten regelmäßig, aber immer nur soweit erforderlich, neue Münzen geprägt und im gleichen Maße die alten aus dem Umlauf gezogen werden. Gerade letzteres werde jedoch von den Prägestätten der preußischen Münzen nicht getan – Copernicus schreibt:

Der größte und unerträglichste Irrtum ist es aber, wenn der Landesherr oder der Inhaber der Staatsgewalt aus der Münzprägung einen Gewinn zu ziehen sucht, indem er nämlich der bisherigen Münze eine neue zur Seite stellt, die im Korn oder Schrot mangelhaft ist, aber angeblich die gleiche Bewertung wie die alte hat. Denn dieser betrügt nicht nur seine Untertanen, sondern auch sich selbst, weil er sich nur eines vorübergehenden und zumal geringen Gewinns erfreut, nicht anders als ein knauseriger Sämann, der schlechtes Saatkorn aussät, um das gute zu sparen. Er wird nämlich genau das ernten, was er gesät hat. Dies Übel verwüstet die Bewertung der Münze genauso wie der Rost das Getreide.

(Ebd., S. 27)

Aus diesen großen Gebrechen zögen lediglich die Goldschmiede einen Nutzen.

Sie lesen nämlich aus dem vermischten Geld das alte aus und verkaufen dann das ausgeschmolzene Silber. Auf diese Weise erhalten sie immer wieder neues Silber mit der Münze, die sie von den unerfahrenen Leuten erhalten. Und wenn dann jene alten Schillinge endlich ganz verschwunden sind, lesen sie die nächstbesten Stücke aus, so wie den Weizen aus den Trespen. O, daß doch dies alles gebessert würde, solange es noch Zeit ist und ehe ein großer Fall geschieht.

(Ebd., S. 29)

Dieses von den Goldschmieden geübte Ausschmelzen des Silbers war der erste Berührungspunkt von Copernicus mit dem verzweigten Komplex der Münzreform, denn auf dem Ständetag zu Elbing 1504 wurde beschlossen, den Goldschmieden das Einschmelzen alter, guter Münzen zu untersagen – offenbar mit geringem Erfolg. Eine Geldreform sei nach Copernicus' Meinung dringend erforderlich und er macht Vorschläge:

erstens sollte man höchstens eine Münzstätte vorsehen, in der nicht im Namen einer Stadt allein oder mit deren Wappen, sondern mit dem des ganzen Landes geprägt wird; zweitens sollte ohne Beschluß der Häupter des Landes und der Städte fernerhin keine neue Münze eingeführt werden; drittens sollte durch unverletzlichen Beschluß festgelegt werden, nicht mehr als 20 Mark aus einem Pfund Feinsilber zu schlagen.

(Ebd., S. 29)

Um einen Eindruck von der Sprache zu geben, die Copernicus im täglichen Umgang, außerhalb gelehrter Betätigungen, eigen war, sollen aus der 1519 ins Deutsche übertragenen Denkschrift die ersten Sätze eingeschoben werden, die mit obigem Zitat aus der Übersetzung der lateinischen Fassung verglichen werden können:

Muncze wyrdt genennet geczeichent goldt adir sylber, domyte die geldunge der kouflichen adir vorkouflichen dinge geczalet werden nach ein-

satczunge eyner itzlichen gemeyne adir derselben regirer. Hierauß ist
zcu vormercken, das eyne maeß ist die werdirunge. Nu ist von noten,
das eyne maeß allczeyt habe einen festen und bestendigen standt; denne
wo das nicht gehalten, folget van noten, das dye ordnunge eynes gemey-
nen nutczes vorruckt, ouch die koufer und vorkoufer mannichfaltig betrogen werden, alße wo die ele, der scheffel adir gewicht nicht eynen gewissen stant behilde; dyeser gestalt wyrt vorstanden eyne maeß die ach-
tunge und werdyrunge der muncze.

(Ebd., S. 33)

Diese Übersetzung fertigte Copernicus gegen Ende des Jahres 1519 an,
wohl zur Vorlage auf dem kommenden Landtag. Wegen des inzwischen
ausgebrochenen Krieges zwischen dem Deutschen Orden und Polen, in
dem Ermland und Königspreußen 1520/21 verwickelt waren, kam dieses
Gutachten erst auf dem Landtag von Graudenz/Grudziądz am 21. März
1522 zur Verhandlung. Bemerkenswert ist, daß Copernicus dort in einem
mündlichen Zusatz, der protokollarisch festgehalten wurde, für die Angleichung der preußischen an die polnische Münze plädierte, damit das
Problem der Münzreform in einen überterritorialen Rahmen setzt.

Bild 60 Seit 1517 befaßte sich Copernicus für zehn Jahre mit einer Reform des preußischen
Münzwesens. Seine Vorschläge waren zwar wissenschaftlich fundiert, scheiterten jedoch in we-
sentlichen Punkten am Partikularismus der Prägestätten.
Ein Wucherer leiht einem verarmten Adligen Geld. Holzschnitt, Straßburg 1487.

Damit war die Angelegenheit für Copernicus nicht erledigt. Eine Reform des Münzwesens war nicht zustandegekommen, die Münzverschlechterung ging weiter. Neben seiner Arbeit am astronomischen Werk, die er Anfang der 20er Jahre mit dem Beginn der Niederschrift des Manuskripts voranbrachte, und aufwendigen Verwaltungstätigkeiten, von denen im Anschluß zu reden sein wird, verfolgte er das Problem der Münzreform weiterhin sehr aufmerksam mit dem Blick eines mathematisch geschulten Theoretikers. Zwischen Anfang 1525 und Mitte 1526 legte er seine Gedanken erneut und erweitert in schriftlicher Form nieder. Er wiederholt nicht nur schon zuvor gesagtes, sondern kommt zu terminologisch präziseren Fassungen, verfolgt das Problem in weiteren Verzweigungen und legt Wert auf eine quantitative Untermauerung seiner Reformvorschläge, die deutlicher herausgearbeitet werden als zuvor:

Erstens: Ohne reifliche Beratung der Ältesten und ohne einstimmigen Beschluß darf die Münze nicht erneuert werden. Zweitens: Falls irgend möglich, sollte höchstens ein Ort für die Inbetriebnahme einer Münze vorgesehen werden, in der nicht im Namen eines einzigen Gemeinwesens, sondern des ganzen Landes und mit dessen Wappen Münzen geprägt werden. Die Wirksamkeit dieses Grundsatzes bestätigt die polnische Münze, die allein deshalb ihre Bewertung über alle Landesteile hinweg zu bewahren imstande ist. Drittens: Bei der Ausgabe neuer Münzen müssen die alten verboten und eingezogen werden. Viertens: Es muß für immer als unverletzliches und unwandelbares Gesetz beachtet werden, daß höchstens 20 Mark und nicht mehr aus einem Pfund Feinsilber hergestellt werden dürfen, wobei die verauslagten Arbeitskosten abzuziehen sind. Die preußische Münze kann nämlich allein so zur polnischen in das rechte Verhältnis gesetzt werden, wenn 20 preußische Groschen ebenso wie 20 polnische auf eine preußische Mark gehen. Fünftens: Es muß verhindert werden, daß zu viele Münzen geprägt werden. Sechstens: Die einzelnen Münzwerte sind gleichzeitig herzustellen.

(Ebd., S. 63 und 65)

In der Wirtschaftsgeschichtsschreibung erfuhren diese Arbeiten von Copernicus eine hohe Bewertung als „schlechterdings die bedeutendste geldtheoretische Leistung des 16. Jahrhunderts" (I. Jastrow, Kopernikus' Münz- und Geldtheorie, 1914, S. 750), mit der sich der Astronom Copernicus, der er eben nicht nur war, als „der bedeutendste ökonomische Denker nach Aristoteles und vor der bürgerlich-klassischen Epoche der

Wirtschaftstheorie" auswies (Die Geldlehre des Nicolaus Copernicus, 1978, S. 7). Unter anderem erwies es sich, daß das nach dem englischen Bankier Thomas Gresham benannte Gesetz des Verschwindens höherwertiger Münzen zugunsten schlechterer, erstmals von Copernicus erkannt wurde. So treffend die Untersuchungsergebnisse von Copernicus auch waren, ihre praktische Umsetzung gelang nur ganz unvollkommen. Daran änderten die zur Zeit der Abfassung der dritten Denkschrift eingetretenen politischen Wandlungen nichts: Am 10. April 1525 wandelte der bisherige Hochmeister des Deutschen Ordens nach seinem Übertritt zum Protestantismus das Ordensland in ein weltliches Herzogtum um.

Zunächst schien es jedoch, als wäre den Vorschlägen von Copernicus eine größere Wirksamkeit beschieden. Ende 1523 wurde nämlich Danzig ermächtigt, Schillinge zu prägen, die in fester Relation zum polnischen Groschen standen, doch statt 20 Zählmark wurden fast 31 aus einem preußischen Pfund Feinsilber geschlagen, so daß ein Danziger Schilling statt der von Copernicus geforderten 0,31 g nur 0,20 g Feinsilber enthielten. Schon drei Jahre später mußte die Prägung eingestellt werden. Im Oktober 1526 legte der polnische König, einen Gewinn aus der Münzprägung für sich beanspruchend, einen neuen Münzfuß verbindlich fest, demzufolge aus der preußischen Mark Feinsilber 12,25, anstelle der von Copernicus empfohlenen 10 Zählmark zu prägen seien und das Austauschverhältnis von Silber zu Gold mit ca. 7:1, statt 12:1 festgeschrieben wurde. Obwohl die westpreußischen Räte, eine Erhöhung ihrer Renteneinkommen erstrebend, und die Vertreter der Städte, die aus dem Unterlaufen der Vereinheitlichung des Münzwesens gegenüber dem König eine größere Selbständigkeit erstrebten, sich hinter die Vorschläge von Copernicus stellten, setzte der polnische König seine Forderungen durch. Damit scheiterte die wissenschaftlich fundierte Münzreform von Copernicus an kurzsichtigen machtpolitischen und ökonomischen Interessen.

Von solchen größeren Arbeiten, wie den Denkschriften zur Münzreform abgesehen, forderten die verschiedensten Verwaltungsaufgaben, die Copernicus im Laufe der Zeit innehatte, sein ökonomisches Verständnis heraus. Für das Jahr 1530 gibt es ein aktenkundig gewordenes Beispiel. Wiederholt wurden auf den preußischen Landtagen Verordnungen zur Regulierung der Lebensmittelpreise verhandelt, die angesichts der Schwankungen des Geldwertes immer wieder erforderlich waren. Im Jahre 1529 hatte König Sigismund angeordnet, daß auf dem kommenden Landtag „vermöge der Landes-Ordnung die Esswaaren einen gewissen Preis bekämen" (L. Prowe, N. Coppernicus, 1.2, S. 213). In diesem Zusammenhang dürften zwei mit Copernicus' Namen versehene, wenn auch von fremder Hand stammende Texte aus den Frauenburger Kapitelakten zu sehen sein, in denen „Doctor Nicolaus Coppernic" Sätze zur Berechnung des Brotpreises in Abhängigkeit vom Preis des Getreides ableitet, die zunächst für das Kapitelgebiet galten, später jedoch auf das gesamte Bistum Ermland übertragen wurden.

Neben den vielfältigen Verwaltungsaufgaben war das wichtigste Amt des Frauenburger Kapitels das des „Landprobstes", des „Kapiteladministrators" für die Kammerämter Allenstein und Mehlsack („venerabilis capituli Warmiensis ecclesie bonorum communium administrator"). Jedes Jahr am Tag des Hl. Martin, dem 11. November, wurde ein Mitglied mit der Wahrnehmung dieser Aufgabe betraut, gelegentlich erfolgte eine Berufung mehrmals hintereinander. Der Administrator besaß deshalb eine besondere Bedeutung, weil er für die termingerechte Einziehung des Grundzinses und anderer Abgaben, die dem Domstift aus seinen Städten, Dörfern, Mühlen und Krügen zustanden, verantwortlich war. Über die in diesem Zusammenhang erfolgten Einnahmen und Ausgaben in Geld- und Naturalienform hatte der Administrator dem Kapitel jährlich Rechenschaft zu legen. Neben dem Ertrag aus den Domänen, Seen und Forsten bestritt das Domkapitel aus diesen Einkünften einen wesentlichen Teil seiner Kosten – beispielsweise erhielt jeder Kanoniker den Zehnten von jeweils 20 Hufen. Da ein vollständiger Ertrag nur dann eingezogen werden konnte, wenn eine optimale Bewirtschaftung des gesamten kapitulären Grundeigentums erfolgte, war der Administrator für die restlose Besetzung aller dem Kapitel zinspflichtiger Hufen, Mühlen und Krüge verantwortlich, was besonders in den unruhigen Zeiten kriegerischen Geschehens nicht einfach war. Im 15. Jahrhundert waren durch den 13jährigen Städtekrieg 1454–60 und den sog. Pfaffenkrieg 1478/79 weite Teile des Landes verwüstet, viele Bauern waren geflohen. Doch sofort strebte der jeweilige Administrator die Wiederbesiedlung an, dem Kapitel über alle Vorgänge mit sorgfältigen Aufzeichnungen, den „Locationes mansorum desertorum", Rechenschaft legend. Während die Verwaltung der in der Nähe von Frauenburg gelegenen kapitulären Besitzungen vom Dom aus erfolgte, residierte der Administrator der Kammerämter Allenstein und Mehlsack im Schloß von Allenstein. Dieses Amt erforderte verständlicherweise große Umsicht, Kenntnisse in der Verwaltung und dem Leben in den Dörfern sowie die Fähigkeit zu selbständiger Tätigkeit in einem Aufgabengebiet von weitreichenden Folgen für das Kapitel.

Copernicus wurde am 11. November 1516 zum Administrator ernannt und führte dieses Amt zunächst für drei Jahre, doch schon ab 1520 bis zum Juni des folgenden Jahres erneut. Da er in dieser Zeit auf Schloß Allen-

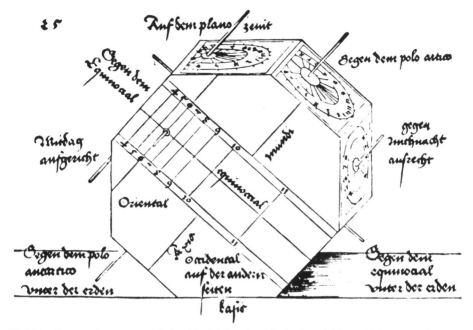

Bild 61 Sonnenuhren waren bis ins 18. Jahrhundert hinein der wichtigste Zeitmesser. Seit dem späten Mittelalter befanden sie sich häufig an Kirchen und Bürgerhäusern, in Schlössern, Burgen und Klöstern und waren als Reisesonnenuhren verbreitet.
Entwurf einer Sonnenuhr mit mehreren Zifferblättern, Albrecht Dürer, Underweisung der messung. Nürnberg 1525.

stein lebte, darf angenommen werden, daß er dorthin seine astronomischen Instrumente mitnahm und sich eine zweite Beobachtungsstätte einrichtete, wie mehrere bekanntgewordene Beobachtungen belegen. Aus seiner Amtszeit haben sich lange die eigenhändig geführten „Locationes mansorum" erhalten; ein Teil wurde im 2. Weltkrieg vernichtet, glücklicherweise zuvor kopiert (N. Copernicus, Complete works, Vol. 3, 1985, S. 224–252). Die Lokationsregister geben Auskunft über die ausgedehnten Fahrten des Administrators über das Land, auf denen ihm häufig ein Begleiter assistierte. Für das Amtsjahr 1517 trug Copernicus 32 Vorgänge in das Register ein, 1518 waren es 24 und 19 im Jahr 1519. „Nicolaus Coppernic" verzeichnete verlassene Hufen, registrierte das vorhandenen Gerät, setzte den neuen Pächter ein, übergab Saatgut und Vieh oder gewährte eine finanzielle Beihilfe und befreite den Neusiedler für einige Zeit von Abgaben, wie Zehnt- und Zinsleistungen, Kriegs- und Burgendienst sowie Fronarbeit auf den kapitulären Besitzungen – übrigens waren die ermländischen Bauern nicht leibeigen, mußten sich jedoch, wollten sie ihr Land verlassen, loskaufen, oder ihr Land unter Auflagen des Kapitels veräußern (M. Kopernika, Lokacjełanow opuszczonych, 1970). Oft stand Copernicus bei der Ausübung der Amtshandlungen der Dorfschulze zur Seite, der dem Administrator ebenso wie die städtischen Beamten und alle Geistlichen, unterstellt war. Neben den Aufgaben auf dem Lande war der Administrator zur Instandhaltung des Schlosses Allenstein verpflichtet, die Waffen und das gesamte Kriegsgerät eingeschlossen.

Copernicus verbrachte insgesamt fast vier Jahre auf Schloß Allenstein, eine Zeit, die alles andere als stille Zurückgezogenheit für den gelehrten Verwaltungsbeamten bedeutete. Die Arbeit war erschwert durch bestän-

Bild 62 Zu Copernicus' Aufgaben als Kapiteladministrator in Allenstein gehörte die Erhaltung der militärischen Verteidigungsfähigkeit des Schlosses.
Landsknecht mit verschiedenen Feuerwaffen, von der Wallbüchse bis zur schweren Kanone, Holzschnitt, 1. Hälfte 16. Jahrhundert.

dige bewaffnete Übergriffe aus dem Ordensland. Im Herbst 1517 wurden die Handelsbeziehungen zwischen dem Ordensgebiet und Ermland abgebrochen und in den königspreußischen Ländern die allgemeine Kriegsrüstung angeordnet. Söldner im Dienst des Hochmeisters brannten die Vorstädte von Mehlsack nieder und bedrängten Braunsberg. Der Hochmeister selbst antwortete auf Beschwerden ausweichend, suchte Entschuldigungen – und Verbündete für künftige militärische Eroberungen. In dieser Situation schickte der polnische König Schutztruppen und beraumte für Dezember 1519, Copernicus war gerade nach abgelaufener Amtszeit nach Frauenburg zurückgekehrt, nach Thorn einen Reichstag an, zu dem auch der Ordensmeister geladen war – der es vorzog, nicht zu erscheinen. Dafür kamen bald dessen Söldner und 15 Monate währte der sog. „Fränkische Reiterkrieg", nach den Berichten der Chronisten arm an mutigen Taten, aber reich an Gräueln und Verheerungen im Lande, an Übergriffen, an Bedrängungen und Tod der notleidenden Menschen.

Nachdem für ein Jahr der Domherr Johannes Crapitz als Administrator in Allenstein fungiert hatte, schien es dem Kapitel angezeigt, dort in Anbetracht der gefährlichen Situation einen besonders befähigten Vertreter zu haben und wählte im Nov. 1520 erneut Copernicus. Die Kapitelmitglieder hatten sich bald in Sicherheit gebracht, waren nach Elbing oder Danzig geflohen; nur drei Domherren blieben im Bistum. Die Ordenstruppen verheerten das Land, eroberten mehrer kleine Städte, stießen aber ebenso auf Widerstand, wie in Guttstadt, wo der Domherr Fabian Emmerich (Copernicus vermachte ihm später testamentarisch ein medizinisches Handbuch) die Verteidigung zunächst erfolgreich sicherte, bis die Stadt durch Verrat dennoch fiel. Die in Ermland verbliebenen Domherren wurden also ungeachtet ihres geistlichen Standes in die militärischen Ereignisse hineigezogen, und der ermländische Archidiakon Johannes Sculteti mahnte Copernicus am 15. Februar 1521 standhaft zu bleiben, „die Hände fest zusammen halten und sie nicht zur Übergabe des Schlosses zu öffnen" (L. Prowe, N. Coppernicus, Bd. 1.2, 1883, S. 121). Doch Heilsberg wurde nicht ernstlich angegriffen und blieb fast der einzige, dem Kapitel erhaltene Besitz.

Als im Frühjahr 1521 die Kriegshandlungen abflauten, nahm Copernicus sogleich seine gewohnte Tätigkeit als Administrator auf, um die arg betroffene bäuerliche Arbeit zu reorganisieren. Viele Bauern hatten ihre Höfe verlassen, nicht alle kehrten zurück. Die Aufzeichnungen der in dieser Zeit erfolgten Besetzungen sind nach der Niederschrift Tiedemann Gieses überliefert, der Copernicus im Sommer 1521 in Allenstein ablöste. Auf Copernicus warteten andere Aufgaben. Das Protokoll der Kapitelsitzung vom 20. August 1521 bezeichnet ihn als „Warmiae commissarius", dessen rechtliche Stellung lange unklar blieb, zumal es sich um eine ad hoc-Einrichtung für Copernicus unter dem Druck der außergewöhnlichen Zeitumstände handelte (W. Thimm, Nicolaus Copernicus Warmiae Commissarius, 1971). Im Frühjahr 1521 hatte der polnische König die in Frauenburg stationierten polnischen Kontingente angewiesen, nach Beendigung der Kämpfe mit den Ordenssöldnern den Dom an das Kapitel zu übergeben. Da das Kapitel nicht vollständig erscheinen konnte, entsandte es Copernicus mit den Vollmachten, den Dom und das Kammeramt Frauenburg zu übernehmen, die Kriegsschäden zu beseitigen, und die kapituläre Verwaltung wieder einzurichten.

Doch sehr rasch brachten neue Ereignisse von großer Tragweite Aufregung in das Leben der Domherren, sicher auch heftige Diskussionen: Im fernen Wittenberg hatte Martin Luther eine mächtige Bewegung zur Reform der christlichen Kirche eingeleitet, die seit 1518 begonnen hatte, sich in den preußischen Landen auszubreiten. Im Sommer 1520 hatte der polnische König Sigismund strenge Strafen für die Einführung und Verbreitung lutherischer Schriften angedroht. Doch als 1521 in Thorn ein päpstlicher Legat versuchte, das Bild und die Bücher Luthers öffentlich zu verbrennen, wurde er mit einer aufgebrachten Menschenmenge konfrontiert, vor der er die Flucht zu ergreifen gezwungen wurde. Im benachbarten Ordensland nahm der Abfall von der Papstkirche konkrete Formen an und so begann auch im Ermland die Verbreitung reformatorischen Gedankenguts. Kardinal Fabian von Loßainen, der ermländische Bischof, schien diese Bestrebungen stillschweigend zu begünstigen, sprach sich jedenfalls nicht gegen sie aus und forderte eine rein geistige Auseinandersetzung. Doch er starb am 30. Januar 1523, worauf Copernicus, wiederum in einer angespannten Zeit, zum Generaladministrator Ermlands gewählt wurde, bis im Herbst Mauritius Ferber, bis dahin Frauenburger Domkustos, den Bischofsstuhl bestieg. Das halbe Jahr der Administratortätigkeit mit weitgehenden bischöflichen Befugnissen für Copernicus brachte mancherlei politische Wirren mit sich, denn nach Fabians Tod betrieb einerseits der Deutsche Orden in Rom die Angliederung Ermlands an den Ordensstaat, während andererseits polnisch gesinnte Kräfte den Anschluß an das Königreich suchten. Dementgegen erreichte Copernicus die Rückgabe der letzten, seit den kriegerischen Auseinandersetzungen mit den Kreuzrittern noch in deren Hand befindlichen ermländischen Gebiete.

Die Reformation erzielte anfänglich einige Erfolge, beispielsweise in Braunsberg. Dagegen ergriff Mauritius Ferber sofort entschiedene Maßnahmen und verbot am 20. Januar 1524 allen Geistlichen die öffentliche, wie private Disputation über Luthers Werke und wies an, darauf zu achten, daß in der Kirche keine Neuerungen um sich griffen:

Wir hielten uns fest überzeugt, dass jene Lutherische Sekte, welcher die meisten Christen sich jetzt zuwenden, durch ihre Frechheit selbst ihren Untergang finden werde... Denn wahrlich, Gott wird nicht immer zürnen oder vergessen, sich unser zu erbarmen. Er wird nicht dulden, dass Seine Kirche, welcher Er auf einen Felsen gebaut und mit dem Blute so vieler tausend Märtyrer geheiligt hat, von den andrängenden Wogen der ketzerischen Sturmfluthen erschüttert, Schiffbruch leide.

(L. Prowe, N. Coppernicus, Bd. 1.2, 1883, S. 169)

Die Verbote wurden von den Frauenburger Domherren wohl im wesentlichen eingehalten, doch ohne religiöses Eifertum. So besuchte der in diplomatischen Diensten erfahrene Frauenburger Domherr Johannes Danticus 1523 die Häupter der Reformation in Wittenberg und stand mit Melanchthon noch lange in freundlichem Briefwechsel; Copernicus empfing später monatelang den Wittenberger Professor und Melanchthonschüler Rheticus, mit dem er einige Wochen bei Tiedemann Giese an dessen Löbauer Bischofssitz weilte und unterhielt mit ausdrücklicher Genehmigung des Domkapitels Beziehungen zum protestanischen Herzog Albrecht von Preußen.

Über die Haltung von Copernicus zur Reformation lassen sich einige Schlüsse aus dem Werk seines Freundes Giese „Flosculorum Lutheranorum antilogistikon" ziehen, eine Erwiderung auf lutherische Thesen des samländischen Bischofs Georg von Polentz. In dieser Schrift betont Giese ausdrücklich, daß dessen Inhalt die Billigung von Copernicus erhalten hatte, der ihn auch drängte, seine Gedanken durch den Druck bekannt zu machen, welcher 1525 in Krakau erfolgte. Giese setzt sich mit dem reformatorischen Gedankengut sehr moderat auseinander, anerkennt die von der Reformation ausgehenden sittlich-religiösen Impulse sowie überhaupt die Reformbedürftigkeit der katholischen Kirche, möchte diese jedoch von innen her umgestalten, ohne ihren Bestand infrage zu stellen. Nie versagt Giese dem Andersdenkenden seine Achtung, auch nicht da, wo er dessen Ansichten bekämpft, und schreibt:

Einen grossen Theil meiner Abhandlung habe ich so abgefasst, dass sie fast mehr dem Gegner als mir dient; ich wollte letzteren gern nachgiebig und sanft stimmen, nimmermehr erzürnen.

(L. Prowe, N. Coppernicus, Bd. 1.2, 1883, S. 180)

In der älteren Copernicus-Literatur wird gelegentlich behauptet, Copernicus habe in mehreren Städten Ermlands Wasserversorgungsanlagen errichtet, so auch zur Versorgung der Frauenburger Domburg. Dies ließ sich in keinem Fall bestätigen. Vielfach bestanden die Anlagen bereits lange vor Copernicus, an anderen Orten entstanden sie erst viel später, wie der „Kunstturm" der Frauenburger Anlage. Es handelt sich hier um Erzählungen, mit denen das Andenken an den großen Domherren ausgeschnückt werden sollte, wohingegen „Röhrenmacher", „Brunnenmeister" und andere Wasserkünstler archivalisch in den ermländischen Städten belegt werden können.

Aus der Zeit zwischen den verschiedenen Verwaltungstätigkeiten stammt ein Brief an den schon erwähnten gelehrten Bernhard Wapowski, Sekretär des polnischen Königs und päpstlichen Kammerherrn, den Copernicus von seiner Krakauer Studienzeit her kannte (N. Copernicus, Complete works, Vol. 3, 1985, S. 127–165). Am 3. Juni 1524 dankt er Wapowski für die Übersendung des Werkes des Nürnberger Mathematikers und Geistlichen Johannes Werner „De motu octavae sphaerae", das zwei Jahre zuvor in Nürnberg gedruckt worden war (J. Werner, In hoc opere haec continentur, 1522). In seinem Brief kritisierte er mit für ihn ungewöhnlich scharfen Worten Werners Darstellung der Präzessionstheorie sowie die Art und Weise dessen Umgangs mit antiken Beobachtungsdaten (in diesem Zusammenhang steht das schon auf S. 162 gegebene Zitat). Werner entwickelte in seinem Buch die von islamischen Gelehrten begründete sog. „Trepidationstheorie" der Präzession zu einer zweifelhaften Vollkommenheit. In Kürze gesagt bedeutet diese, daß das Vorrücken der Tag- und Nachtgleichen, des einen Schnittpunktes zwischen Himmelsäquator und Ekliptik, ungleichmäßig erfolgt und sich Zeiten der schnelleren Bewegung mit solchen eines langsameren Vorrückens abwechseln. Der Gegenstand der Kritik ist nicht so sehr die Annahme der ungleichmäßigen Präzessionsbewegung (die er selbst in abgewandelter Form als Librationsbewegung der Erde in seinem Hauptwerk entwickelt), sondern die spezielle Darstellung Werners und vor allem seine Behandlung der Beobachtungen aus antiker Zeit, die Unterstellung allzugroßer Fehler in der Arbeit der damaligen Astronomen. Letzteres war mit der großen (fast schon zu großen) Autorität, die Copernicus den antiken Beobachtern beilegte, unvereinbar. Zudem weist Copernicus Werners falsche Datierung einer Beobachtung von Ptolemäus nach, die nicht am 21. Februar 150, sondern am 25. September 138 ausgeführt wurde, wodurch Werner einen fehlerhaften Durchschnittswert der Präzession erhielt. Der Brief gegen Werner fand, ebenso wie der „Commentariolus" nur in handschriftlicher Form Verbreitung. Erst seit dem 19. Jahrhundert wurden mehrere Kopien in Berlin, Wien, Oxford und Uppsala aufgefunden.

KAPITEL 8

Rheticus und Copernicus – zwei Generationen und zwei Charaktere

Wenn auch mit dem „Commentariolus“ um 1515 eine für uns im Detail nicht genauer faßbare Verbreitung der Gedanken des Copernicus erfolgte, so erlangte seit den 30er Jahren die neue Astronomie wenigstens im Kreise der Fachleute einen größeren Bekanntheitsgrad. Im Sommer 1533 ließ sich Papst Clemens VII. in einem kleinen Kreis von Gelehrten und kirchlichen Würdenträgern durch seinen gelehrten Sekretär, den Orientalisten Johann Albrecht von Widmannstetter in den Gärten des Vatikan über das copernicanische System berichten (Bild 63). Es darf angenommen werden, daß dies mit der immer noch ausstehenden Kalenderreform zusammenhing. Möglicherweise schöpfte Widmannstätter sein Wissen aus einem Exemplar des „Commentariolus“, oder wurde durch Theoderich von Rheden, der 1532 in das Frauenburger Domkapitel eintrat und als dessen Vertreter in Rom weilte, informiert. Im Jahre 1539 kehrte Rheden nach Frauenburg zurück und wurde später einer der Testaments-

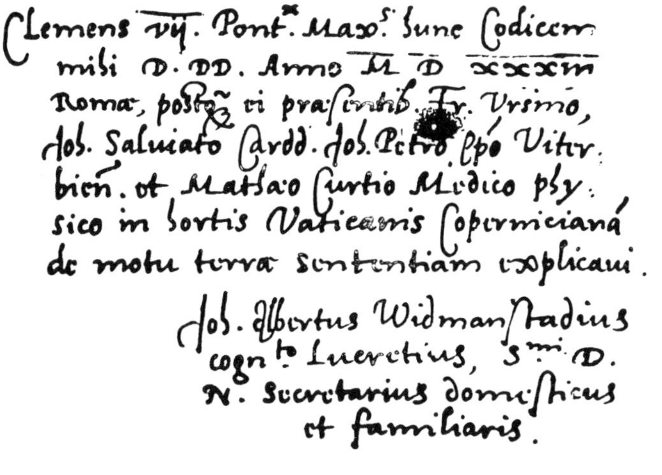
Clemens vii. Pont. Max. hunc Codicem
mihi D. DD. Anno M D xxxiii
Romae, postq. ei praesentib. Fr. Ursino,
Joh. Salviato Cardd. Joh. Petro Epo Viter-
bien. et Matthaeo Curtio Medico phy-
sico in hortis Vaticanis Copernicianam
de motu terrae sententiam explicaui.
Joh. Albertus Widmanstadius
cogn. Lucretius, S.mi D.
N. Secretarius domesticus
et familiaris.

Bild 63 Der päpstliche Sekretär Johann Albrecht von Widmannstätter berichtete im Sommer 1533 Papst Clemens VII. von den Forschungen des Copernicus und erhielt zum Zeichen des Dankes eine wertvolle griechische Handschrift. Auf dem Vorsatzblatt notierte er den Anlaß der Schenkung.

vollstrecker des Copernicus; 1551 erhielt er seine Ernennung zum Bischof von Lübeck. Clemens nahm den Bericht seines Sekretärs wohlwollend auf und überreichte ihm zum Dank eine wertvolle Handschrift des Traktats „De sensu et sensibili" des Alexander Aphrodisias, die heute in der Bayerischen Staatsbibliothek München aufbewahrt wird (Cod. gr. monach. CLI). Auf dem Titelblatt vermerkte Widmannstetter die Umstände, durch die er in den Besitz des Codex kam.

Etwa um diese Zeit hatte der Astronom Rainer Gemma Frisius Kenntnis von den Arbeiten des Copernicus erhalten. Seine Quelle war vermutlich der damalige königlich-polnische Gesandte am Hof Kaiser Karls V. und späterer ermländischer Bischof Johannes Dantiscus, ein erfahrener, humanistisch gebildeter Gelehrter. Der Briefwechsel zwischen beiden bestand viele Jahre und mehrfach sprachen sie über Copernicus. Am 20. Juli 1541 bekundete Gemma sein Interesse an der hochgepriesenen neuen Astronomie, die er gerne näher kennenlernen wollte, weil er sich von ihr bessere Grundlagen zur Berechnung der Gestirnspositionen erhoffte. Am 7. April 1543 spricht er die Erwartung aus, das im Druck befindliche Werk des Copernicus bald zu erhalten und bedauert die schwere Erkrankung des Autors.

Unter dem Datum des 1. November 1536 schrieb Kardinal Nikolaus Schönberg an Copernicus:

Als mir schon vor vielen Jahren aus aller Munde übereinstimmend von Deiner Tüchtigkeit berichtet wurde, schloß ich Dich allmählich immer mehr in mein Herz und gab unseren führenden Männern, bei denen Du in hohem Ansehen standest, meine Freude darüber Ausdruck, daß Dein Ruhm bei ihnen so herrlich erblüht. Ich hatte nämlich erfahren, daß Du nicht nur die Entdeckungen der alten Mathematiker glänzend verstehst, sondern sogar eine neue Welttheorie aufgestellt hast, in der Du lehrtest, die Erde bewege sich, die Sonne nehme den innersten Teil, ja geradezu die Mitte der Welt ein, die achte Sphäre bleibe ewig unbewegt und fest …

(NCGA 3.1.)

Im folgenden bittet er Copernicus um die Übersendung einer Abschrift seiner Untersuchungen. Der spätere Erzbischof von Capua, Sohn eines Kursächsischen Hofmarschalls und studierter Jurist, trat unter dem Einfluß Girolamo Savonarolas in den Dominikanerorden ein, war 1508 bis

1515 Generalprokurator seines Ordens und traf Weihnachten 1518 den ermländischen Bischof Fabian von Loßainen, während eines Aufenthalts bei Albrecht von Hohenzollern, zu dessen vertrautem Kreis sein Bruder gehörte. Möglicherweise hatte er bereits damals Kunde von den Forschungen des Copernicus erhalten (Bischof Fabian war mit Copernicus aus gemeinsamer Tätigkeit in Frauenburg gut bekannt), worauf sich der einleitende Satz seines Briefs beziehen könnte. Aber ebenso könnte Theoderich von Rheden, der nachweislich mit Nikolaus Schönberg in enger Beziehung stand, die Schlüsselfigur für die Kenntnis des Kardinals gewesen sein oder Johann Albrecht von Widmannstetter, der einige Zeit Sekretär des Kardinals war, bevor er in päpstlichen Dienst trat.

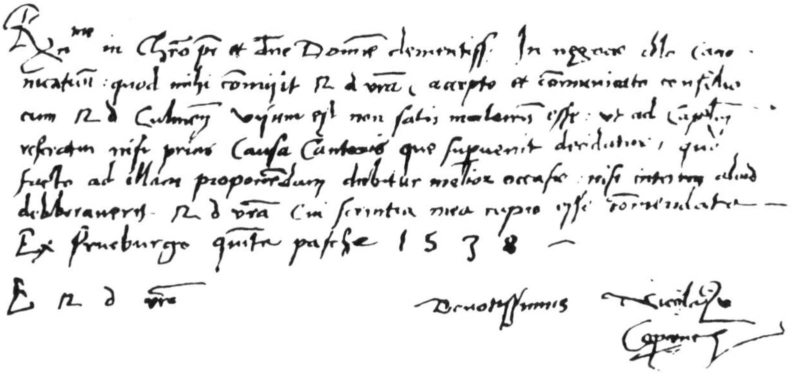

Bild 64 Nicolaus Copernicus an Bischof Johannes Dantiscus, Brief aus dem Jahre 1538.

Spätestens Ende der 30er Jahre war die Kunde der neuen, heliozentrischen Astronomie nach Wittenberg, dem Zentrum des Protestantismus, gelangt. Wir wissen davon durch eine Äußerung Martin Luthers, die er einmal bei Tische machte und die von einem der vielen Gäste notiert wurde. Am 4. Juni 1539 schrieb Anton Lauterbach, späterer Superintendent in Pirna/Sachsen, in sein Tagebuch, was Luther im Kreise seiner Vertrauten gesagt hatte (im Original sind einige Satzteile in lateinischer Sprache):

Es wurde ein neuer Astrologe erwähnt, der verbreiten wolle, die Erde bewege sich und nicht der Himmel, die Sonne und der Mond. Als ob jemand, der sich im Wagen oder Schiff bewege, glauben würde, er bliebe stehen und das Land und die Bäume würden sich bewegen. Aber es gehet itzunder also: Wer do wil klug sein, der sol ihme nichts lassen gefallen, das andere achten; er muss ihme etwas eigen machen, wie jener es macht, der die ganze Astronomie umkehren will. Auch wenn jene in Unordnung ist, glaube ich dennoch der Heiligen Schrift. Denn Josua hieß die Sonne stillstehen, nicht die Erde.

(M. Luther, Werke, Tischreden, 4. Bd., 1916, Nr. 4638)

Der aufmerksame Leser wird hier die vielzitierten Worte vermissen „Der Narr will die ganze Kunst Astronomiae umkehren". Wie erklärt sich dies? In der authentischen Wiedergabe Lauterbachs fehlen diese Worte tatsächlich, es heißt im Original „sicut ille facit", also im Kontext „jener Astronom" (wörtlich Astrologe). Diese wertneutrale Bezeichnung wurde erst in der Redaktion Johannes Aurifabers, dem ersten Herausgeber der gesammelten Tischreden Luthers, durch das wertende „Narr", das Luther nicht sprach, ersetzt. Offenbar standen Aurifaber nicht die Lauterbachschen Originalaufzeichnungen zur Verfügung, denn er gibt zudem mit der Setzung der Mitschrift in die erste Hälfte der 30er Jahre nur eine ungefähre und falsche Datierung. Bedauerlicherweise griffen Autoren, die entweder die angebliche generelle feindselige Haltung aller Theologen des 16./17. Jahrhunderts gegenüber dem Heliozentrismus, oder in einseitiger konfessioneller Polemik den Protestanten die erste Verdammung des Copernicus zuschreiben wollten, gerade auf die ungenaue Aurifabersche Rezension zurück, die sich für ihre Zwecke gut zu eignen schien – ganz abgesehen von den vielen Festtagsschreibern, die sich anläßlich eines Copernicus-Jubiläums zu einem Gedenkbeitrag herausgefordert fühlten, ohne sich der Mühe des genauen Quellenstudiums zu unterziehen.

Angesichts der vielfachen Bestrebungen Wittenberger Gelehrter für die Anwendung und Verbreitung des copernicanischen Werks sind solcherart vereinfachende Urteile nur als Vor-Urteile zu verstehen. Das Interesse an einer Verbesserung der Grundlagen der Astronomie war überall groß, so daß die copernicanische Lehre bald als neue mathematische Theorie zur „Rettung der Phänomene" in hohem Ansehen stand. Daran änderte die kritische Haltung nichts, die Melanchthon als zweiter Mann der Reformation bald nach Erscheinen des Hauptwerks der heliozentrischen Astronomie einnahm.

Wittenberg war als noch junge Universitätsstadt seit den 30er Jahren des 16. Jahrhunderts zu einem der Zentren des astronomischen Buchdrucks herangewachsen. Aus den Wittenberger Druckereien kamen besonders

Lehrbücher für die Einführung in die Astronomie im Rahmen der obligatorischen „Sieben freien Künste", deren Höhepunkt und Abschluß die Himmelskunde war – Grundlage für das Kalenderwesen, die Astrologie, die Konstruktion von Sonnenuhren und die nach der Bekanntschaft der Europäer mit Amerika an Bedeutung gewachsene Ortsbestimmung auf See. An erster Stelle stehen hier die vielen Ausgaben des „Libellus de sphaera" von Johannes de Sacrobosco, erstmals 1531 mit einer Vorrede Melanchthons gedruckt, dann die Schriften von Erasmus Reinhold, Ph. Melanchthons, Paul Ebers, Jacob Milichs, Caspar Peucers, Sebastian Theodoricus' – alles Wittenberger Professoren, dann der von Georg Peu-

Bild 65 Buchdruckerwerkstatt im 16. Jahrhundert. An der hölzernen Presse arbeiten der Preß- und der Ballenmeister (letzterer trägt die Druckfarbe auf die Typen auf), am Setzkasten fügt der Setzer die Typen in den Winkelhaken, an der Decke hängen die bedruckten Bögen zum trocknen.

erbach, Proklos und Plinius sowie astronomische Tafelwerke. Melanchthons Bestreben für eine Reorganisation des Schulwesens und die Anforderungen des Universitätsbetriebs schufen ein anregendes geistiges Klima, von dem nicht zuletzt die Astronomie profitierte. Die astrologischen Neigungen Melanchthons werden zudem für die Astronomie ein nicht zu unterschätzender Stimulus gewesen sein. Somit dürfte der „Praeceptor Germaniae" einverstanden gewesen sein, als sein Schüler Georg Joachim Rheticus etwa Mitte 1538 den Wunsch äußerte, ins ferne Frauenburg zu reisen, um sich an Ort und Stelle über die dort im Entstehen begriffene neue astronomische Theorie zu informieren. Zu jener Zeit muß also den Arbeiten von Copernicus ein glänzender Ruf vorausgeeilt sein, gegründet auf einer doch schon recht konkreten Kenntnis des heliozentrischen Weltsystems. Wieder bleibt nur die Annahme, daß der „Commentariolus" die Quelle des Wissens bildete und es erhebt sich die freilich kaum beantwortbare Frage nach dessen damaliger Verbreitung, die nicht anhand der drei heute bekannten Exemplare gemessen werden kann. Wie dem auch sei, aufgrund einer lediglich unklaren Kunde hätte sich Rheticus im Frühjahr 1539 nicht auf den weiten, beschwerlichen Weg ins ferne Ermland begeben, hätte Melanchthon diese Reise nicht gebilligt.

Rheticus wurde am 16. Februar 1514 in Feldkirch im Vorarlberg geboren. Sein Vater ließ sich dort in jenem Jahr als Arzt nieder. Er war wohl in seiner Profession sowie im Stellen von Horoskopen und Wahrsagereien sehr erfolgreich, bereitete selbst Arzneien zu und kam in den Ruf, in seinem Laboratorium mit dem Teufel im Bunde zu stehen. Diese Vorwürfe, verbunden vielleicht mit direkten Betrügereien, waren der Grund dafür, daß er 1528 nach Artikel 109 der „Peinlichen Halsgerichtsordnung" Kaiser Karls V. – „Item so jemandt den leuten durch zauberey schadenn oder nachteill zufueget, soll man straffen vom lebenn zum tode" – enthauptet wurde. Nach der erforderlichen Vorbildung bezog Rheticus als „Georgius Joachimus de porris feldkirch" im Sommersemester 1532 die Wittenberger Universität und wandte sich unter Leitung von Melanchthon vorzugsweise den mathematischen Studien zu, bildete sich aber darüber hinaus in der griechischen Sprache und der Medizin (letztere übte er später als praktischer Arzt aus). Im Jahre 1536 erhielt er nach einer Disputation über die Frage, ob nach römischem Recht die astrologische Zukunftsdeutung verboten war, den Titel eines Magister artium. Im selben Jahr übernahm der Thüringer Erasmus Reinhold die mit dem Tod des bisherigen Inhabers erledigte Professur für höhere Mathematik, welche die Astronomie beinhaltete und kurz darauf berief man Rheticus auf den Lehrstuhl für niedere Mathematik (Arithmetik und Geometrie) – erst

22jährig. Damit war es Rheticus' Aufgabe, angesichts der unterschiedlichen und eher geringen Vorbildung die mathematischen Kenntnisse der jungen Studenten auf das für die Fachstudien erforderliche Maß zu heben. Allerdings weist Rheticus' Vorlesungsverzeichnis genauso astronomische Themen auf.

Für das Herbstsemester 1538/39 ließ sich Rheticus von seinen akademischen Pflichten beurlauben, um die süddeutschen Zentren der Astronomie zu besuchen und die dort wirkenden Gelehrten kennenzulernen. Er

reiste nach Nürnberg, wo er mit Johannes Schöner lange Gespräche führte. An ihnen nahm wohl der gelehrte Buchdrucker Johannes Petreius teil, der, selbst Magister artium der Wittenberger Universität, in der Oberen Schmiedgasse, direkt unterhalb der alten Kaiserburg, eine leistungsfähige Druckerei unterhielt (Bild 66). Ein Hauptthema der Erörterungen in diesem Kreis war die Astronomie des Copernicus, wie aus einem Brief des Petreius an Rheticus vom 1. August 1540 hervorgeht:

Bild 66 In diesem Haus in der Nürnberger Oberen Schmiedgasse unterhielt Johannes Petreius eine leistungsfähige Druckerei, in der das Hauptwerk von Copernicus erschien.

Nun ist ein Jahr vergangen, seit Du hier bei uns gewesen bist, nicht um Dir wie ein Kaufmann um des Gewinns willen Waren zu verschaffen, sondern um unsern berühmten Mitbürger und den in den Wissenschaften hochverdienten Johannes Schöner kennenzulernen, um mit ihm über die wunderbaren Bewegungen der Himmelskörper zu sprechen. Das hast Du für die gewinnbringendste Ware gehalten und hieltest es für einen großen Vorteil, daß unser Schöner mit seiner unglaublichen Gelehrsamkeit, nicht nur an Deinem Talent Freude gehabt hat, sondern Dir auch freigiebig mitgeteilt hat, wovon er glaubte, es werde Dir auf diesem Gebiet zu lernen nützlich sein. Das Verlangen zu lernen, trieb Dich dann in den entferntesten Winkel Europas zu dem ausgezeichneten

Mann, dessen Lehre über die Bewegungen der Himmelskörper Du uns in einer ansehnlichen Beschreibung auseinandergesetzt hast. Obwohl diese Lehre nicht der gewöhnlichen Schulmeinung entspricht, würde ich es doch für eine sehr wertvolle Bereicherung ansehen, wenn auf Deine Initiative einmal, wie wir hoffen, uns dessen Beobachtungen mitgeteilt werden. Die Wissenschaft, die die Bewegung der Himmelskörper erforscht, bringt in allen Lebensbereichen großen Nutzen. Daher habe ich nicht nur von Dir eine hohe Meinung, sondern ich hege auch große Hoffnungen, daß diese Werke in die ganze Wissenschaft sehr viel Licht bringen werden.

(K.H. Burmeister, Georg Joachim Rhetikus, 3. Bd., 1968, S. 22f.)

Wohl spätestens in Nürnberg faßte Rheticus den Entschluß, sich bei Copernicus an Ort und Stelle in die neue Astronomie einführen zu lassen und wenn nicht schon dort von Petreius die Bereitschaft zum Druck des zu erwartenden Werks von Copernicus ausgesprochen wurde, dürfte Rheticus in Erinnerung an den Nürnberger Studienaufenthalt zu Petreius das Vertrauen gefaßt haben, ein solch großes Werk herauszubringen, für das jener tatsächlich aus dem Druck einer größeren Zahl astronomischer Werke genügend Erfahrungen mitbrachte. Freilich, das Vertrauen, das Rheticus in Petreius setzte, wurde bald gröblichst mißbraucht. Doch durch diese frühen Kontakte zu Petreius ist erklärbar, warum Rheticus das Werk des Copernicus später nicht in Wittenberg oder Leipzig herausbrachte, wo unter seiner fachlichen Aufsicht die Voraussetzungen durchaus gegeben gewesen wären.

Nur am Rande sei erwähnt, daß Rheticus vermutlich noch in Ingolstadt den bekannten Astronomen und Geographen Peter Apian besuchte und in Tübingen weilte. Nach einem kurzen Besuch in der Heimat fuhr Rheticus nach Wittenberg zurück – doch nicht um seine verwaiste Professur aufzunehmen, sondern mit dem Begehren weiteren Urlaubs. Unter dem Rektor Kaspar Cruciger wurde ihm dieser gewährt, sicherlich mit ausdrücklicher Billigung Melanchthons, der ihm schon für seine Nürnbergreise einige Empfehlungsschreiben mitgegeben hatte.

Im Frühjahr 1539 begab sich Rheticus auf die Reise, begleitet von seinem Schüler Heinrich Zell. Ob er sich bei Copernicus zuvor angemeldet hatte, wissen wir nicht, doch ist nicht anzunehmen, daß er diese mühsame und kostspielige Reise, auf der er zudem noch für seinen „famulus", der gewissermaßen die Rolle eines Dieners vertrat, aufzukommen hatte, nicht aufs Geratewohl antrat. Aus den zunächst vereinbarten zwei Semstern

ΚΛ·ΠΤΟΛΕΜΑΙΟΥ

ΜΕΓΑΛΗΣ ΣΥΝΤΑΞΕΩΣ

ΒΙΒΛ. ΙΓ̄,

Liber Bibliotheca Varmien

ΘΕΩΝΟΣ ΑΛΕΞΑΝ

ΔΡΕΩΣ ΕΙΣ ΤΑ ΑΥΤΑ ΥΠΟΜΝΗΜΑΤΩΝ

ΒΙΒΛ. ΙᾹ.

CLAVDII PTOLEMAEI Magnæ Constructionis, Id est
Perfectæ cœlestium motuum pertractationis,

LIB. XIII.

THEONIS ALEXANDRINI
in eosdem Commentariorum

LIB. XI.

BASILEAE

APVD IOANNEM VVALDERVM,

AN. M. D. XXXVIII.

Cum Priuilegio Cæsareo ad Quinquennium.

I. M. L.

*Clarissimo viro D. Doctori Nicolao
copernico, D. præceptori suo
G. Joachimus Rheticus d.d.*

Bild 67 Der junge protestantische Professor Georg Joachim Rheticus aus Wittenberg brachte dem 67jährigen katholischen Domherrn Copernicus im Sommer 1539 als Gastgeschenk u. a. die erste griechische Druckausgab des „Almagest" von Ptolemäus mit, rechts unten mit einer Widmung versehen.

wurden mehr als zwei Jahre, die nicht nur für Copernicus und Rheticus persönlich, sondern für die ganze Astronomie folgenschwer wurden.

Die Begegnung der beiden Männer war ebenso ergebnisreich wie merkwürdig und wirft auf beide Persönlichkeiten ein bezeichnendes Licht. Rheticus, der 25jährige Professor aus dem protestantischen Wittenberg, Schüler Melanchthons, ein vorwärtsdrängendes, geistvolles Talent – und Copernicus, der 67jährige, in Verwaltungsdingen erfahrene katholische Domherr, bis ins Detail kritische, an einsames Denken gewöhnte Gelehrte. Doch offensichtlich ergänzten sich beider Charaktere und theologische Eiferer waren sie ohnehin nicht. Als Gastgeschenk hatte Rheticus einige Bücher im Gepäck (Bild 67): die erste griechische Ausgabe der „Elemente" Euklids, Johannes Regiomontans „De triangulis omnimodis", herausgegeben von Johannes Schöner (beide 1533), Peter Apians „Instrumentum primi mobilis" mit der „Astronomie" des Geber (1534) die „Optik" des Witelo (1535) sowie den ersten Druck der griechischen Ausgabe des „Almagest" von Ptolemäus (1538). Die in drei Bänden zusammengebundenen Werke tragen auf der Titelseite eine Widmung von Rheticus' Hand „Clarissimo viro D. Doctori Nicolao Copernico, D. praeceptori suo G. Joachimus Rheticus d.d."; sie haben sich bis heute in der Universitätsbibliothek Uppsala erhalten.

Kaum angekommen machte sich Rheticus an das Studium der von Copernicus zur Verfügung gestellten Handschrift des großen Werks, sicherlich bereitwillig vom Autor unterstützt. Durch eine kurze Krankheit und einen Aufenthalt mit Copernicus bei Tiedemann Giese, dem Kulmer Bischof und treuen Freund des Copernicus, erfuhr die Arbeit eine Unterbrechung. Sehr wahrscheinlich werden Rheticus und Giese auf Copernicus eingewirkt haben, sein Lebenswerk mit der sachkundigen Unterstützung von Rheticus endlich zur Veröffentlichung frei zu geben – mit Erfolg. Nach Frauenburg zurückgekehrt, verfaßte Rheticus eine kurze Zusammenfassung seiner bis dahin erfolgten Studien, vor allem des 2. Buchs des Hauptwerks. Der Form nach ist dieser „Erste Bericht", die „Narratio prima", als Brief an Schöner verfaßt, datiert vom 23. September 1539. Die kleine Schrift stellt die erste, kommentierende Zusammenfassung des neuen Weltsystems dar, und ist mit seinen zahlreichen, sehr persönlich gehaltenen Eindrücken eine erstrangige Informationsquelle für die Lebensumstände und die Arbeitsweise von Copernicus. Der Druck erfolgte im Winter 1539/40 in Danzig, wohl fachlich betreut von Heinrich Zell. Die Auflagenhöhe war gering, heute existieren nur noch sehr wenige Exemplare. Deshalb erschien schon im Jahr darauf in Basel eine zweite Auflage, der eine größere Verbreitung beschieden war.

Prognostication Joannis
Schöners von Karlstat/auff das
M.cccc.vnd.xxxij.jare/zů ehren vnd wolfart der löb-
lichen Stat Nürnberg/auß der lere Ptolemei gezogen.

Lenz   Sommer

Herbst   Winter

Mit Bayserlicher freyheit. nit nach zů drücken.

Bild 68 Johannes Schöner war in der 1. Hälfte des 16. Jahrhunderts einer der bedeutendsten Astronomen, auch Verfasser astrologischer Schriften, wie der „Prognostication" für das Jahr 1542. Deren Titelblatt stellt die Planeten mit ihrer astrologischen Bedeutung, eine Konjunktion von Mars und Saturn im Zeichen des Krebs sowie eine Finsternis als Vorboten kommenden Unglücks dar.

Reticus hatte den „Ersten Bericht" sicher vorrangig geschrieben, um der copernicanischen Astronomie den Eingang in die wissenschaftliche Welt zu erleichtern und diesem Anliegen wurde er gerecht. Der junge Autor ist voller Begeisterung und Bewunderung für seinen „Herrn Lehrer", wie er Copernicus stets nennt. Dennoch fällt auf, daß er einem eindeutigen Bekenntnis zur heliozentrischen Lehre, die er doch ohne Zweifel akzeptierte, ausweicht. Rheticus spricht ganz im Sinne der überkommenen Terminologie von den Hypothesen des Copernicus und in dieser Beziehung vom „Retten der Phänomene". Voll glühendem jugend-

lichen Eifer läßt er sich zu mehr als der folgenden Bemerkung nicht hin-
reißen:

Den Ptolemäus und seine Nachfolger liebe ich gleichwie mein H. Lehrer
von Herzen, weil ich ja in Wahrheit immer jene heilige Vorschrift des
Aristoteles im Auge und im Sinn habe: ,Man muß beide lieben, aber

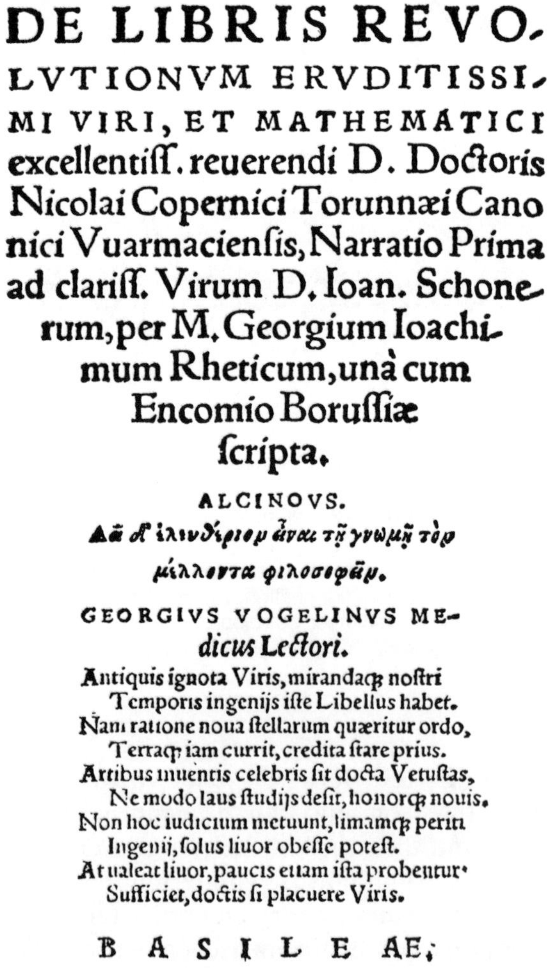

DE LIBRIS REVO-
LVTIONVM ERVDITISSI-
MI VIRI, ET MATHEMATICI
excellentiſſ. reuerendi D. Doctoris
Nicolai Copernici Torunnæi Cano
nici Vuarmacienſis, Narratio Prima
ad clariſſ. Virum D. Ioan. Schonerum, per M. Georgium Ioachi-
mum Rheticum, unà cum
Encomio Boruſſiæ
ſcripta.

ALCINOVS.

Δᾶ δ᾽ ἰλινδίριον ἄναι τῇ γνωμῇ τὸν
μίλλοντα φιλοσιφᾶν.

GEORGIVS VOGELINVS ME-
dicus Lectori.

Antiquis ignota Viris, mirandaꝗ noſtri
    Temporis ingenijs iſte Libellus habet.
Nam ratione noua ſtellarum quæritur ordo,
    Tertaꝗ iam currit, credita ſtare prius.
Artibus inuentis celebris ſit docta Vetuſtas,
    Ne modo laus ſtudijs deſit, honorꝗ nouis.
Non hoc iudicium metuunt, limamꝗ periti
    Ingenij, ſolus liuor obeſſe poteſt.
At ualeat liuor, paucis etiam iſta probentur·
    Sufficiet, doctis ſi placuere Viris.

B A S I L E AE;

Bild 69 Georg Joachim Rheticus bereitet mit seinem „Ersten Bericht", der „Narratio prima", die
Aufnahme des Hauptwerkes von Copernicus erfolgreich vor. Nach der ersten Auflage in Danzig
1540 erschien schon im folgenden Jahr in Basel eine zweite Ausgabe.

sich auf die genaueren Forscher verlassen', wenn ich auch unwillkürlich fühle, daß ich doch näher zu den Hypothesen meines H. Lehrer hinneige.

(G.J. Rheticus, Erster Bericht, 1943, S. 87)

An anderer Stelle hatte Rheticus in allegorischen Worten die Frage behandelt, ob die Sonne ihr Herrscheramt in der Natur dadurch ausübt, daß sie von der Weltmitte das Ganze lenkt oder zu diesem Zweck stets den ganzen Himmel durchwandere, eine Frage, die nach Rheticus' Worten „überhaupt noch nicht erläutert und gelöst zu sein" scheint (Ebd., S. 58). Rheticus setzt fort: „Die Entscheidung darüber, welche von diesen beiden Anschauungen anzunehmen sei, überlasse ich den Geometern und den Philosophen, falls sie einen Hauch der Mathematik verspürt haben." (Ebd.) Sein Lehrer habe die erste, verworfene Art der Regierung der Sonne wieder eingeführt,

denn er sieht ja, daß weder in den menschlichen Verhältnissen der Kaiser die einzelnen Städte selbst durcheilen muß, um dort endlich einmal sein ihm von Gott verliehenes Amt auszuüben, noch daß das Herz zur Erhaltung des Lebens in den Kopf oder die Füße und andere Körperteile wandert, sondern daß es durch andere von Gott dazu bestimmte Organe seine Aufgabe erfüllt.

(Ebd.)

Die „Narratio prima" ist nicht allein ein wissenschaftliches Werk, sondern ebenso ein Zeugnis der literarischen Fähigkeiten seines Autors, wie schon die wenigen, bisher daraus entnommenen Sätze belegen. Noch deutlicher wird dies im letzten Teil der „Narratio", in dem Rheticus ein „Loblied auf Preußen" („Encomium Prussiae") anstimmt:

Ohne Zweifel war Preußen einst ebenso vom Meer bedeckt, und welchen treffenderen und naheliegenderen Beweis dafür könnte man anführen als die Tatsache, daß man heute auf dem Festland sehr weit von der Küste entfernt Bernstein findet? Als meerentstiegenes Land fiel es daher auch mit dem gleichen Recht durch der Götter Gnade dem Apoll anheim, und er liebt es jetzt wie einst Rhodos als seine Braut. Der Sonnengott kann es doch nicht mit gleich senkrechten Strahlen treffen wie Rhodos? Das gebe ich zu, aber er gleicht diesen Mangel in anderer Weise vielfach aus, und was er in Rhodos durch die senkrechte Richtung der Strahlen hervorbringt, das bewirkt er in Preußen durch sein langes Verweilen über dem Horizont. Ferner wird niemand, glaube ich, leugnen, daß der Bernstein ein ganz besonderes Gottesgeschenk ist, mit dem er besonders diese Gegend hat schmücken wollen.

(G.J. Rheticus, Erster Bericht, 1943, S. 110)

Als „Sprößlinge, die dem Apoll von seiner Gattin Preußen geschenkt wurden" führt Rheticus die größeren Städte des Landes an, um dann einzelne Persönlichkeiten hervorzuheben, unter denen in ganz erstaunlicher Weise Copernicus fehlte – Herzog Albrecht, Bischof Johannes Dantiscus und ganz besonders Tiedemann Giese:

Seine ehrwürdigen Gnaden haben den Chor der Tugenden und der Weisheit, den der Apostel Paulus bei einem Bischof fordert, in größter Frömmigkeit zur höchsten Vollendung gebracht, haben auch erkannt, es sei für den Ruhm Christi von höchster Bedeutung, daß in der Kirche die richtige Folge der Zeiten und eine sichere Berechnung und Lehre der Himmelsbewegungen bestehe. Deshalb ließ er nicht eher nach, den H. Doktor, meinen Lehrer, dessen wissenschaftliche Arbeiten und Kenntnisse er seit vielen Jahren gründlich kannte, zu ermahnen, dieses Gebiet zu bearbeiten, bis er ihn dazu gebracht hatte.

(Ebd., S. 113f.)

Das Manuskript des Hauptwerks hatte Copernicus bei der Ankunft von Rheticus im wesentlichen fertiggestellt, wie Rheticus in poetischen Worten bezeugt:

Da ich aber nach Gottes Fügung dem H. Doktor, meinem Lehrer, Zuschauer und Zeuge solcher Mühen, die er mit ganz heiterem Gemüt erträgt und größtenteils schon überwunden hat, geworden bin, sehe ich, daß ich mir nicht einmal den Schatten solcher Arbeitslast geträumt

habe. Diese Arbeit ist aber so riesengroß, daß nicht einmal jeder Halb-
gott sie tragen und schließlich überwinden könnte.

(Ebd., S. 82)

Mehr als zwei Jahre währte die Zusammenarbeit der beiden Gelehrten,
eine Zeit, die Rheticus nutzte, um in mehrfacher Hinsicht Kontakte zu
knüpfen, dabei auch Herzog Albrecht näher trat. Kurz vor seiner Rückkehr nach Wittenberg überreichte er ihm „ain Instrumentlin ... zw
erkundigen der tag lenge, vnd yren gnaden verzaichnen lassen wan vnd
welche ör sich der tag anhube, durch das jar" (G.J. Rheticus an Herzog
Albrecht, Brief vom 29. August 1541). Doch auch darüber hinaus stand er
mit dem Herzog in mehrfacher Verbindung. Er ließ ihm beispielsweise
durch Giese im April 1540 ein Exemplar der „Narratio prima" zukommen
und überreichte ihm im August 1541 außer dem „Instrumentlin" (wohl
eine Sonnenuhr mit mehrfachen Anzeigemöglichkeiten) eine heute verschollene Schrift zur preußischen Landesbeschreibung. Obwohl Herzog
Albrecht die Briefe von Rheticus (soweit diese erhalten sind) durch seine
Sekretäre beantworten ließ und wir nicht wissen, ob sich beide persönlich
begegneten, darf ihr Verhältnis nicht gering bewertet werden, zumal der
ehemalige Ordensmeister seinen Übertritt zum Protestantismus unter direktem Einfluß von Melanchthon und Luther vollzog, somit dem Wittenberger Professor und Schüler Melanchthons Aufmerksamkeit entgegen-
brachte sowie zudem Copernicus als Arzt schätzte – das alles über die
Grenzen der verfeindeten christlichen Konfessionen hinweg! So entsprach Herzog Albrecht gern zwei Bitten von Rheticus, nämlich er möge
beim Sächsischen Herzog und der Wittenberger Universität Fürsprache
halten, daß Rheticus in seiner Professur bestätigt werde (gab es inzwischen wegen Rheticus' langer Abwesenheit Differenzen mit der Universität?) und, was hier von besonderer Bedeutung ist, man ihm gestatten
möge, zur Drucklegung des Werkes von Copernicus erneut Wittenberg zu
verlassen:

jme genediglichenn gestattenn unnd vergonnen das ehr sich zw volfhu-
rung solches seines vorhaben denn werckes ahnn die orth da ehr seinn
buch trucken zulassen entschlossenn, ein zeitlang onhe abbruch seiner
besoldung der lectur begeben moege,

wie es in den gleichlautenden Briefen des herzoglichen Sekretärs Hieronymus Schürstab an Herzog Johann Friedrich den Großmütigen von Sachsen und die Wittenberger Universität vom 1. September 1541 heißt (Geheimes Staatsarchiv Berlin, Sign. XX Ostpreuß. Fol. 17, S. 206–207).

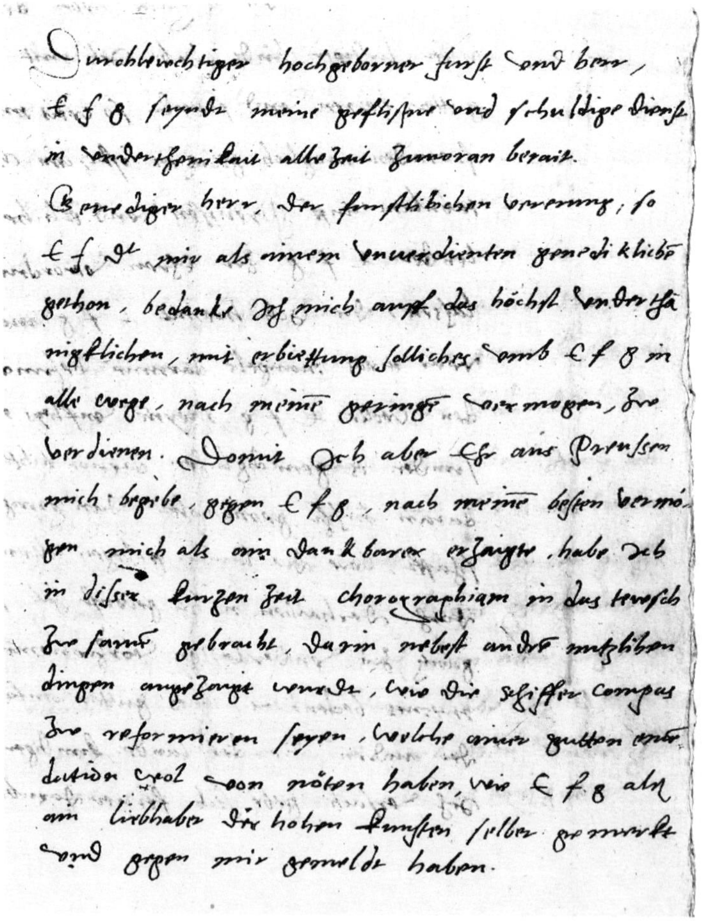
Durchleuchtiger hochgeborner furst und herr,
E f g seyndt meine gefliszne und schuldige dienst
in underthenikait alle zeit zuvoran berait.
Genediger herr, der furstlichen vererung; so
E f g mir als einem unverdienten genediklich
gethon, bedanke Ich mich auff das höchst underthä
nigklichen, mit erbiettung solliches umb E f g in
alle wege, nach meinem geringen vermogen, zu
verdienen. Domit Ich aber E f aus Preussen
mich begebe, gegen E f g, nach meine besten vermö
gen mich als ein dankbarer erzaigte, habe Ich
in disser kurzen zeit chorographiam in das teutsch
zu sammen gebracht, darin nebest andern nutzlichen
dingen angezaigt wurde, wie die schiffer compas
zu reformieren seyen, welche einer gutten unter
dictiom woll von nöten haben, wie E f g als
ein liebhaber der hohen kunsten selber gemerkt
und gegen mir gemeldt haben.

Bild 70 Rheticus trat während seines Aufenthaltes in Frauenburg in Verbindung mit Herzog Albrecht von Preußen und übersandte ihm am 28. August 1541 mit einem Begleitbrief eine Beschreibung der preußischen Lande sowie eine selbst konstruierte Sonnenuhr.
(Geheimes Staatsarchiv Berlin, Preußischer Kulturbesitz XX. HA StA Königsberg HBA A4, Kasten 206)

Als Rheticus im September 1541 Frauenburg verließ, hatte sich für die künftige Herausgabe des Werks von Copernicus eine überraschende positive Wendung ergeben. Copernicus hatte unter dem Einfluß langer Diskussionen mit dem wißbegierigen Rheticus einige Korrekturen, bes. an den trigonometrischen Teilen des Manuskripts, vorgenommen und das Werk auf den Stand gebracht, dem er als Autor nicht länger die Veröffentlichung versagen konnte und wollte. Inzwischen waren vermutlich die Verhandlungen um den Druck in Nürnberg soweit gediehen, daß sich Andreas Osiander im April 1541 in zwei Briefen an Copernicus und Rheticus kritisch in die Diskussion um den Wahrheitsanspruch des heliozentrischen Systems einschaltete – doch dazu später. Im Herbst 1541 weilte Rheticus wieder in Wittenberg zur Wahrnehmung seiner Professur, zudem als Dekan der Artistenfakultät. Viel gestritten wurde um die Vorlesung, welche Rheticus für den Oktober jenes Jahres ankündigte, er werde

> mit Gottes Hilfe, um den Eifer der Begabten zu wecken, eine Schrift auslegen, von der ich beinahe zu behaupten wage, daß sie mit Abstand das Schönste ist, was Menschenhände geschaffen haben, nämlich die ‚Megale Syntaxis' des Ptolemäus, die die gesamte Lehre von den Himmelsbewegungen enthält.
>
> (K.H. Burmeister, G.J. Rheticus, 3. Bd., 1968, S. 44)

Warum trug er nicht über Copernicus vor, war es ihm untersagt worden, fehlte ihm der Mut? Sprach er wirklich nicht über Copernicus? Zunächst war Rheticus verpflichtet, über Ptolemäus zu lesen; so weit, daß er seine Vorlesung speziell zu Copernicus ankündigen konnte, ging die Freiheit sicherlich nicht. Doch was sagte er in seinen Auslegungen, was heißt es, wenn er weiterhin schrieb, man müsse sich

> um ein Verständnis der Lehre von den Bewegungen der Himmelskörper bemühen, wie ich sie nach meinen bescheidenen Möglichkeiten in der Ptolemäusauslegung mit Sorgfalt darlegen will?
>
> (Ebd., S. 45)

Es ist sehr gut möglich, ja wahrscheinlich, daß Copernicus dabei eine Rolle spielte, zumal der scharfe Gegensatz zwischen Ptolemäus und Copernicus begrifflich noch gar nicht gefaßt wurde. Außerdem war es im damaligen Wissenschaftsbetrieb völlig üblich, unter dem äußeren Zeichen des Kommentars zu einem bewährten Autor seine eigenen, weiterführenden Ansichten zu entwickeln. Ohnehin galt Rheticus Copernicus als der Fortführer des Ptolemäus, der „um die Erläuterung des Ptolemäus und die Lehre von den Bewegungen bemüht war", schrieb er ein viertel Jahr nach der Vorlesungsankündigung (Ebd., S. 48). Zu dieser Zeit bearbeitete Rheticus die Dreieckslehre aus dem Werk des Copernicus für einen separaten Vorabdruck. Während der Text den Kapiteln 1.12 bis 1.14 des Hauptwerkes entspricht, wurden die Tafeln um zwei Stellen erweitert. Der Druck erfolgte 1542 ohne direkte Nennung des Namens von Rheticus, der sich in einer vorangestellten Dedikation zu Copernicus bekennt:

Man kann ihn [Copernicus] mit den größten schöpferischen Geistern der Antike vergleichen. Wir müssen unserm Zeitalter Glück wünschen, daß es uns einen solchen Geist hinterlassen hat, der das Bemühen der andern anfacht und unterstützt. Mir jedenfalls ist niemals ein größeres Glück in meinen menschlichen Angelegenheiten widerfahren als der Umgang mit einem so bedeutenden Menschen und Gelehrten.

(Ebd., S. 48)

Sogleich nach dem Ende des Wintersemesters begab sich Rheticus nach Nürnberg. Am 2. Mai 1542 hatte ihm Melanchthon ein Empfehlungsschreiben an den Pfarrer zu St. Sebald, Veit Dietrich, mitgegeben. Offenbar nahm der Reformator trotz seiner Vorbehalte gegen den Heliozentrismus an der Fahrt Anteil und wollte das Seinige für ihr Gelingen beitragen, denn eigentlich hätte Rheticus in Nürnberg keine Empfehlungen nötig gehabt, stand er doch längst in den Kreisen der dortigen Gelehrten in hohem Ansehen.

Dank der sorgfältigen Vorbereitung durch Rheticus begann sofort die Drucklegung. Nach dem erhaltenen Autograph hatte er die Druckvorlage geschrieben, letzte Verbesserungen von Copernicus sowie eigene Korrekturen eingefügt, manche Fehler jedoch übersehen. Bereits im Mai/Juni waren die ersten Bögen ausgedruckt. Doch dann forderten gewichtige Entscheidungen Rheticus' Rückkehr. Er hatte das Angebot zur Über-

Bild 71 An der Nürnberger St. Sebalduskirche wirkte u. a. Andreas Osiander als Prediger und betrieb als Luthers Vertrauter erfolgreich die Reformation.

nahme einer Professur in Leipzig erhalten. In seinem Auftrag zog Melanchthon Erkundigungen über die Modalitäten ein, dabei betonend, daß Rheticus geneigt sei, dem Ruf zu folgen, sich aber nicht gedrängt sehe, aus Wittenberg fortzugehen; man solle sich in Leipzig keine großen Umstände machen. Letzteres muß hervorgehoben werden, weil immer wieder behauptet wird, Melanchthon habe Rheticus zur Übersiedlung gedrängt oder ihm gar wegen seines Eintretens für Copernicus den Stuhl vor die Tür gesetzt. Die Tatsachen stehen dem entgegen, wie schon mehrfach gezeigt wurde – und noch weiter deutlich wird. Die Ablehnung der copernicanischen Lehre durch Melanchthon führte zu keiner tieferen Verstimmung zwischen Lehrer und Schüler. Selbst nachdem Rheticus seit dem Wintersemester 1542/43 unter ehrenvollen Bedingungen in Leipzig Astronomie lehrte, verfolgte Melanchthon den Weg von Rheticus mit Interesse, ließ ihn durch Fachkollegen Grüße ausrichten und schickte ihm Bücher.

Unterdessen ging in Nürnberg der Druck des Werks von Copernicus weiter und kam im März 1543 zum Abschluß. Sofort begann der Versand.

Copernicus konnte nach dem Bericht Gieses „sein fertiges Werk erst am Todestag schauen" (vgl. den im Anhang 3 vollständig wiedergegebenen Text des Briefes von T. Giese).

Es wurde bereits gesagt, daß Copernicus noch in hohem Alter mit Verwaltungsaufgaben des Kapitels betraut wurde und als 68jähriger die recht aufwendige Verwaltung der Dombaukasse übernahm, also geistig wie körperlich sehr rüstig war. Dennoch sorgte er um diese Zeit für seine Nachfolge im Kanonikat. Im Jahre 1540 bestimmte er Johannes Loitze, einen entfernten Verwandten, zu seinem Koadjutor. Nach den kapitulären Gesetzen hatte dieser damit das Recht der Nachfolge im Falle des Ablebens des Domherrn (oder eines anderweitigen Ausscheidens) erworben – eine der Regeln, welche sicherstellten, daß nur dem Domkapitel oder einem einzelnen Domherrn genehme Personen in den Besitz der Pfründen gelangten. Zwar mußte der Koadjutor noch die ausdrückliche päpstliche Bestätigung erhalten, was jedoch in der Regel nur eine Formfrage war. Gerade Loitzes Approbation zog sich in die Länge, da dieser das vorgeschriebene Alter von 14 Jahren noch nicht erreicht hatte (er war erst 12 Jahre alt) und zunächst den päpstlichen Dispens von diesem „defectus aetatis" erteilt bekommen mußte.

Möglicherweise fühlte Copernicus um diese Zeit seine Kräfte langsam schwinden. Verständlich wäre es, wenn der lange Aufenthalt von Rheticus und die monatelange konzentrierte, letzte Arbeit am Manuskript sowie die Diskussionen zwischen Lehrer und Schüler Copernicus zunächst einen großen Auftrieb gaben, dem dann eine tiefe Erschöpfung folgte. Um den Jahreswechsel 1542/43 erlitt Copernicus einen Schlaganfall, der zu teilweiser Lähmung führte. Im Frühjahr des folgenden Jahres verschlechterte sich sein Gesundheitszustand und nachdem er einige Tage im Koma gelegen hatte, verstarb Copernicus am 24. Mai 1543 und wurde im Dom zu Frauenburg beigesetzt. Dieses Todesdatum, in einem Brief Gieses an Rheticus genannt, wird heute allgemein akzeptiert, ist jedoch nicht unbestritten. Denn in den Kapitelakten wird bereits unter dem Datum des 21. Mai dokumentiert, daß Johannes Loitze als Koadjutor seinen rechtmäßigen Anspruch auf das Kanonikat des als verstorben bezeichneten Nicolaus Copernicus geltend machte. Heute wird angenommen, daß es sich hierbei um einen Schreibfehler handelt, wie er in den Akten des öfteren vorkommt, während Giese auf eine präzise Mitteilung an Rheticus bedacht gewesen sein wird, da dieser das Datum für eine in Arbeit befindliche Copernicus-Biographie benötigte. Leider ist diese nie erschienen und das Manuskript ist verschollen – damit Informationen, die ohne Zweifel unser Bild von der Persönlichkeit des großen Gelehrten in entscheidenden

Punkten erweitern und korrigieren würden. Weiterhin wäre es denkbar, daß Johannes Broscius, der den genannten Brief Gieses überlieferte (während das Original verloren ging), das Datum falsch las, oder in seiner Veröffentlichung ein Druckfehler stehenblieb.

Der Nachlaß von Copernicus wurde im Laufe der Jahrhunderte weit verstreut, sehr viel handschriftliches Material ging verloren. In seinem Testament begünstigte Copernicus die Nachkommen seiner Schwester Katharina; die meisten Bücher gelangten in die Frauenburger Dombibliothek und kamen im Verlaufe des 30jährigen Krieges teilweise in die Universi-

Bild 72   Das „Porträt mit dem Buch", höchstwahrswcheinlich ein Selbstbildnis, zeigt den alternden Gelehrten wenige Monate vor seinem Tod.

tätsbibliothek Uppsala und in die Klosterbibliothek Strängnäs; drei Bände medizinischen Inhalts erhielt der Domvikar und spätere Kanoniker Fabian Emmerich. Viele Briefe, die noch im 17. Jahrhundert vorhanden waren, sind seit langem verschollen. Um 1612 hatte der Krakauer Astronomie-professor Johannes Broscius auf einer Reise nach Frauenburg Dokumente von unschätzbarem Wert erhalten, darunter Teile der Korrespondenz zwischen Copernicus und Giese sowie Lucas Watzenrode und Briefe an die Krakauer Freunde und Bekannten. Das Ziel dieser Materialsammlung, eine Biographie von Copernicus, erreichte Broscius nicht, lediglich ein kurzer Abriß erschien 1615, der aber wenigstens den wichtigen Brief Gieses an Rheticus vom 26. Juli 1543 enthält. Von allen anderen Dokumenten fehlt jede Spur. Glücklicherweise hatte Broscius Auszüge in seine Exemplare des Hauptwerks von Copernicus eingetragen, die Simon Starowolski für seine 2. Auflage der polnischen Literaturgeschichte nutzen konnte. Infolge dieser Umstände fußten bis zum Beginn des 19. Jahrhunderts alle Copernicus-Biographien im wesentlichen auf den Veröffentlichungen von Broscius, Starowolski und natürlich der „Narratio prima". Erst danach setzte von Seiten deutscher und polnischer Historiker eine systematische Suche nach Dokumenten zu Leben, Werk und Wirkung des Copernicus ein, die trotz der noch immer zahlreichen Unsicherheiten in großen Zügen ein geschlossenes Bild der Persönlichkeit des Astronomen, Arztes und Verwaltungsbeamten Nicolaus Copernicus zu zeichnen gestatten.

Die genaue Grabstätte von Copernicus im Frauenburger Dom konnte trotz langer Suche nie gefunden werden. Aus dem vom Jahre 1532 stammenden Domherrenverzeichnis wissen wir, daß Copernicus das 14. Numerarkanonikat innehatte, weshalb lange angenommen wurde, daß er seinen geistlichen Dienst am 14. Pfeileraltar versah und in dessen Nähe beigesetzt wurde. Diese Zuordnung hielt einer Prüfung nicht stand, weil die Prälaten besondere Altäre erhielten und somit bei jeder Erhebung eines Domherrn in eine der vier Prälaturen die Zuordnung nach den Kanonikaten durcheinander geraten wäre. Johann Bernoulli, der 1777/78 die preußischen Lande bereiste, erzählt, daß niemand den Begräbnisplatz von Copernicus genau angeben könne, „weil die Särge der Domherren einer nach dem andern in das Gewölbe gebracht wurden, ohne daß man sie in der Folge der Zeit voneinander unterscheiden könne" (J. Bernoulli, Reisen durch Brandenburg, Pommern, Preußen, Bd. 3, 1779, S. 19). Ebensowenig brachten spätere Grabungen irgendwelche positiven Ergebnisse. Das Andenken des bedeutenden Kapitelmitglieds wurde in Frauenburg vom Tode Copernicus' an gewahrt. Im Jahre 1581 ließ Bischof Martin Cromer im Dom ein Epitaph aufstellen, das entfernt wurde, als 1732–34 an dieser Stelle für den Bau einer Nebenkapelle ein Mauerdurchbruch erforderlich war. Seit 1610 ist die Bezeichnung „Copernicus-Turm" für den Turm der Befestigungsanlage überliefert, den Copernicus für Gefahrenzeiten als Wohnstatt besaß. Schon kurz nach dem Tod des Copernicus war das Kapitel im Besitz eines Porträts des Astronomen. Seit dem späten 16. Jahrhundert gab es immer wieder Bestrebungen zur Errichtung eines würdigen Denkmals, die jedoch in Frauenburg erst im Jahre 1909 zum Erfolg führten, nachdem bereits 1830 in Warschau und 1853 in Thorn unter großer Anteilnahme der Bevölkerung zwei Denkmale geschaffen worden waren.

Über das Aussehen von Copernicus sind wir durch eine Reihe von Porträts unterrichtet, unter denen die kunsthistorische Forschung einige als Selbstporträts bzw. von einem solchen direkt kopierte Darstellungen identifizieren konnte. Zu den letzteren gehört das leider im Original verschollene Ölgemälde von Lucas Cranach d.Ä. aus dem Jahre 1509, das, wie eine Inschrift besagt, den im 26. Lebensjahr stehenden damaligen Studenten Copernicus darstellt.

KAPITEL 9

„De revolutionibus orbium coelestium" – „Über die Umschwünge der himmlischen Kugelschalen"

Bild 73 Der lutherische Preiger Andreas Osiander überwachte in Nürnberg den Druck des Werkes von Copernicus und fügte unberechtigt sein umstrittenes Vorwort hinzu.

Mathematische Hypothese oder Abbild der Realität? – das Vorwort Osianders als Dokument der Wissenschaftstheorie

Das Werk des Nicolaus Copernicus trat mit einer Kontroverse in die Welt, von der freilich nur wenige Eingeweihte Kenntnis erhielten: Andreas Osiander (Bild 73), dem Rheticus nach der Übernahme seiner Leipziger Professur die Aufsicht über den Druck anvertraute, stellte der Widmung des Autors an den Papst eine eigene, nicht unterzeichnete „Praefatio" „An den Leser über die Hypothesen dieses Werkes" voran. Damit führte der streitbare Theologe eigenmächtig das aus, was Copernicus in stolzem Vertrauen in die Wahrheit seiner Erkenntnisse abgelehnt hatte – nämlich die Darstellung seiner Lehre als rein hypothetisches Gedankengebäude ohne Anspruch auf Widerspiegelung der Realität. Im Jahre 1609 lag Johannes Kepler noch ein Briefwechsel zwischen Osiander, Copernicus und Rheticus aus den Jahren 1540/41 vor, aus dem er die Antwort Osianders vom 20. April 1541 auf ein uns nicht bekanntes Schreiben von Copernicus aus dem vorhergehenden Jahr zitiert:

Die Hypothesen halte ich immer nicht für Glaubensartikel, sondern für Grundlagen der Rechnung. Mögen sie auch falsch sein, wenn sie nur die Himmelserscheinungen genau darstellen, so macht es nichts aus. Denn wer kann uns nachweisen, ob der unregelmäßige Lauf der Sonne durch eine epizyklische oder eine exzentrische Bewegung hervorgebracht wird, wenn wir den ptolemäischen Hypothesen folgen, wo beides möglich ist. Deshalb erschiene es mir des Beifalls würdig, wenn Du darüber in der Einleitung etwas sagen würdest. So würdest Du die Anhänger des Aristoteles und die Theologen, deren Widerspruch Du fürchtest, beruhigen.

(zit. nach E. Zinner, Entstehung und Ausbreitung, 1988, S. 240)

Derselben Intention folgt ein Brief vom selben Tag an Rheticus. Osiander hatte wohl gehofft, daß letzterer Copernicus in seinem Sinne beeinflussen könne, was Rheticus aber sicher gar nicht versucht haben wird. Als Osiander dann den Druck bei Petreius allein überwachte, gab er sich selbst das Wort und schrieb:

> Allerdings müssen seine Hypothesen nicht unbedingt war sein; sie brauchen nicht einmal wahrscheinlich sein. Es reicht vollkommen, wenn sie zu einer Berechnung führen, die den Himmelsbeobachtungen gemäß ist.

> (NCGA 3.1, Vorwort)

Ob Copernicus diese, seine Vorstellungen bewußt verfälschende Vorrede noch wahrnahm ist unwahrscheinlich, da seine Erkrankung beim Eintreffen seine Werkes schon zu weit fortgeschritten sein wird. Doch seine Freunde waren empört. Giese schrieb am 26. Juli 1543 an Rheticus:

> Den Schmerz über den Heimgang des Bruders, des hervorragenden Mannes, hätte ich ausgleichen können durch das Lesen seines Buches, das ihn mir gleichsam lebend wieder gab; aber gleich beim Anfang bemerkte ich die Fälschung und, wie Du es richtig nennst, die Ruchlosigkeit des Petreius, der in mir eine Entrüstung, schlimmer als die vorhergehende Trauer, hervorrief. Denn wer müßte sich nicht tief verletzt fühlen bei einer solchen unter dem Schutz vollen Vertrauens begangenen Schandtat!

> (vgl. Anhang 3)

Giese bemühte sich beim Nürnberger Rat um juristische Schritte gegen Petreius, die zum mindesten den Neudruck des ersten Bogens zur Folge haben sollten, doch vergeblich. Der Rat nahm die Beschwerde zur Kenntnis und veranlaßte den Drucker zu einer Stellungnahme, von der die Ratsprotokolle Auskunft geben; damit ruhte diese Angelegenheit:

> Mittwoch. 29. Augustij [1543]. Hern Tidemano bischoff zu Collmen in Breussen, dess Joahn: petreij vffe sein schreybn gegebne schrifftlich ant-

Bild 74 Nürnberg, der Druckort der „Revolutiones", kann auf lange Traditionen der „schwarzen Kunst" verweisen. Im Jahre 1471 verließ hier das erste Buch die Presse und ein Jahr später richtete der Astronom Johannes Regiomontan seine Offizin ein, deren Produkte einen Meilenstein des Druckes wissenschaftlicher Werke darstellen.

wurt (in welcher die scherpff herausgelassen und gemiltert werden soll) zusenden, daneben schreyben: man koenn dem petreyo derhalb nach gestallt seiner antwurt nichtz ufflegen.

(L. Birkenmajer, Nikołai Kopernik, 1981, S. 720)

Bis in die Gegenwart hinein dauert der Streit um die Bewertung der Osianderschen Praefatio an. Tatsächlich suchte Osiander mit seiner Vorrede der möglichst positiven Aufnahme des Buches den Weg zu ebnen und es ist zu betonen, daß Osiander lediglich dem lange tradierten Wissenschaftskonzept folgte, das in der Trennung von Astronomie und Physik besteht:

Denn es ist die eigentliche Aufgabe des Astronomen, nach sorgfältigen und genauen Beobachtungen die Geschichte der Bewegungen am Himmel festzustellen. Sodann muß er die Ursachen dieser Bewegungen ermitteln, oder, wenn er schlechterdings die wahren Ursachen nicht herauszufinden vermag, beliebige Hypothesen erdenken und zusammenstellen, mit Hilfe deren man jene Bewegungen nach geometrischen Sätzen, sowohl für die Zukunft, als auch für die Vergangenheit richtig berechnen kann.

(NCGA 3.1, Vorwort)

Für Osiander tritt dann noch die Selbstverständlichkeit hinzu, daß ohnehin alle Wissenschaft nur Menschenwerk ist und demzufolge Stückwerk bleiben muß, während wahres Wissen nur bei Gott liege. Daraus ist zu folgern, daß Osiander keineswegs gezielt die copernicanische Lehre abzuwerten sucht. Ganz im Gegenteil hebt er hervor:

Gestatten wir demnach, daß auch die nachfolgenden neuen Hypothesen den alten angefügt werden, welche keineswegs wahrscheinlicher sind. Sie sind überdies wirklich bewunderungswürdig und leicht erfaßbar. Außerdem finden wir hier einen großen Schatz gelehrtester Betrachtungen.

(NCGA 3.1, Vorwort)

Osiander gebraucht vielfache Worte des Lobs für Copernicus und zeigt am Beispiel der Venuskreise, zu welchen Widersprüchen selbst die ptolemäische Planententheorie führen könne – Widersprüche, die als solche gar nicht empfunden wurden, da es sich hier nur um eine mathematische Darstellungsweise der Planetenbewegung handelte, nicht um die Bewegung selbst. Insofern komme der geozentrischen Kosmologie des Aristoteles der Rang einer wissenschaftlichen Theorie zu, während Ptolemäus und ebenso Copernicus nur mögliche Varianten der mathematischen Konstruktion liefern – obwohl Ptolemäus den Vorstellungen von Aristoteles näher komme. Hier gilt das schon oben zum Prinzip der Trennung zwischen Astronomie und Physik gesagte.

Wenn einerseits natürlich das Vorgehen Osianders nicht anders denn als grober Vertrauensbruch genannt werden muß und schon aus moralischen Gründen verwerflich ist, mag es dahingestellt bleiben, ob er sein Vorwort als eine Art Schutzrede für eine hohe Akzeptanz des copernicanischen Weltsystem betrachtete. Sachlich war sie überflüssig, da die gelehrte Welt ohnehin die heliozentrische Theorie in derselben Weise wie die verwickelten Ableitungen von Ptolemäus lediglich als mathematischen Kunstgriff angesehen hätte. Es dürfte ohnedies ein vergebliches Unterfangen sein, dem Leser im Vorwort eines Buches zu sagen, was er von dessen Inhalt zu glauben habe und was nicht. Daß Copernicus für seine Theorie die Zentralstellung der Sonne als Realität in Anspruch nahm, hätte man in jedem Falle, wie es denn fast ausnahmslos geschah, übersehen oder als ignorierbare Übertreibung des Autors hingenommen. Sogar noch der Herausgeber der 3. Auflage des Hauptwerkes von 1617, Nicolaus Mulerius, stützt die Auffassung vom bloß hypothetischen Charakter astronomischer Lehren und verschweigt die inzwischen bekannt gewordene Autorschaft Osianders an der Praefatio.

Daß Copernicus noch von manchen Gelehrten des 17. Jahrhunderts wegen seiner angeblichen Zaghaftigkeit gerügt wurde, mit der er seine bahnbrechenden Gedanken der Welt übergab, ist eigentlich überraschend – auf jeden Fall eine Folge des willkürlichen Eingriffs von Osiander. Überraschend deshalb, weil der Osiander-Text im gesamten Duktus von der mit dem Namen des Copernicus unterzeichneten Widmung an Paul III. abweicht. Spricht Copernicus von sich in der 1. Person Singular, wird bei Osiander durchgängig von „dem Autor" und in verwandten Formen der 3. Person gesprochen. Zu den wenigen Gelehrten, die noch im 16. Jahrhundert erkannten, daß die anonyme Praefatio eine fremde Zutat ist, gehörte Giordano Bruno. In seinem „Aschermittwochsmal" (1584) schreibt er über

einen, ich weiß nicht, von was für einem unwissenden und anmaßenden Esel dem Buche beigefügten Einführungsbrief..., um für den Verfasser eine Entschuldigung vorzuschützen oder vielleicht auch, damit einige Esel, die hier nach Disteln suchen möchten, nicht ganz hungrig bleiben sollten

(G. Bruno, Das Aschermittwochsmal, 1904, S. 87).

Noch auf einen anderen Aspekt muß aufmerksam gemacht werden: Wenn nun kein Zweifel darüber bestehen kann, daß Copernicus die Zentralstellung der Sonne als Realität betrachtete, ist andererseits hervorzuheben, daß er von Beginn an nicht im geringsten daran zweifelte, daß die mathematische Darstellung der Planetenbewegung nur mit Einschluß der tradierten Deferenten, Epizykel, Exzenter usw. möglich ist, wie er dies schon im „Commentariolus" deutlich macht. Freilich gelingt es Copernicus, einen Teil der „Phänomene", nämlich die Stillstände und Rückläufigkeiten der Planeten in ganz einfacher Weise nicht mittels hypothetischer geometrischer Konstruktionen „zu retten", sondern als notwendige Folge der Erdbewegung zu erklären. Insoweit kommt er der aristotelischen Forderung der Gleichförmigkeit der Kreisbewegung der Planeten näher, die nun aus der Erdbewegung in viel einfacherer Weise ableitbar ist und in diesem Sinne hebt sich für Copernicus die Trennung zwischen rein hypothetischer Astronomie und realer Physik auf. Dies gelingt Copernicus, indem er sich von der Vorstellung trennt, daß alle erscheinenden Bewegungen der Himmelskörper tatsächlich ausgeführt werden, sondern dadurch vorgetäuscht sind, daß wir das Weltall als sich selbst bewegender Beobachter betrachten. Nun konnte Copernicus verkünden:

Wir finden daher in dieser Anordnung die wunderbare Zusammenfügung der Welt und den festen harmonischen Zusammenhang zwischen Bewegung und Größe der Kugelschalen, wie er auf keine andere Weise gefunden werden kann. Denn wer nicht oberflächlich beobachtet, kann hier inne werden, warum beim Jupiter die Vor- und Rückläufigkeit größer erscheint als beim Saturn und kleiner als beim Mars, und wieder bei der Venus größer als beim Merkur... All das geht aus ein- und demselben Grund hervor, welcher in der Bewegung der Erde besteht.

(NCGA 3.1, Kap. 1.10)

Dennoch befand sich Copernicus hinsichtlich der technischen Ausgestaltung seines Systems letztlich in demselben Dilemma, wie die Astronomen zuvor. Für die mathematische Umsetzung seiner Grundgedanken mußte er hypothetische geometrische Konstruktionen ersinnen, die nur einem Ziel zu dienen hatten: eine möglichst genaue Darstellbarkeit der Gestirnsbewegung, also letztlich die bekannte „Rettung der Phänomene" mit Epizykeln, Exzentern usw. Diesen Aspekt im Werk des Copernicus, die Trennung zwischen Physik und Mathematik, erkannte bereits Kepler, als er die Frage erörterte,

was für ein Körper aber sich im Mittelpunkt [der Welt] befindet, ob keiner dort ist, wie Kopernikus will, wenn er rechnet, und zum Teil auch Tycho, oder die Erde, wie Ptolemäus und Tycho es wollen, oder endlich die Sonne, wie ich will und wie auch Kopernikus, wenn er spekuliert.

(J. Kepler, Neue Astronomie, 1929, S. 222)

Daß sich Copernicus der hypothetischen Natur der Epizykel und exzentrischen Kreise als rein mathematischem Kunstgriff völlig bewußt war und nicht annahm, daß die Planeten diese Bewegungen real ausführen, scheint u. a. daraus hervorzugehen, daß er mehrfach die Gleichwertigkeit verschiedener Darstellungsweisen betont und die Entscheidung für eine der Möglichkeiten nicht mit einer größeren Wahrscheinlichkeit oder gar Wahrheit begründete. So schreibt er im Zusammenhang mit der Darstellung der scheinbaren ungleichmäßigen Bewegung der Planeten:

> Was also die Alten ... als eine einzige Bewegung in zwei exzentrischen Kreisen angesehen haben, halten wir für zwei gleichmäßige Bewegungen, durch deren Zusammensetzung die Ungleichmäßigkeit der Erscheinungen, entweder vermittelst eines Exzenters auf einem exzentrischen Kreis oder eines Epizykels auf einem Epizykel oder eines Mischgebildes aus einem Epizykel auf einem Exzenter entsteht, welche nach unserem frühern Beweis bei der Sonne und dem Mond dieselbe Ungleichmäßigkeit bewirken können.

(NCGA 3.1, Kap. 5.4)

Mit seinem grundlegenden kosmologischen Ansatz kam Copernicus der Vereinigung von Astronomie und Physik zwar nahe, doch die Phänomene ohne rein zum Zweck der mathematischen Darstellbarkeit ersonnene Konstruktionen zu erklären und damit das Prinzip der „Rettung der Phänomene" aufzugeben, war Johannes Kepler vorbehalten, der auf Grundlage einer erheblich gesteigerten Beobachtungsgenauigkeit entdeckte, daß die Planeten nicht auf Kreisbahnen laufen. Johannes Kepler war es auch, der erstmals die Autorschaft Osianders am anonymen Vorwort zum Hauptwerk publik machte. In seiner „Astronomia nova" (1609) verteidigte er Copernicus gegen den von Petrus Ramus erhobenen Vorwurf, Copernicus hätte sein Werk lediglich in die Form einer Hypothese gekleidet, womit er auf die Praefatio Osianders abzielt:

> Es ist eine recht törichte Posse, ich gebe es zu, die Natur aus falschen Ursachen zu erklären. Aber die Posse liegt hier nicht bei Copernicus. Denn er hat seine Hypothesen für wahr gehalten, ebenso wie jene Alten die ihrigen. Und er hat sie nicht nur für wahr gehalten, sondern auch als wahr erwiesen... Copernicus dichtete also keine Possen, sondern sagt

allen Ernstes Unerhörtes, d. h. er treibt Philosophie und das wünschest du ja von deinem Astronomen.

(J. Kepler, Neue Astronomie, 1929, S. 4)

Dann nennt er als Autor der „Possen" Andreas Osiander. Kepler stützt sich dabei zunächst darauf, daß er in seinem Handexemplar des Hauptwerkes eine darauf hinweisende Eintragung fand: Über den Text „Ad lectorem hypothesibus huius operis" war handschriftlich der Name Osianders gesetzt. Diese Ergänzung stammt von der Hand Hieronymus Schreibers, Mathematiker in Nürnberg, Schüler von Johannes Schöner, dem dieses Exemplar gehörte, wie eine Widmung des Petreius an Schreiber belegt (N. Copernicus, De revolutionibus, Faksimiledruck der Erstausgabe, 1965). An der Zuverlässigkeit Schreibers konnte nicht gezweifelt werden. Sicher war er über die Urheberschaft Osianders durch Petreius, Schöner oder Osiander selbst unterrichtet, kannte vielleicht sogar das Druckmanuskript. Weitere Informationen, die das Zustandekommen der Osianderschen Praefatio erhellen, erlangte Kepler aus den genannten Briefen Osianders an Copernicus und Rheticus.

Wenn Kepler erstmals die Autorschaft Osianders 1609 publizierte, hatte er sie schon 1601 in einer zum Druck vorbereiteten, aber nicht erschienenen Schrift „Apologia Tychonis contra Ursum" dargelegt (J. Kepler, Gesammelte Werke, Bd. XX,1, 1988, S. 15–82). Der inhaltliche Anknüpfungspunkt ist Kepler mit dem Hypothesenbegriff von Nicolaus Reimarus Ursus gegeben, der in Übereinstimmung mit Osiander und der tradierten Astronomie auf eine fiktive Annahme zielt, die lediglich den Berechnungen des Astronomen dient, aber nicht der Wirklichkeit entsprechen muß.

In den Streit um die fremden Zutate zum Werk des Copernicus geriet weiterhin der Titel des Buches (E. Rosen, The authentic title of Copernicus's major work, 1943). Copernicus hatte dem Manuskript des Werks keinen Titel gegeben. Merkwürdigerweise waren in den Georg Donner, Achilles Gasser und Johannes Kepler gehörenden Exemplaren neben der Praefatio Osianders (teilweise dem Brief Nikolaus Schönbergs) aus dem Titel die Worte „orbium coelestium" gestrichen. Sind diese ebenfalls nicht authentisch und wollte Copernicus sein Werk einfach mit „De revolutionibus" – „Über die Umschwünge" – betiteln? Dies wird tatsächlich angenommen, zumal Rheticus ebenfalls schreibt „De libris revolutionum ... narratio prima". Allerdings lag zur Zeit der Abfassung der „Narratio prima" ohnehin noch kein Titel für das Buch fest, sonst hätte ihn ja Co-

NICOLAI CO

PERNICI TORINENSIS

DE REVOLVTIONIBVS ~~ORBI-~~

~~um coelestium~~, Libri VI.

EWL

Habes in hoc opere iam recens nato, & ædito,
ſtudioſe lector, Motus ſtellarum, tam fixarum,
quàm erraticarum, cum ex ueteribus, tum etiam
ex recentibus obſeruationibus reſtitutos: & no-
uis inſuper ac admirabilibus hypotheſibus or-
natos. Habes etiam Tabulas expeditiſsimas, ex
quibus eoſdem ad quoduis tempus quàm facilli
me calculare poteris. Igitur eme, lege, fruere.

ἀγεωμίφητος ἰδεὶς ἐισίτω.

**BIBL.
VNIVERS.
LIPS.**

Norimbergæ apud Ioh. Petreium,
Anno   M.   D.   XLIII.

---

pernicus in sein Manuskript eintragen können. Rührt also der vollständige Titel von Osiander oder Rheticus her? Wenn dem wirklich so sein sollte, darf dem keine allzu große Bedeutung beigemessen werden, da die Ergänzung sinnvoll ist und sich analoge Formulierungen zum endgültigen Titel im Werk selbst finden, beispielsweise in der Überschrift zu Kapitel 1.10 „De ordine caelestium orbium" oder in der Widmung an den Papst „de revolutionibus sphaerarum mundi". Da es also einen sachlich begründeten Einwand gegen den Titel nicht gibt und über dessen Herkunft nicht sicher entschieden werden kann, soll dieser Sache keine weitere Aufmerksamkeit geschenkt werden.

In der außerordentlich verdienstvollen deutschen Übersetzung des Werkes von Copernicus durch den Halberstädter Gymnasialprofessor Carl Ludwig Menzzer aus dem Jahre 1879 wird der Titel mit „Über die Kreisbewegungen der Weltkörper" übertragen und fand nachfolgend Eingang in die Literatur. Bedauerlicherweise, denn hier war Menzzer, der so viele schwierige Passagen des Originals souverän in die deutsche Sprache übertrug, in einem doppelten Irrtum. Denn im Titel steht gerade nicht „Weltkörper", sondern das mehrdeutige „orbis"; außerdem verstand man in der alten Astronomie die himmlischen Bewegungen als Drehungen der Sphären, welche die Planeten mit sich führten und nicht als Bewegungen der Himmelskörper selbst. Mehrfach wurde darauf verwiesen, daß Copernicus den Begriff „orbis" in zweidimensionalem Sinn als „Kreis" oder „Bahn" vor allem dort verwendet, wo er Details der mathematischen Darstellung der Planetenbewegung behandelt, hingegen dort, wo er allgemein den Bau des Himmels als kosmologisches Modell darstellt, als Kugel oder Kugelschale. In mehreren Übersetzungen, beispielsweise ins Englische und Russische, wurde „orbis" als „Sphäre" wiedergegeben, was ebenfalls nicht korrekt ist, weil sich bei Copernicus „sphaera" im Titel nicht findet.

Für eine neue deutsche Übersetzung des Hauptwerkes wurde der Titel „Über die Umschwünge der himmlischen Kugelschalen" gewählt (Nicolaus Copernicus Gesamtausgabe, Bd. 3.1, bearbeitet von J. Hamel, 1993), in der Hoffnung, daß hierdurch der Copernicus eigenen Intention des kosmologischen Modells von Kugelschalen, auf denen die Planeten um die Sonne getragen werden, besser entsprochen werde. Der Begriff „Kreis" schien hier nicht berechtigt, weil ein Kreis nicht die mehrfach ineinandergeschachtelten Bewegungsabläufe gewährleisten kann. Daß mit „Kugelschale" die der Zeit des Copernicus vertraute Denkweise getroffen wurde, belegt dessen jüngerer Zeitgenosse Sebastian Münster, der unter „orbis" ein rundes, sphärisches Gebilde versteht, dessen Oberfläche begrenzt und dessen Inneres konkav ist – also eine Kugelschale darstellt (S. Münster, Rudimenta mathematica, 1551, S. 60).

In derselben Weise, wie die Herkunft des Titels fraglich ist, kann nicht gesagt werden, ob die beiden Zugaben auf dem Titelblatt, eine Zuschrift an den Leser und ein im Original griechisches Motto, von Copernicus oder einem der am Druck beteiligten Personen stammt:

> Geneigter Leser, Du erhältst in diesem erst kürzlich entstandenen und beendeten Werk die Bewegungen der Gestirne, sowohl der Fixsterne als auch der Wandelsterne, aus alten und neuen Beobachtungen hergeleitet und mit neuen und wunderbaren Hypothesen ausgestattet. Zugleich findest Du die brauchbarsten Tafeln, aus denen Du dieselben für jede beliebige Zeit so bequem wie möglich berechnen kannst. Daher kaufe, lies und genieße!
> Niemand soll eintreten, der nichts von Geometrie versteht.
>
> (NCGA 3.1)

Erstere dürfte von Petreius herrühren, der sich mehrfach für Bücher aus seiner Offizin ähnlicher „Werbe"-Texte bediente. Der griechische Satz geht auf die in ihrer Echtheit umstrittene Inschrift am Eingang zum Hörsaal der Platonischen Akademie zurück und ist in der Literatur in mehreren, voneinander abweichenden Formulierungen überliefert. Wenn dieser Zusatz nicht von Copernicus selbst bestimmt wurde, entspricht er doch der Intention der Widmung an Papst Paul III.

Mit seinem großen Werk stand Copernicus vor der Aufgabe, die als 1. und 2. Ungleichheit bezeichneten Erscheinungen der Planetenbewegung (einschl. Sonne und Mond) sowie die der Fixsternsphäre auf heliozentrischer Grundlage zu erklären und einer mathematischen Beschreibung zu unterziehen. Diese Erscheinungen waren vor allem:

1. der Wechsel von Tag und Nacht, einschl. der täglichen Drehung des Sternhimmels um die Erde,
2. die Jahresbewegung der Sonne durch den Tierkreis,
3. die ungleichmäßige Bewegung der Planeten,
4. die Schleifenbewegungen der Planeten,
5. die wechselnden Helligkeiten der Planeten,
6. die Bindung der Bewegung von Merkur und Venus an die Sonne,
7. die Schiefe der Ekliptik,
8. das Vorrücken der Tag- und Nachtgleichen.

Copernicus' Lösung resultierte aus einer dreifachen Bewegung der Erde, nämlich ihrer täglichen Drehung um die eigene Achse (zur Erklärung von Punkt 1), der jährlichen Bewegung der Erde um die Sonne (Punkt 2) sowie der Präzessionsbewegung der Erdrotationsachse (Punkt 7 und 8). Die übrigen Erscheinungen folgen aus dem Zusammenspiel der Bewegung der Erde und der Planeten um die Sonne, d.h. der Betrachtung der Planetenbewegung von einem selbst bewegten Beobachtungsort (Punkte 3–6).

Besonders auffällig ist, daß alle im geozentrischen System erforderlichen Epizykel mit den weiteren Konstruktionen zur Darstellung der zweiten Ungleichheit (die scheinbaren Unregelmäßigkeiten der Planetenbewegung) im System des Copernicus wegfallen, da diese sich als eine Widerspiegelung der Jahresbewegung in Verbindung mit der Bewegung der Planeten erwies. Ganz zwanglos ließ sich jetzt die eigenartige Bewegung von Merkur und Venus, die die inneren Planeten bilden, erklären. Die Planetenbewegung stellte sich als wesentlich geordneter dar und die scheinbare Rückläufigkeit des Sternhimmels von Ost nach West (entgegen der von West nach Ost erfolgenden Jahresbewegung) entfiel, da sie sich gleichfalls als von der Jahresbewegung der Erde vorgetäuscht erwies. Als wesentliches Ergebnis betrachtete es Copernicus, daß er auf den ptolemäischen punctum aequans verzichten konnte (vgl. Abb. 12).

Damit hatte Copernicus einige Elemente der Kompliziertheit der alten Planetentheorien beseitigt, die er in der Widmung an Paul III. als zu einem „Ungeheuer" führend bezeichnete (NCGA 3.1, Vorrede). Doch darüber hinaus war sich Copernicus, wie gesagt, im klaren, daß er auf Exzenter und Epizykelsysteme nicht verzichten konnte. Es ist also nicht richtig, daß Copernicus zunächst von einfachen konzentrischen Kreisbahnen ausging und erst bei exakter Durchrechnung seiner Theorie auf die Notwendigkeit dieser antiken Hilfsmittel für sein System stieß. Die schöne, eine klare Gliederung des Planetensystems darstellende Zeichnung seiner heliozentrischen Welt, wie er sie in seinem Werk gibt, täuscht. Hier wird die kosmologische Grundstruktur wiedergegeben, das Anspruch auf Realität erhebende Bild der Welt, unabhängig von jeder, sich rein nach der Nützlichkeit, d.h. der Genauigkeit der Berechnungen gestaltenden geometrischen Zutat.

Da die Bewegung der Planeten keine einfache Kreisbewegung ist, gleich ob mit der Erde oder der Sonne im Zentrum, war ein Verzicht auf Epizykel unmöglich. Hinzu kommt noch die bisher nicht erwähnte Breitenbewegung der Planeten (veränderliche Abstände der Planeten vom Äquator) durch unterschiedliche Neigungen ihrer Bahnen gegen die Ekliptik. In der

Summe ist zwar das heliozentrische System des Copernicus tatsächlich wesentlich harmonischer, von größerer Einheitlichkeit, aber in der mathematischen Durcharbeitung kaum einfacher. Die Rückführung der komplizierten scheinbaren Planetenbewegung auf gleichförmige Kreisbewegungen konnte kein anderes Resultat liefern, zumal Copernicus spätere Methoden der analytischen Darstellung mittels Reihenentwicklung nicht zur Verfügung standen.

Auf diese Weise hatte Copernicus den zum Bestand der antiken Philosophie und Physik gehörenden Forderungen nach gleichförmigen Planetenbewegungen auf Kreisbahnen besser Rechnung getragen, als es Ptolemäus und seinen Nachfolgern gelungen war. Das methodische Instrumentarium der copernicanischen Planetentheorie gehörte ganz der antiken Astronomie an. Nur hinsichtlich der Anwendung trigonometrischer Methoden, die besonders durch Johannes Regiomontan eine Weiterentwicklung erfuhren, ging er über seine alten Vorbilder hinaus. Das Aufgreifen antiker Prinzipien der Lösung astronomischer Probleme durch Copernicus ist keineswegs nebensächlich, da er von Beginn an deren bessere Umsetzung als wesentlichen Antrieb zur Erneuerung der Astronomie empfand. Daß die Realisierung dieser Prinzipien zur heliozentrischen Astronomie führte, damit zu eklatanten Verstößen gegen andere Grundsätze der aristotelischen Physik, war von Copernicus alles andere denn beabsichtigt. Hier wird einprägsam deutlich, auf welche Weise im Prozeß wissenschaftlicher Umwälzungen Altes und Neues miteinander verflochten sein kann, ja sogar die konsequente Rückbesinnung auf Altes zum Wegbereiter für revolutionierende Neuerungen werden kann.

Auf das antike Instrumentarium verzichtete erst Johannes Kepler, der mit seiner Erkenntnis der elliptischen Bahnform des Planetenlaufs sowohl das Prinzip der Gleichförmigkeit, als auch das der Kreisförmigkeit der Planetenbewegung entbehren konnte. Damit erreichte er außerdem einen höheren Grad an Einfachheit und Harmonie. Letzteres ist aber zu relativieren, da die Ansicht von Harmonie und Einfachheit nicht ohne den Hintergrund weiterreichender Wissenschaftskonzepte und ihre philosophische Fundierung bestimmbar ist. Denn wo liegt das Kriterium für Einfachheit? Was Kepler an seiner Planetentheorie harmonisch und einfach erschien, war für seine aristotelisch denkenden Zeitgenossen das genaue Gegenteil.

„De revolutionibus orbium coelestium" –
das Werk

Die „Umschwünge der himmlischen Kugelschalen" beginnen mit der anonymen Praefatio Osianders, auf die der Brief Nikolaus Schönbergs folgt. Daran schließt sich das Widmungsschreiben von Copernicus an Papst Paul III. an, dem unabhängig von dem Werk, dem es vorangestellt ist, als ein literarisches Zeugnis humanistischer Wissenschaft eine große Bedeutung zukommt. Copernicus schildert darin selbstbewußt und frei von den standardgemäßen Höflichkeitsfloskeln der Untertänigkeit seine Zweifel an der tradierten Astronomie, grenzt sich gegen zu erwartende Einwände ab, verweist auf die Versuche antiker Philosophen zur Aufstellung alternativer Weltmodelle und umreißt kurz sein System. Weil eine Inhaltsschilderung nicht annähhernd einen Eindruck von den literarischen Fähigkeiten des Autors zu geben vermag, wird das Widmungsschreiben im Anhang 1 vollständig abgedruckt. Die Frage, ob Papst Paul III. das ihm gewidmete Werk angenommen hat, ist bis heute nicht eindeutig geklärt worden, liegt jedoch nach indirekten Schlüssen nahe. Es dürfte wohl unmöglich gewesen sein, einem Papst ein Werk zu widmen, ohne es zuvor den päpstlichen Behörden vorzulegen und die Bestätigung erhalten zu haben. Dann hätte es eine Abschrift geben müssen, die in Rom vorgelegt wurde. Nach einem Register der 131 Kapitel beginnt Buch 1. Dem 1. Kapitel ist in der Handschrift eine Einleitung vorangestellt, die leider in den ersten Drucken des Werkes nicht erschien; auf die Streitfrage, ob sie schon Copernicus unterdrückte, weil sie ihm mit der Widmung an den Papst überflüssig erschien, oder erst Rheticus, soll nicht eingegangen werden. Da sich hier ein weiteres Mal die geradezu dichterische Kraft der Sprache des Copernicus darstellt, wird dieser Text ebenfalls im Anhang wiedergegeben (Anhang 2). In den folgenden 14 Kapiteln entwickelt Copernicus sein Weltmodell, sich dabei zunächst und so weit irgend möglich, an den „Almagest" des Ptolemäus anschließend: die Kugelgestalt der Erde und der Welt als Ganzes sowie die kreisförmige Bewegung der Himmelskörper. Sodann handelt er (Kapitel 6) von der „Unermeßlichkeit des Himmels im Vergleich zur Größe der Erde" und setzt sich mit der Theorie der „Alten" auseinander, die Erde müsse unbewegt im Mittelpunkt der Welt stehen, die er für nicht ausreichend begründet hält. Würde beispielsweise tatsächlich „die Erde und alles Irdische bei einer durch die Kräfte der Natur bewirkten Umdrehung zertrümmert" werden (NCGA 3.1, Kap. 1.8), wie

Ptolemäus befürchtet? Mit demselben Recht, wendet Copernicus ein, könnte man dies vom Himmel vermuten, der sich doch nach geozentrischer Weltvorstellung viel rascher bewegen müßte. Copernicus wendet ein, daß für die Erde jede Besorgnis überflüssig ist. Denn ihre Bewegung wäre keine erzwungene, sondern von Natur aus gegeben und könnte insofern für ihre Stabilität keine Gefahr bedeuten. „Ich füge noch hinzu, daß es ziemlich widersinnig erscheinen würde, dem Umschließenden oder der Wohnung eine Bewegung zuzuschreiben und nicht lieber dem Enthaltenen oder den Insassen, dies aber ist die Erde." (NCGA 3.1, Kap. 1.8) Daß sich die Welt dem Beobachter in der Weise darstellt, daß die Erde deren ruhende Mitte ist, kann als perspektivische Täuschung verstanden werden, in ähnlicher Weise, wie sich für Insassen eines Schiffes das Ufer zu bewegen scheint.

> Weil ja die Fahrenden beim ruhigen Gleiten des Schiffes alles, was außerhalb ist, in der Bewegung sehen, die ein Abbild der Schiffsbewegung ist und umgekehrt glauben, daß sie selbst mit allem was bei ihnen ist, ruhen, kann es ohne Zweifel bei der Bewegung der Erde vorkommen, daß man meint, die ganze Welt drehe sich.

> (NCGA 3.1, Kap. 1.8)

Die vielen, verwickelten Modelle der Planetenbewegung auf geozentrischer Grundlage, die im Laufe der Zeit entworfen wurden, vermochten nicht, die Wirklichkeit in befriedigender Weise, nach harmonischen, symmetrischen Strukturen zu erklären. Was entstand, glich eher einem „Ungeheuer" (NCGA 3.1, Vorrede), unwürdig dem von Gott eingerichteten Weltbau. Es ist hier nicht die Gelegenheit, allen Argumenten zu folgen, die Copernicus auseinandersetzt, um schließlich seine Vorstellung zu begründen, die in den berühmten, neuplatonischen Geist atmenden, poetischen Worten gipfelt:

> In der Mitte von allen aber hat die Sonne ihren Sitz. Denn wer möchte sie in diesem herrlichen Tempel als Leuchte an einen anderen oder gar besseren Ort stellen als dorthin, von wo aus sie das Ganze zugleich beleuchten kann? Nennen doch einige sie ganz passend die Leuchte der Welt, andere den Weltengeist, wieder andere ihren Lenker, Trismegistos nennt sie den sichtbaren Gott, die Elektra des Sophokles den Allesse-

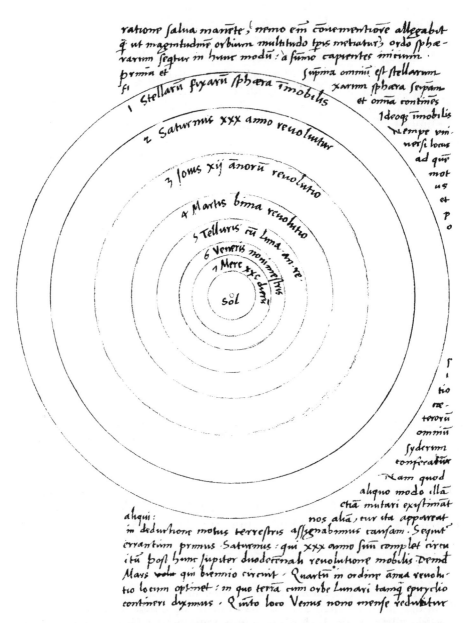

ratione falua manete, nemo em conementiore allegabit
q̃ ut magnitudinẽ orbium multitudo tpr̄s metiatur̄; ordo ſphæ-
rarum ſequitur in hunc modũ: à ſũmo capientes initium.

prima et
fi

ſupra omniũ eſt ſtellarum
xarum ſphæra ſerpan-
et omnia contines
Ideoq̃ immobilis
nempe uni-
uerſi locus
ad quẽ
mot-
us
et
P
o

1 Stellarũ fixarũ ſphæra immobilis
2 Saturnus xxx anno reuoluitur
3 Iouis xij anorũ reuolutio
4 Martis bima reuolutio
5 Telluris cũ Luna An. re.
6 Veneris nonimeſtris
7 Merc̄ xxc dierũ

Sol

ſ
i
tio
re-
terorũ
ommũ
ſyderum
conſeratũr
Nam quod
aliquo modo illã
etã mutari exiſtimat
nos alia, eur ita appareat

aliqui:
in deductione motus terreſtris aſſignabimus cauſam. Sequit̄
errantium primus Saturnus: qui xxx anno ſuũ complet cir̄cu
itũ poſt hunc Iupiter duodecinah reuolutione mobilis Demd
Mars uolu qui biennio circuit. Quartũ in ordine annua reuolutio locum optinet: in quo terra cum orbe Lunari tanq̃ epyrclio
contineri diximus. Quinto loco Venus nono menſe reducitur

Bild 76 Dank der Sorgfalt früherer Besitzer und mancher glücklicher Zufälle blieb das eigenhändig geschriebene Manuskript von Copernicus bis heute erhalten (Universitätsbibliothek Krakau). Die Tuschezeichnung gibt die kosmologische Grundstruktur des heliozentrischen Planetensystems wieder – eines der berühmtesten Bilder der Wissenschaftsgeschichte!

henden. So lenkt die Sonne gleichsam auf königlichem Thron sitzend, in der Tat die sie umkreisende Familie der Gestirne. Auch wird die Erde keineswegs der Dienste des Mondes beraubt, sondern der Mond hat, wie Aristoteles in der Abhandlung über die Lebewesen sagt, mit der Erde die nächste Verwandtschaft. Indessen empfängt die Erde von der Sonne und wird mit jährlicher Frucht gesegnet. Wir finden daher in dieser Anordnung die wunderbare Symmetrie der Welt und den festen harmonischen Zusammenhang zwischen Bewegung und Göße der Kugelschalen, wie er auf keine andere Weise gefunden werden kann.

(NCGA 3.1, Kap. 1.10)

Copernicus erkennt, daß sein System in einem Punkt leicht angreifbar ist: Bewegt sich die Erde um die Sonne, müßten eigentlich die Örter der Gestirne von zwei entgegengesetzten Punkten der Erdbahn unter verschiedenen Winkeln gesehen werden, also eine parallaktische Verschiebung zeigen. Davon ist jedoch nichts zu bemerken, die Gestirnspositionen sind unveränderlich. Auf diese Erscheinung der Parallaxe, die erst 1837/38 Friedrich Wilhelm Bessel entdeckte, soll später eingegangen werden, hier sei nur erwähnt, daß Copernicus diesen Einwand zutreffend, doch mit für seine Zeit unannehmbar großen Dimensionen des Weltalls zu begegnen sucht. Bei diesen gewaltigen Entfernungen der Gestirne wird der Parallaxenwinkel unmeßbar klein, „weil jedes sichtbare Ding eine gewisse Entfernung besitzt, jenseits welcher es nicht mehr gesehen wird" (NCGA 3.1, Kap. 1.10).

Im ersten Buch verfolgt Copernicus das Ziel, durch Prüfung der Fundamente des geozentrischen Weltsystems dieses zu erschüttern, um seine eigenen Vorstellungen zu entwickeln und ihre Berechtigung zu beweisen. In der ursprünglichen Gliederung war dieses Buch mit dem Kapitel „Beweise der dreifachen Bewegung der Erde" (d. h. 1. die Tagesdrehung, 2. die Jahresbewegung um die Sonne, 3. die Drehung der Richtung der Erdrotationsachse im Raum im Verlauf von 25 700 Jahren, also die Präzession) abgeschlossen. Es folgte Buch 2, in welchem Copernicus grundsätzliche Ableitungen der ebenen und sphärischen Trigonometrie darstellte, die für künftige Erörterungen von Bedeutung sind. In einer späteren Umstellung fügte er sie als Kapitel 12 bis 14 dem 1. Buch an. Mit dieser Umstellung entfiel ein langer Passus (die Schlußworte des 1. und die Einleitung zum 2. Buch), der im Autograph erhalten blieb und u. a. deshalb von Bedeutung ist, weil er den sog. „Lysisbrief" einschließt. In diesem, von Copernicus selbst aus dem Griechischen ins Lateinische übertragen, legt der Pythagoreer Lysis von Tarent die Forderung der Pythagoreer dar, philosophische Weisheiten nicht der großen Menge, sondern nur dafür gründlich vorbereiteten Freunden und Verwandten anzuvertrauen – ein Gedanke, dem Copernicus wenigstens zeitweise zugeneigt war.

Im 2. Buch stellt Copernicus die Grundlagen der sphärischen Astronomie dar; es hat insofern mit der Spezifik seines Systems wenige Berührungspunkte. Copernicus behandelt die Kreise des Himmels und ihr Verhältnis zueinander, wie die Ekliptik, den Himmelsäquator, den Meridian, dann die Gestirnskoordinaten (Deklination als Abstand vom Himmelsäquator in der Breite und Rektaszension als Länge auf dem Himmelsäquator), schließlich die Länge eines schattenwerfenden Gegenstandes in Abhängigkeit von der geografischen Breite und die Länge der Tage. Das heutige 14. Kapitel umfaßt den Katalog der Fixsterne, der ursprünglich als eigenständiges Buch gedacht war. In Anlehnung an den Ptolemäischen Katalog gibt Copernicus ein Verzeichnis der Koordinaten von 1022 Sternen sowie einiger nebliger Objekte. Die ihnen beigefügten Koordinaten sind dem Almagest entnommen und lediglich auf einen anderen Koordinatenursprung umgerechnet. Während Ptolemäus die Rektaszension vom Frühlingspunkt, als einem der Schnittpunkte zwischen Himmelsäquator und Ekliptik aus mißt (jeweils in den 30°-Abschnitten der Tierkreissternbilder), setzt Copernicus den 0-Punkt der Rektaszension auf den Stern γ im Widder, woraus sich eine Rektaszensionsdifferenz zu Ptolemäus von 6°40' ergibt.

Das 3. Buch ist den Phänomenen der scheinbaren Sonnenbewegung gewidmet, die Copernicus als Erscheinungen der Bewegung der Erde um die Sonne erklärt. Zu ihnen gehören die Schiefe der Ekliptik, das mit der Präzessionsbewegung der Erdrotationsachse beschriebene Vorrücken der Tag- und Nachtgleiche und die Länge des Jahres, die mit dem in der Widmung an den Papst angesprochenen Problem der Kalenderreform im Zusammenhang zu sehen ist.

Buch 4 enthält neben der Theorie des Mondes die Darlegung der relativen Größen von Sonne, Mond und Erde, womit Copernicus schließlich über die Mittel verfügt, eine Anleitung zur Berechnung der Sonnen- und Mondfinsternisse zu geben. Obwohl hier die Spezifik des heliozentrischen Ansatzes kaum zum Tragen kommt, gibt Copernicus doch eine in manchen Details stark verbesserte Theorie der Phänomene der Mondbewegung. Die von Ptolemäus gewählten Dimensionen der Mondkreise hatten nämlich zur Folge, daß der scheinbare Monddurchmesser bei Halbmond in manchen Fällen doppelt so groß wie bei Vollmond hätte sein müssen, was eklatant den Beobachtungen widerspricht. Durch eine bessere Wahl der

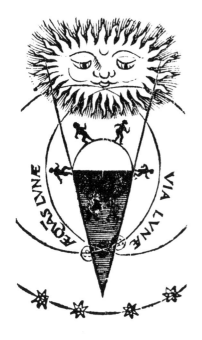

Bild 77 Mondfinsternisse entstehen durch den Eintritt des Mondes in den Erdschatten und sind nicht von jedem Punkt der Erde aus gleichermaßen sichtbar. Nach: Johannes de Sacrobosco, Libellus de sphaera. Wittenberg 1578.

Dimensionen des Deferenten des Mondes sowie zweier Epizykel gelang es Copernicus, dieses Verhältnis mit 4:3 darzustellen, was dem tatsächlichen Wert von 8:7 wesentlich näherliegt. Dieses Thema gibt Copernicus Gelegenheit, Herstellung und Handhabung des Dreistabes darzustellen, worauf bereits oben eingegangen wurde.

Mit den beiden letzten Büchern handelt Copernicus die Bewegung der Planeten ab, zunächst im 5. die in der Länge. Hier gelingt ihm insofern eine erhebliche Vereinfachung, als er durch die Einführung der Erdbewegung auf die größten ptolemäischen Epizykel eines jeden Planeten verzichten kann. Insbesondere die Kapitel zu Venus und Merkur weisen durch vielfache umfangreiche Streichungen, Umarbeitungen, Ergänzungen und kleineren Korrekturen auf die Schwierigkeiten, die Copernicus zu bewältigen hatte. An mehreren Stellen wurden längere Passagen im Autograph gestrichen und vorherige Gedankengänge erneut aufgenommen, andere Beobachtungen herangezogen, Korrekturen erneut korrigiert usw. Die Handschrift ist über mehrere Seiten völlig unübersichtlich und hat den Charakter eines Entwurfs bis zuletzt beibehalten.

Das 6. Buch schließlich beinhaltet die Breitenbewegung der Planeten. Während diese bei Ptolemäus durch die Neigung der Epizykel gegen den Exzenter erklärt wird, resultiert sie bei Copernicus im wesentlichen aus der Neigung der Erdbahn sowie der Bahnen der anderen Planeten gegen die Ekliptik. Abgesehen von diesen, durch Copernicus' heliozentrischen Ansatz bedingten Unterschied, steht das 6. Buch des Copernicus dem XIII. des „Almagest" sehr nahe, trägt manchmal den Charakter eines Kommentars hierzu. Dieses letzte Buch des ganzen Werkes endet abrupt, ohne eine Schlußschrift, eine Zusammenfassung oder einen anderen abschließenden Text. Besonders in Hinblick auf die ersten, literarischen Texte des Werkes fällt dies besonders auf. Der Gedanke liegt nahe, daß Copernicus diese Abrundung, das eigentliche Ende des Werkes bis zuletzt aufgeschoben hatte, dann aber nicht mehr zu dessen Ausführung kam, vielleicht dazu nicht mehr in der Lage war.

Die Ausstattung des im ersten Druck von 1543 202 Blatt umfassenden Buches ist sehr sorgfältig, doch schlicht gehalten (Bild 78). Außer den 142 geometrischen Textabbildungen gibt es kein illustrierendes Beiwerk. Als einziger Schmuck wurden die Initialen der Buch- und Kapitelanfänge mit Rankwerk und tierischen oder menschlichen Figuren gestaltet; der Druckspiegel, in sauberen, klaren Lettern gesetzt, hat eine Größe von 20,5 cm x 12 cm. Die Auflagenhöhe wird bei etwa 500 Exemplaren gelegen haben, von denen heute, nach einer systematisch durchgeführten Erhebung noch 258 nachweisbar sind (O. Gingerich, An annotated census, in prep.). Der Nürnberger Ausgabe wurde eine in zwei Varianten bekannte Druckfehlerliste beigegeben, die jedoch sehr selten ist. Merkwürdigerweise weist sie nur 47 Zeilen Text auf und bricht mit einem Nachtrag zu Bl. 146 (Buch 5, Kap. 6) ab.

Bereits 23 Jahre nach dem Nürnberger Erstdruck erschien in Basel eine zweite Ausgabe, die neben dem Text des Werkes selbst (einschließlich der Vorreden) als bedeutsamen Zusatz die „Narratio prima" von Rheticus nach der zweiten Auflage von 1541 enthält. Dieser Druck ist in weniger klaren Lettern ausgeführt als der Nürnberger und weist viele neue Druckfehler auf, während andererseits einige des Erstdruckes korrigiert wurden.

74 Jahre nach dem ersten Erscheinen wurde in Amsterdam durch den Arzt und Astronomen Nicolaus Mulerius die 3. Auflage besorgt (Bild 79). Der Herausgeber fügte dem Werk erläuternde Anmerkungen hinzu, die den Charakter eines Kommentars zu geschichtlichen, mathematischen und astronomischen Problemen tragen sowie u. a. eine kurze Biographie des Autors und ein Verzeichnis der im Werk enthaltenen Beobachtungen. Von der Amsterdamer Ausgabe wurden 1640 und 1646 zwei Titeldrucke herausgegeben, deren wissenschaftliche Bearbeitung noch aussteht. Während von letzterer nur noch, oder wenigstens, ein Exemplar bekannt

NICOLAI COPER-
NICI REVOLVTIONVM
LIBER PRIMVS.

Quòd mundus sit sphæricus.   Cap. i.

RINCIPIO aduertendum nobis est, glo
bosum esse mundum, siue quòd ipsa for=
ma perfectissima sit omnium, nulla indi=
gens compagine, tota integra: siue quòd
ipsa capacissima sit figurarum, quæ com
præhensurũ omnia, & conseruaturũ maxi
me decet: siue etiam quòd absolutissimæ

quæcჳ mundi partes, Solem dico, Lunam & stellas, tali forma
conspiciantur: siue quòd hac uniuersa appetãt terminari. quod
in aquæ guttis cæterisცჳ liquidis corporibus apparet, dum per
se terminari cupiunt. Quo minus talem formam cœlestibus cor
poribus attributam quisquam dubitauerit.

Quòd terra quocჳ sphærica sit.   Cap. ii.

Erram quocჳ globosam esse, quoniam ab omni par=   *certũ est*
te centro suo innititur. Tametsi absolutus orbis non
statim uideatur, in tanta montiũ excelsitate, descen=
suცჳ uallium, quæ tamen uniuersam terræ rotundita
tem minime uariant. Quod ita manifestũ est. Nam ad Septen=
trionem undequacჳ commeantibus, uertex ille diurnæ reuolu=
tionis paulatim attollitur, altero tantundem ex aduerso subeun
te, pluresცჳ stellæ circum Septentriones uidentur nõ occidere,
& in Austro quædam amplius non oriri. Ita Canopum non cer
nit Italia, Ægypto patentem. Et Italia postremam fluuij stellam
uidet, quam regio nostra plagæ rigentioris ignorat. E contra=
rio in Austrum transeuntibus attolluntur illa, residentibus ijs,
quæ nobis excelsa sunt. Interea & ipsჶ polorum inclinationes ad
emersa terrarum spacia eandem ubicჳ rationem habent, quod
                                                    a   in

Bild 78   Der Druck der „Revolutiones" ist sehr schlicht gehalten. Die Buch und Kapitlanfänge sind
mit verzierten Initialen geschmückt.

wurde, gilt die 1640er Ausgabe derzeit als verschollen, ja ihre Existenz überhaupt zweifelhaft.

Von den Ausgaben in neuerer Zeit sei zunächst die Warschauer aus dem Jahre 1854 genannt. Neben dem Text der Erstausgabe enthält sie deren polnische Übersetzung sowie weitere Arbeiten von und über Copernicus: das Vorwort von Rheticus zur Trigonmietrie des Copernicus, einen Auszug aus den Ephemeriden des Rheticus, sowie von Copernicus das Gedicht „Septem sidera", die Denkschriften zur Münzreform, die lateinische Übersetzung der Briefe des Theophilactus und einige Briefe von Coper-

NICOLAI COPERNICI
Torinenſis.

ASTRONOMIA
INSTAVRATA,
Libris ſex comprehenſa, qui *de Revolutionibus orbium cæleſtium* inſcribuntur.

Nunc demum poſt 75 ab obitu authoris annum integritati ſuæ reſtituta, Notiſque illuſtrata, opera & ſtudio

D·NICOLAI MVLERII
Medicinæ ac Matheſeos Profeſſoris ordinarij in nova Academia quæ eſt
GRONINGÆ.

PRÆSTAT

AMSTELRODAMI,
Excudebat VVilhelmus Ianſonius, ſub Solari aureo.
Año M·D·C·XVII

Bild 79 Der Herausgeber der dritten Ausgabe des Hauptwerkes fügte dem Text Kommentare hinzu, die von eigenständigem wissenschaftlichem Wert sind.

nicus selbst. Hier kommen ferner erstmals einige nur in der Handschrift erhaltenen Teile des Werkes zum Abdruck, darunter das Vorwort zum 1. Buch. Bedauerlicherweise ist der lateinische Text durch die Auslassung von Worten, Satzteilen, ja ganzen Zeilen recht fehlerhaft.

Die Aufnahme der copernicanischen Astronomie in der zeitgenössischen Gelehrtenwelt – pro und contra

Das Werk des Copernicus erschien in der Zeit eines Aufschwungs der Astronomie. Regelmäßige Himmelsbeobachtungen erfolgten an mehreren Orten und nicht nur Kometen und Finsternisse erregten die Aufmerksamkeit. Die Zahl der gedruckten Bücher stieg seit den 20er Jahren des 16. Jahrhunderts deutlich an. Unter ihnen befanden sich sowohl verbesserte Ausgaben antiker Autoren, auf ihnen fußende Grundlagenwerke, wie auch als Neuerscheinung auf dem Buchmarkt eine unübersehbare Zahl von Lehrbüchern für den Universitätsbetrieb sowie zur Herstellung und den Gebrauch astronomischer Instrumente und Sonnenuhren. Unter den Lehrbüchern befanden sich sowohl Anleitungen zum Grundlagenstudium der Astronomie, als auch Werke für fortgeschrittene Interessenten. An einen größeren, wenigstens über elementare Lesefähigkeiten verfügenden Kreis auch der sozialen Mittelschichten wandten sich seit dem 1. Drittel jenes Jahrhunderts die in großer Zahl gedruckten Kalender, Prognostiken und astrologischen Deutungsschriften besonderer Himmelserscheinungen. Selbst wenn man von den damals geringen Auflagenhöhen von wenigen hundert Exemplaren ausgeht (nur bei Kalendern und Prognostiken gingen sie gelegentlich bis in die Tausende), muß anerkannt werden, daß es seit Mitte des 16. Jahrhunderts einen vielfältigen astronomischen Buchmarkt gab, der für Menschen aller Bildungsstufen und Interessen Informationsmöglichkeiten bot.

Rein äußerlich betrachtet fiel das Werk des Copernicus unter den übrigen astronomischen Drucken kaum auf. Zudem war es auf einem so hohen theoretischen Niveau verfaßt, darin wohl nur dem „Almagest" vergleichbar, daß der Interessentenkreis klein bleiben mußte. Vor allem waren Elementarlehrbücher gefragt, wie das „Libellus de sphaera" des

Johannes de Sacrobosco und die vielen vergleichbaren Bücher, aus denen man Kenntnisse für die Berechnung von Kalendern, die Anfertigung einfacher Beobachtungsinstrumente und Sonnenuhren sowie die Behandlung astrologischer Themen entnehmen konnte. An vielen Universitäten legten die Professoren der Astronomie Wert darauf, nach ihrem eigenen Lehrbuch zu unterrichten, das sich freilich in der Regel von dem zu einem Markenzeichen erhobenen „Sacrobosco" nur in einem mehr oder weniger gelungenen didaktischen Aufbau unterschied.

Bild 80 Ein Porträtgemälde von Copernicus aus dem 16. Jahrhundert, Öl auf Eichenholz, das in der Bildtradition des „Porträts mit dem Maiglöckchen" steht.

Die Rezeption der Theorie des Copernicus ging zunächst von Wittenberger Gelehrten aus, wobei Rheticus als Schlüsselfigur zu nennen ist. In seinen „Ephemerides novae" für 1551 bis 1582 (Bild 81), die schon im Titel den Hinweis auf Copernicus enthalten – „secundum doctrinam ... D. Nicolai Copernici Toronensis" – trat er für das heliozentrische Weltsystem ein und preist dessen Schöpfer als den „sehr bedeutenden Herrn Nicolaus Copernicus" (K. H. Burmeister, Georg Joachim Rheticus, Bd. III, S. 108). Weiterhin plante Rheticus noch 1563 einen Kommentar zum

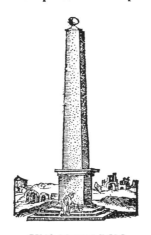

Bild 81 Georg Joachim Rheticus berechnete aus dem Werk des Copernicus Tafeln der Bewegung der Gestirne für die Jahre 1551 bis 1582.

Werk des Copernicus, wie er am 28. Oktober jenes Jahres an Taddäus Hagecius in Prag schrieb: „Ich habe gegenwärtig das Werk des Copernicus in die Hand genommen und denke daran, es mit meinem Kommentar zu erläutern. Denn einige Freunde bitten und drängen mich, diese Arbeit zu übernehmen" (Ebd., S. 182). Leider blieb dieser Plan wohl unausgeführt. In seinen späteren Lebensjahren widmete sich Rheticus vorwiegend trigonometrischen Fragen. Sein Leben verlief sehr unruhig, er wechselte mehrfach den Wohnsitz, was zur Folge hatte, daß er nur noch wenig Muße hatte, sich planvoller wissenschaftlicher Arbeit zu widmen. Sein Hauptwerk, monumentale trigonometrische Tafeln, wurden 1596 von seinem Schüler Valentin Otho posthum als „Opus Palatinum" herausgegeben, benannt zu Ehren des Heidelberger Kurfürsten, der dessen Zustandekommen finanziell gefördert hatte (Kontrakt des Pfalzgrafen Johann Casimir mit Valentin Otho, 1587–1592, Generallandesarchiv Karlsruhe 43/2414). Bedauerlicherweise ging der Nachlaß von Rheticus, ausgenommen die Handschrift des Copernicus, die des „Opus palatinum" und einer weiteren trigonometrischen Tafel verloren und damit historisch bedeutsames Material, das sich vermutlich in seinem Besitz befand.

Als weiterer, jedoch in anderem Licht zu sehender Anhänger des Copernicus ist Erasmus Reinhold zu nennen. Da dieser schon 1536 Mitglied des Wittenberger Professorenkollegiums wurde, dürfte er frühzeitig an den Diskussionen um die heliozentrische Lehre beteiligt gewesen sein. Sofort nach Erscheinen des Werkes von Copernicus, das er möglicherweise bei Rheticus im Manuskript gesehen hatte, arbeitete er es aufmerksam durch. Wie andere gründliche Leser fand er mehrere Fehler, zu denen nicht nur falsche Übernahmen alter Beobachtungen, sondern Rechenfehler gehörten, was den Schluß zuläßt, daß Copernicus am Ende „nicht mehr in der Lage war, die nötigen Verbesserungen durchzuführen, und infolge seiner Altersschwäche noch manche Fehler hinzugefügt hatte" (E. Zinner, Entstehung und Ausbreitung, 1988, S. 267). Rheticus mußte sich deshalb die vorwurfsvolle Frage gefallen lassen, warum er diese nicht korrigiert hatte. Beispielsweise stimmten die von Copernicus im Zusammenhang mit Parallaxenmessungen berechneten Deklinationen des Mondes nicht, so daß sich für die Mondentfernung im Apogäum und Perigäum (maximale und minimale Entfernung von der Erde) nicht fast 68 bzw. 56 41/60 Erdradien, sondern 65 36/60 bzw. 56 10/60 Erdradien ergeben (Ebd., S. 265f.). Dennoch erkannte Reinhold den großen Fortschritt, den die Arbeit des Copernicus für die Astronomie darstellt. Unter teilweiser Neuberechnung der Daten aus dem Werk von Copernicus stellte er Planetentafeln auf, welche die nicht mehr befriedigenden Alphonsinischen Tafeln ersetzen sollten. Unter dem Titel „Tabulae Prutenicae" (Bild 82), zu Ehren des Herzogs Albrecht von Preußen, dessen Residenz Königsberg er als Bezugsmeridian wählte, erschienen sie erstmals 1551 in Tübingen; weitere Auflagen folgten 1562, 1571 und 1585 in Tübingen und Wittenberg.

Reinhold hatte dem Werk von Copernicus, z.T. nach neuer Berechnung, die verbeserten Elemente der Planetensphären, die Angaben über die Präzession, die Jahreslänge, die Schiefe der Ekliptik, die Lage der Sonnenfernen und die Mondparallaxe sowie die Dreieckslehre entnommen. In seinen Tafeln hatte er den „hochberühmten" Copernicus „einen neuen Atlas oder einen anderen Ptolemäus" genannt (E. Reinhold, Prutenicae tabulae, 1551, Bl. d 4), ließ ihm überhaupt alle Ehre widerfahren. Bemerkenswert ist in diesem Zusammenhang eine Handschrift Reinholds, die einen Kommentar zu Copernicus' Hauptwerk darstellt und in ihrer ursprünglichen Funktion als das Konzept einer Vorlesung über die Theo-

Bild 82 Die „Tabulae Prutenicae", die „Preußischen Tafeln" von Erasmus Reinhold machten das Werk des Copernicus handhabbar für die Kalender- und Horoskopberechnung. Durch sie wurde Copernicus in der 2. Hälfte des 16. Jahrhunderts zu einem bekannten und berühmten Mathematiker.

rie der Planetenbewegung nach Copernicus anzusehen ist (E. Reinhold, Commentarius in opus revolutionum Copernici, Staatsbibliothek Berlin, Ms. lat. fol. 391, Bild 83)

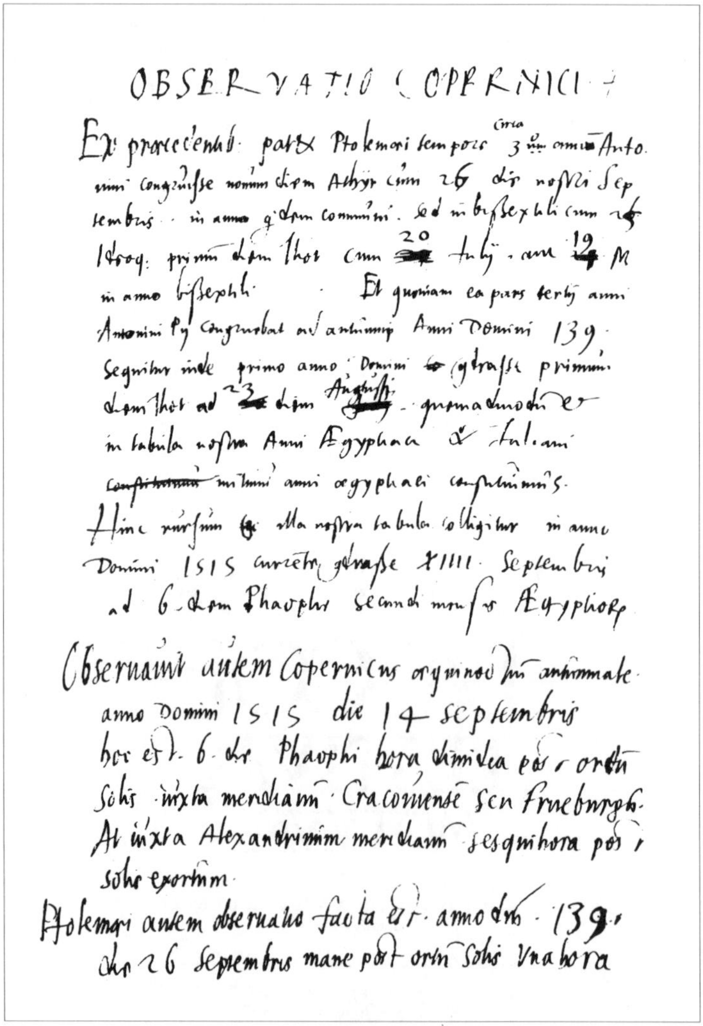

Bild 83 Ein von Erasmus Reinhold erhaltener Kommentar zum Werk des Copernicus stellt vermutlich das Konzept einer Vorlesung über die Theorie der Planetenbewegung nach Copernicus dar. Nach: Erasmus Reinhold, Commentarius in opus revolutionum Copernici, Staatsbibliothek zu Berlin, – Preußischer Kulturbesitz Ms. lat. fol. 391, Bl. 4.

An dieser Stelle ist deutlich zu machen, daß Reinhold sich nur den mathematisch-astronomischen Teil der heliozentrischen Theorie aneignete. Über das Problem der physikalischen Realität des Heliozentrismus hat er sich nie geäußert, was sicher darauf zurückzuführen ist, daß er als streng „klassisch" denkender Astronom durch das auf der Trennung zwischen Physik und Astronomie basierende Denkmodell schon das Problem der Realität einer astronomischen Theorie gar nicht akzeptierte. Mithin war diese Frage für Reinhold irrelevant. Dies hier zu erwähnen, ist wichtig, weil damit die scheinbar widersprüchliche Stellungnahme vieler Gelehrter zu Copernicus auf grundsätzliche wissenschaftstheoretische und -philosophische Standpunkte zurückzuführen ist. In Mißachtung der Notwendigkeit, die Geschichte aus sich selbst zu erklären und erst im Anschluß daran Bewertungen zu suchen, schrieb Prowe, was noch heute in manchen Arbeiten anklingt:

Reinhold blieb in Wittenberg. Er war stets vorsichtiger aufgetreten. Auch in seiner schriftstellerischen Thätigkeit musste er schon, um den aus derselben gewonnenen Brod-Erwerb nicht zu gefährden, sich den herrschenden kosmischen Anschauungen eng anschließen.

(L. Prowe, N. Coppernicus, Bd. 1.2, 1882, S. 280)

Darin steckt zudem der sachliche Fehler, der unvorsichtigere Rheticus sei von Melanchthon aus Wittenberg hinauskomplimentiert oder gar vertrieben worden. Reinhold verfolgte lediglich das alte Wissenschaftskonzept der Astronomie zur „Rettung der Phänomene". Niemand brauchte ihn zu zwingen, dies zu tun – Reinhold urteilte als Astronom, was man zu seiner Zeit im Sinne eines Mathematikers verstand.

Eine weitere wichtige Person für die Aufnahme der copernicanischen Lehre war Philipp Melanchthon, Philosoph und Theologe (Bild 84). War es für den Astronomen gleichgültig, wie die Wirklichkeit, unabhängig von allen noch so komplizierten Epizykelkonstruktionen beschaffen ist – dies lag im Zuständigkeitsbereich des Physikers und Philosophen. Unter Physik verstand Melanchthon die aristotelische Physik, in der die Zentralstellung der Erde fest begründet war. So ist es denn erwartungsgemäß, daß Melanchthon den philosophischen und physikalischen Grundgedanken des Heliozentrismus strikt zurückwies, hingegen – das sei noch einmal betont, die heliozentrische Astronomie als mathematische Hypothese durch ihn viele Jahre hindurch mannigfache Förderung erfuhr. In der 1. Auflage seines Lehrbuchs „Initia doctrinae physicae" schrieb er:

Aber hier behaupten einige, sei es aus Neugierde, sei es um geistreich zu sein, daß die Erde bewegt werde, und versichern, daß sie zwar den übrigen himmlischen Bahnen eine Bewegung zuteilen und die Erde auch unter die Gestirne reihen. Diese Scherze sind nicht neu. Es gibt noch das Buch des Archimedes über die Sandrechnung, worin er erzählt, daß Aristarch von Samos die widerspruchsvolle Behauptung aufgestellt habe, daß die Sonne ruhe und die Erde um die Sonne herumgeführt werde. Und wenn auch scharfsinnige Meister vieles untersuchen, um den Geist zu beschäftigen, so ist es indessen nicht anständig, widersinnige Behauptungen öffentlich zu vertreten, und schadet durch das böse Beispiel.

(P. Melanchthon, Initia doctrinae physicae, 1549, Bl. 47[b]–48[b], zit. nach E. Zinner, Entstehung und Ausbreitung, 1988, S. 271 f.)

In der Argumentation verweist Melanchthon sowohl auf einschlägige Bibelstellen, als auch auf physikalische Aspekte, wie: Die Erde müsse ruhen, da jeder schwere Körper zu ihr fällt; die abgetrennten Teile der Erde wollen sich mit ihr vereinigen und dort ruhen; hätte die Erde eine tägliche Bewegung, so müßte sie ihre Bestandteile zerstreuen usw. Demzufolge trägt Melanchthon zwar die ptolemäische Theorie vor, benutzt jedoch, ähnlich wie Reinhold für die Planetentheorie Zahlenwerte sowohl von Ptolemäus, Johannes Werner und mit völliger Selbstverständlichkeit von Copernicus – was infolge der Trennung zwischen Physik und Astronomie widerspruchslos möglich war. Als bemerkenswert muß angeführt werden, daß Melanchthon den Namen von Copernicus im Zusammenhang mit der physikalischen und theologischen Zurückweisung der heliozentrischen Lehre nicht nennt, aber an mehreren Stellen, an denen er von dessen Beobachtungen und Rechnungen spricht, lobende Worte für Copernicus findet. Doch in der 3. und den folgenden Auflagen der „Initia" (Wittenberg 1550, Bl. 39[b]–40[b]; eine 2., unveränderte, von der Forschung bisher nicht beachtete Auflage erschien 1550 sowohl in Basel, als auch in Frankfurt am Main) tilgte Melanchthon einige der kritischen Äußerungen zum Heliozentrismus, wie: „Aber hier behaupten einige, sei es aus Neugierde", „Diese Scherze sind nicht neu", „und schadet durch das böse Beispiel". Hält also Melanchthon die Zurückweisung der Lehre des Copernicus aufrecht, strich er doch die aus mehreren Formulierungen sprechende moralische Abwertung (E. Wohlwill, Melanchthon und Copernicus, 1904).

Bild 84 Philipp Melanchthon hielt zwar strikt am geozentrischen Weltbild fest, förderte jedoch nachdrücklich Arbeiten, in denen die neue Planetentheorie als mathematisches Konzept zur Gestirnsberechnung fruchtbar gemacht wurde.
Nach: Nicolaus Reusner, Icones sive imagines virorum literis illustrium. Straßburg 1599.

Paruus eram: necme tamen ingens cepit hic orbis:
Fama mei complet nominis omne latus.
M. D. LX.

Doch warum korrigierte sich Melanchthon im Jahr 1550? Es wird angenommen, daß die „Initia" nach Vorlesungsmitschriften entstanden sind, die Melanchthon bearbeiten ließ und vor der Druckfreigabe nicht sorgfältig genug redigiert hatte. Die „Initia" könnten somit einen bereits überwundenen Wissensstand widerspiegeln. Es wäre weiterhin möglich, daß zu Melanchthons Sinneswandel die Vorbereitung der 1551 erschienenen „Prutenicae Tabulae" Erasmus Reinholds beigetragen haben, an denen Melanchthon großen Anteil nahm. An der nun erwiesenen Praktikabilität des neuen mathematischen Ansatzes konnte und wollte Melanchthon nicht vorbeigehen.

Wie dem auch sei, Maßnahmen zur Unterdrückung des Copernicus ergriff Melanchthon nicht, obwohl ihm dies wenigstens für Wittenberg ein leichtes gewesen wäre. Im Gegenteil ließ er es zu, daß sein Schwiegersohn Caspar Peucer in seinem Lehrbuch „Elementa doctrinae" (1551 und folg.

Aufl.) die Vorstellungen Aristarchs erwähnt und Copernicus als den größten Astronomen seit Ptolemäus und dessen Nachfolger rühmt – freilich die heliozentrische Lehre mit den üblichen Argumenten zurückweist. Sein dogmatischer Aristotelismus, sein großes Verpflichtungsgefühl gegenüber der Antike, verwehrte ihm den Zugang zur heliozentrischen Lehre.

Es ist hier keine Gelegenheit, die zahlreichen Belegstellen für die Rezeption von Copernicus in der Literatur des 16. und frühen 17. Jahrhunderts anzuführen. Sie folgen stets dem üblichen Schema: Wo Copernicus erwähnt wird, erfolgt dies mit einigen Bahnelementen der Planeten oder mit Beobachtungen. Sein System wird entweder gar nicht erwähnt, oder nach der gewohnten Argumentation zurückgewiesen. Daran änderte sich auch nach Erscheinen der 2. Auflage des Werkes von Copernicus in Basel 1566 nichts. Auf einen bisher nicht berücksichtigten, jedoch für die Rezeption des Copernicus sehr wichtigen Aspekt sei jedoch noch aufmerksam gemacht: Insbesondere die Reinholdschen Planetentafeln waren wenigstens seit den 70er Jahren des 16. Jahrhunderts infolge der offensichtlichen Mängel der Alphonsinischen Tafeln bei den Autoren von Kalendern und astrologischen Vorhersagen ein viel benutztes Hilfsmittel. So ergab sich bei einer systematischen Durchsicht solcher Schriften aus dem Zeitraum von etwa 1570 bis 1605, daß eine große Zahl von Kalenderschreibern die Prutenischen Tafeln verwendete und dabei Copernicus selbst oder Erasmus Reinhold erwähnte. Deshalb darf zweifelsfrei festgestellt werden, daß Copernicus seit dem Ende des 16. Jahrhunderts ein bekannter und weithin anerkannter Astronom war. Die verbale Formulierung lautet bei den Berechnungen des Sonnenlaufes (Beginn der Jahreszeiten), von Finsternissen usw. recht einheitlich „aus den tabulis prutenicis", „aus den Newen Tabulis", „nach der Rechnung Copernici" u.ä. Gelegentlich werden Daten für den künftigen Gestirnslauf nach der Rechnung aus unterschiedlichen Tafeln nebeneinandergestellt. Einige Autoren finden außerordentlich lobende Worte für Copernicus oder die Prutenischen Tafeln, wie beispielsweise Valentin Steinmetz im Jahre 1581:

Dergleichen fleis, mühe und arbeit haben auch noch zu unsern zeiten gehabt und angewendet etzliche vortreffliche Leute, als der Nicolaus Copernicus, Erasmus Reinholdus, und andere mehr, welche alle nur dahin gesehen, das da möchte diese kunst Astronomia richtig und gewis erhalten werden und bleiben.

(V. Steinmetz, Practica Auff das Jahr M.D.LXXXI., Bl. A IV–A IV[b])

Nicolaus Neodomus, Professor an der Universität Königsberg, schrieb 1577 von den „weit und breit berümten Tabulis Prutenicis Reinholdi" und den „newen Tabulis Astronomicis auff die lehr des weitberümbten Herrn Nicolaus Copernici gegründet" (N. Neodomus, Prognosticon Auff das Jar M.D.LXXVII., Bl. A V, A VIII). Dagegen kritisierte 1580 Wilhelm Misocacus, Arzt in Danzig, die Reinholdschen Tafeln, obwohl er sie alternativ verwendete, im Zusammenhang mit Daten der Sonnenbewegung:

Aber welche den Newen Tabulen volgen sollen, werden 18 stunden und 39. minuten später kommen, welchs ich nicht approbire, denn ich Anno 1579 solchs mit 3 Exempeln bewiesen habe, das der Sonnen lauff aus den Tabulen Alphonsi gewisser sey, welches nicht müglich ist zu finden aus den tabulen Copernici ... Darumb sage ich, das der Sonnen lauff aus den Tabulen Alphonsi viel gewisser ist, dann aus den Tabulen Copernici gecalculirt ist.

(W. Misocacus, Prognosticum Oder Practica, auffs Jar 1580, Bl. C II)

Zu dieser Zeit waren solch negative Bewertungen der Reinholdschen Tafeln jedoch sehr selten.

Außer in den Prutenischen Tafeln wurden copernicanische Daten bald in weiteren Tafelwerken genutzt, so durch den Bologneser Professor Johann Antonius Magini, David Origanus in Frankfurt an der Oder oder Johann Stadius. Zusammen mit den Ephemeriden, d.h. Tafeln, die für eine Reihe von Jahren die Planetenörter und Konstellationen direkt ausweisen, erschlossen diese Arbeiten überhaupt erst das Werk des Copernicus dem praktischen Gebrauch in größerem Umfang. Mit ihrer Hilfe konnten Kalender und Prognostiken, ebenso die unentbehrlichen Horoskope ohne größere Rechenarbeit, zu der die Mehrzahl der Autoren dieser kleinen Schriften gar nicht in der Lage gewesen wäre, aufgestellt werden.

Was die Genauigkeit der Prutenischen und Alphonsinischen Tafeln betrifft, so gestattet ein Vergleich der auf ersteren beruhenden Ephemeriden einige Aussagen. Besonders bei Mars, Jupiter und Saturn ist die z.T. wesentlich höhere Genauigkeit der auf den Prutenischen Tafeln beruhenden Ephemeriden von Stadius beeindruckend (O. Gingerich, The role auf Erasmus Reinhold, 1973, S. 54). Dennoch stellten sich hier z.T. bald beträchtliche Fehler ein und es ist ein bemerkenswertes Zeugnis, wenn Kepler 1610 in seinem astrologischen Werk „Tertius interveniens" über einen Astronomen urteilte: „Ein schlechter observator siderum muss er gewest seyn, wann er den Prutenicis tabulis so viel getrawet, die doch auf 1.2.3.4. und fast 5. Gradt bissweilen verfehlen können." (J. Kepler, Opera omnia, Vol. I, 1858, S. 650f.)

Schon recht früh drang die Kunde der neuen Astronomie nach England. Im Jahre 1556 brachte Robert Recordes „Castle of knowledge" die Kunde von der heliozentrischen Lehre, die seinem bewunderungswürdigen Schöpfer alle Ehre zukommen lasse. Im selben Jahr priesen John Field und John Dee, letzterer vor allem ein bekannter Astrologe jener Zeit, die Prutenischen Tafeln wegen ihrer großen Genauigkeit. Als erster wirklicher Anhänger der heliozentrischen Kosmologie trat Thomas Digges hervor. Er fügte der 1576 gedruckten Auflage der „Prognostication everlasting" seines Vaters Leonhard Digges einen Anhang hinzu: „A perfit description of the caelestiall orbes according to the most aunciente doctrine of the Pythagoreans, latelye reviued by Copernicus and by geometricall demonstrations approved". Mit etwa 13 Seiten blieb diese Beschreibung des copernicanischen Weltsystems für lange Zeit die ausführlichste – zudem noch in der englischen Volkssprache verfaßt. Für einige Absätze handelt es sich um eine direkte Übersetzung des Textes von Copernicus, vor allem aus den Kapiteln 7, 8 und 10 des 1. Buches, beispielsweise die poetischen Worte der zentralen Stellung der Sonne im Planetensystem:

In the myddest of all is the sunne. For in so stately a temple as this who woulde desyre to set hys lampe in any other better or more convenient place then thys, from whence uniformely it might dystribute light to al, for not unifitly it is of some called the lampe or lighte of the worlde, of others the mynde, of others the Ruler of the worlde.

(zit. nach F.R. Johnson, S.V. Larkey, Thomas Digges, 1934, S. 87)

Digges' „Prognostication" erfreute sich offenbar einer großen Beliebtheit, wie die sechs bis 1605 erschienenen, heute erhaltenen Auflagen beweisen. Besonders bemerkenswert ist seine Annahme der sich ins Unendliche erstreckenden Fixsterne, von denen uns nur die untersten sichtbar sind, „this orbe of starres fixed infinitely up extendeth hit self in altitude spherically". Zu dieser Konsequenz war Copernicus nicht gelangt, doch sie war in seinem System angelegt. Denn solange sich die Sterne im Verlaufe eines Tages um die Erde drehen sollten, konnte man sie sich kaum anders als an eine Sphäre von wenigstens geringer Dicke angeheftet vorstellen. Doch sobald sich deren Drehung als scheinbar, in Wirklichkeit der Erde zukommend erwies, war dies nun kein notwendiger Schluß mehr. Die Unendlichkeit der Welt tat sich als Denkmöglichkeit auf.

Die Beschäftigung mit Copernicus glich von Anfang an keinem Geheimunternehmen, das sorgfältig vor den Augen der argwöhnischen Mitwelt zu verbergen ist. Die vielfache Erwähnung von Copernicus in der Literatur führt zwingend zu dem Schluß, daß er in den akademischen Vorlesungen des 16. Jahrhunderts vielfach, unter Anerkennung seiner mathematischen Darstellung der Planetenbewegung behandelt wurde. Den Heliozentrismus als kosmologisches Modell dagegen wies man mit den aristotelischen und theologischen Standardargumenten zurück, oder überging ihn in den meisten Fällen mit Schweigen, da man schon die Problemstellung der Behandlung des Weltbaus mittels astronomischer Methoden im Sinne des damaligen Wissenschaftsverständnisses von Astronomie und Physik gar nicht akzeptierte, es sich somit nicht lohne, darüber zu streiten.

Bei den Erwähnungen in der astronomisch-astrologischen Kleinliteratur handelt es sich aus denselben Gründen durchgängig nur um die Einbeziehung copernicanischer Daten der Planetenbewegung sowie der von Sonne und Mond. Doch angesichts der großen Verbreitung von Kalendern und Prognostiken darf festgestellt werden, daß Copernicus selbst über den Kreis der Fachgelehrten hinaus bekannt wurde. Über die Art dieser Erwähnungen gingen, soweit bekannt, nur der Görlitzer Astronom, Bürgermeister und Kalenderautor Bartholomäus Scultetus, Briefpartner von Johannes Kepler sowie eine Generation später, also nach den ersten Arbeiten von Kepler und Galilei, Peter Crüger in Danzig hinaus. Scultetus skizzierte 1592 in einem astrologischen Prognosticon ganz kurz und kommentarlos neben dem tychonischen das copernicanische Weltsystem. Da es sich um einen sehr seltenen Fall handelt und solche Schriften auch Menschen der Mittelschichten, ohne größere Bildung zugänglich war, sollen seine Worte zitiert werden:

Nicolaus Copernicus numerirt nach der Pythagoräischen Schulen, daraus Nicetus, Philolaus und Heraclides auch jre meynung genommen 7. Sphaeram, und statuiret das Firmament mit den fixis ** vor das Primum mobile, darnach die drei Planeten ♄, ♃ und ♂ als denn die Erden mit den Parvo circulo ☾ vor einen Orbem, und darunter ♀ und ☿, damit die Sonne unbeweglich in das mittel der gantzen Welt kömpt.

(B. Scultetus, Prognosticon Uber das Jahr 1592, Bl. A II^b)

Die einzige Diskussion des heliozentrischen Systems in der Kalenderliteratur erfolgte durch Peter Crüger in dessen Prognosticon für 1631. Er steht dem heliozentrischen System ablehnend gegenüber, seine Argumentation ist jedoch interessant. Crüger bezieht sich auf Galileis Beobachtungen, daß die Sterne im Fernrohr (das „Ferngesicht") einen merklichen Durchmesser besitzen – was jedoch ein Fehlschluß ist, denn im Teleskop täuschen die Beugung des Lichtes sowie die Unschärfe des Bildes einen Sterndurchmesser lediglich vor. Der Durchmesser eines kleinen Sternchens betrage etwa 1/2 Minute, was 1/120 des Sonnendurchmessers entspreche. Nach Keplers Rechnung befinde sich die Sternsphäre in einer Entfernung von 60 Mill. Erdradien, woraus sich der Durchmesser des bezeichneten Sterns zu 2181 Erddurchmessern, oder (da wieder nach Kepler der Sonnendurchmesser 15mal größer als der der Erde ist) zu 145 Sonnendurchmessern ergibt. Dieses Ergebnis läßt Crüger zurückschrecken.

Darum versteh ich nicht, wie das Pythagorische oder Copernische Systema Mundi bestehen und zugleich die Sonne mit jhrer grösse alle andere Sternen übertreffen sol: Ich kans nicht begreifen: versteh es jemand, der sey gebeten michs zu lehren.

(P. Crüger, Cupediae Astrosophicae Crügerianae. Das ist, Frag und Antwort, [nach 1631], Bl. Hh 4–Ii 1)

Welch großes Interesse dem Werk von Copernicus entgegengebracht wurde, bezeugt weiterhin die Entstehungsgeschichte der ersten deutschen Übersetzung der „Revolutiones". Während eines längeren Aufenthalts in Kassel fertigte sie Nicolaus Reimarus Ursus um 1585 für den im Dienst des als Astronom bedeutenden Hessischen Landgrafen Wilhelm IV. stehenden Uhrmacher Jost Bürgi an. Bürgi, ein genialer, hochgeachteter Instrumentenbauer, war der lateinischen Sprache nicht mächtig, doch war ihm die neue Lehre, nach sicherlich ausführlichen Diskussionen am Kasseler Hof so interessant und wichtig geworden, daß er sie ausführlicher studieren wollte. So unterzog sich Ursus der Mühe, das Buch in die deutsche Sprache zu übersetzen. Die Mühe war nicht umsonst, denn Bürgi gründete beispielsweise die Darstellung der Mondbewegung in seiner 1590/91 entstandenen astronomischen Stutzuhr auf copernicanischen Daten und schmückte das kostbar gestaltete Gehäuse u. a. mit einem (fingierten) Porträt von Copernicus (E. Rosen: The earliest translation of Copernicus'

‚Revolutions' into German, 1982, S. 301–305; L. v. Mackensen: Die erste Sternwarte Europas mit ihren Instrumenten und Uhren, 1988, S. 96–97, 105–110).

Die heute an der Universitätsbibliothek Graz aufbewahrte Handschrift von 223 doppelseitig beschriebenen Folioseiten ist ein bedeutendes Dokument der deutschsprachigen Fachliteratur des 16. Jahrhunderts, wohl in dieser Zeit das einzige Beispiel der Übertragung eines wissenschaftlichen Grundlagenwerkes ins Deutsche. Im Anhang 4 wird deshalb eine Leseprobe aus dem Kapitel 10 des 1. Buches geboten, das die berühmte Beschreibung des heliozentrischen Planetensystems enthält (vgl. die hochdeutsche Fassung dieses Textes auf S. 241–243).

Die herausragende Persönlichkeit der Astronomie im ausgehenden 16. Jahrhundert war Tycho Brahe. Er hatte schon frühzeitig Kenntnis vom Werk des Copernicus erhalten und schätzte den Autor als den nach Ptolemäus bedeutendsten Astronomen. In seiner „Akademischen Antrittsrede" von 1574 heißt es:

In unserer Zeit hat aber Nikolaus Kopernikus, den man mit vollem Recht einen zweiten Ptolemäus nennen könnte, einige Fehler des Ptolemäus aus seinen eigenen Beobachtungen erkannt, und ist deshalb zu der Meinung gekommen, daß die von ihm aufgestellten Hypothesen unstimmig seien und gegen die Grundgesetze der Mathematik verstoßen; auch hatte er gefunden, daß die Alphonsinischen Berechnungen nicht mit den Himmelsbewegungen übereinstimmen. Daher hat er mit staunenswertem Genie und Geschick andere Hypothesen aufgestellt und die Wissenschaft von den himmlischen Bewegungen so erneuert, daß niemand vor ihm Genaueres über den Lauf der Gestirne gelehrt hat. Zwar stellt er gewisse Behauptungen auf, die den physikalischen Grundsätzen widersprechen: daß die Sonne im Mittelpunkt der Welt ruhe, daß die Erde mit ihren Elementen und dem Mond in dreifacher Bewegung um die Sonne laufe, und die achte Sphäre unbeweglich feststehe; aber trotzdem läßt er nichts zu, was vom Standpunkt der mathematischen Grundgesetze aus ungereimt wäre, während man solche Fehler in den Ptolemäischen und gebräuchlichen Theorien finden kann, wenn man die Sache ganz durchschaut … Von diesen beiden Meistern, Ptolemäus und Kopernikus, ist alles gefunden, was wir heute an klaren Erkenntnissen über die Sternbewegung besitzen.

(T. Brahe, Über die mathematischen Wissenschaften, 1931, S. 104)

Brahe schätzte Copernicus außerordentlich. Um zu einer besseren Bewertung seiner Beobachtungen zu gelangen, beauftragte er seinen Gehilfen Elias Olsen mit der Bestimmung der Polhöhe von Frauenburg, die Copernicus mit der von Krakau gleichgesetzt hatte, was sich als fehlerhaft erwies. Mit Hilfe seiner eigenen Beobachtungen, die eine bis dahin unerreichte Genauigkeit aufwiesen, erkannte Brahe sowohl die Mängel der Alphonsinischen, als auch der Prutenischen Tafeln. Seine Konsequenz daraus war die Ableitung eines eigenen Weltsystems, in dem die Planeten zunächst die Sonne umkreisen, diese sich jedoch gemeinsam mit den Planeten um die in den Weltmittelpunkt gesetzte Erde bewegen sollten (Bild 85). Brahes System, gewissermaßen ein Vermittlungsversuch zwischen Ptolemäus und Copernicus, man könnte ideengeschichtlich sagen, eine konsequente Form der ägyptischen Hypothese, war um 1600 ebenfalls als Grundlage mehrerer Planetentafeln genommen worden und genoß eine hohe Wertschätzung. Zur Anerkennung des copernicanischen Systems konnte sich Brahe nicht durchringen. Ihm waren die theologi-

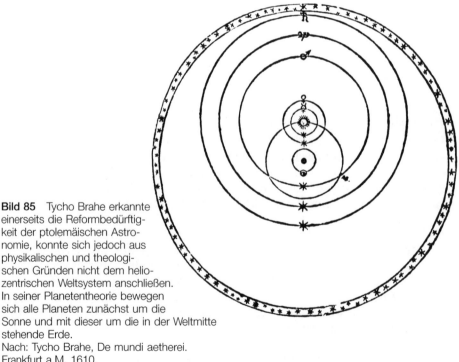

Bild 85   Tycho Brahe erkannte einerseits die Reformbedürftigkeit der ptolemäischen Astronomie, konnte sich jedoch aus physikalischen und theologischen Gründen nicht dem heliozentrischen Weltsystem anschließen. In seiner Planetentheorie bewegen sich alle Planeten zunächst um die Sonne und mit dieser um die in der Weltmitte stehende Erde.
Nach: Tycho Brahe, De mundi aetherei. Frankfurt a.M. 1610.

schen Einwände ebenso wichtig, wie die auf Aristoteles beruhenden physikalischen. Ein tiefes Unbehagen bereitete Brahe die aus dem copernicanischen System folgende riesige Entfernung der Fixsterne, die als Konsequenz die Annahme eines unermeßlichen leeren Raumes zwischen Saturn und den Fixsternen hatte. In seinem System folgen die Sterne bald nach der Saturnbahn.

Das Beispiel Brahes zeigt ebenso wie die Argumentation Peter Crügers, daß die Ablehnung des copernicanischen Systems nicht immer aus ängstlicher Kleingläubigkeit resultierte, sondern durchaus im Rahmen der damaligen Naturerkenntnis schwerwiegende Begründungen fand.

Von wenigen Ausnahmen abgesehen gab es im 16. Jahrhundert keine wirkliche Diskussion des Systems von Copernicus. Die Rezeption beschränkte sich im Sinne des Osianderschen Vorworts auf die zu einer mathematischen Hypothese reduzierte Planetentheorie. Die wissenschaftlichen Grundlagen des Systems mußten den Zeitgenossen zunächst fast durchweg absurd anmuten, schienen sie doch mit allen empirischen Beobachtungen des Laufes der Gestirne in Widerspruch zu stehen. Dieser drängte sich so sehr auf, daß die meisten Gelehrten einfach über die Neuerung hinweggingen, aber einzelne Daten daraus verwendeten.

Zudem war es von großer Wichtigkeit für die Ablehnung, auf die Copernicus stieß, daß sich die heliozentrische Lehre auf dem Bewährungsfeld aller astronomischen Theorien und Rechnungen seit der Antike, der Ephemeridenrechnung, auf die Dauer nicht durchsetzen konnte. Diese Berechnung von Gestirnspositionen stellte einen Prüfstein für die unterschiedlichsten astronomischen Vorstellungen dar. Ihre Bedeutung ist vor allem so zu verstehen, daß man sie für die Berechnung der Horoskopgrundlagen benötigte, um darauf die astrologischen Deutungen bauen zu können. Hierin bestand für Jahrhunderte das wichtigste gesellschaftliche Bedürfnis nach Astronomie. Deshalb wog es schwer, daß die nach Copernicus gerechneten Ephemeriden sich den alten, auf geozentrischer Grundlage, nicht dauerhaft überlegen erwiesen. Die Ursachen hierfür lagen in mehreren Faktoren. Zum einen mußte Copernicus nach wie vor die technischen Ausgestaltungsmittel der alten Astronomie, wie Kreisbahnaxiom, Epizykel usw. verwenden, zudem fehlten mit letzter Präzision ausgeführte Beobachtungen als Grundlage der Ableitung der Parameter der Planetenbewegung. Hemmend für die Anerkennung des heliozentrischen Systems mußte sich weiterhin das Fehlen eines ihm zugrundeliegenden physikalischen Konzepts auswirken, aus dem es sich mit Notwendigkeit ergab. Die aristotelische Physik konnte es nicht mehr sein, eine neue entstand aber erst 150 Jahre nach Copernicus mit der Newtonschen Physik.

KAPITEL 10

Nicht mathematische Hypothese, sondern Struktur des Realen

M Jo. Kepler

Bild 86 Johannes Kepler erkannte auf der Grundlage der sehr genauen Beobachtungen Tycho Brahes, daß sich die Planeten nicht auf Kreisbahnen, sondern auf Ellipsen um die Sonne bewegen. Damit erreichte er eine zuvor unerreichte Genauigkeit der Gestirnsberechnung.

Von Georg Joachim Rheticus und der mathematischen Rezeption durch Erasmus Reinhold abgesehen, war Johannes Kepler der erste Astronom von Rang, der sich Copernicus vorbehaltlos anschloß. Sein nach einigen kleineren Schriften erstes größeres Werk „Mysterium cosmographicum" aus dem Jahre 1596 stellt ein unmißverständliches Bekenntnis zu Copernicus dar. Er versucht darin, die Wahrheit der neuen Astronomie zu beweisen, indem er den Planetenbahnen nach heliozentrischer Anordnung die fünf regelmäßigen Polyeder (Tetraeder, Würfel, Oktaeder, Isokaeder und Dodekaeder), die sog. „platonischen Körper", umschreibt bzw. einbeschreibt. Diese geistreiche Spekulation, auf alten Vorstellungen von Symmetrie und Harmonie beruhend, brachten ihm sowohl Anerkennung als auch Skepsis ein, und machte Kepler u. a. mit Tycho Brahe bekannt. Wenn der dänische Edelmann zwar nicht das diesem Buch zugrundeliegende System des Copernicus akzeptierte, erkannte er doch das mathematische und philosophische Talent des jungen Verfassers und mahnte ihn, es nicht bei der Astronomie „a priori", aus Prinzipien abgeleitet, zu belassen, sondern sich auf strenge Beobachtungen zu gründen.

Nach dem Tod Brahes im Jahre 1601 wurde Kepler dessen Nachfolger im Amt des „Kaiserlichen Mathematikers" am Prager Hof Rudolfs II. und gelangte nach zähen Verhandlungen mit Brahes Erben in den Besitz von dessen unschätzbarem Beobachtungsmaterial. Gleichzeitig übernahm er den an Brahe ergangenen kaiserlichen Auftrag zur Bearbeitung neuer, zuverlässiger Planetentafeln, die einer verbesserten Ephemeridenrechnung dienen sollten. Durch die Astrologiegläubigkeit Rudolfs waren der Astronomie Geldquellen erschlossen, wie es ohne diesen Hintergrund undenkbar gewesen wäre. In seiner deutschsprachigen Hauptschrift zur Astrologie stellte Kepler im Jahre 1610 fest: „Wann zuvor nie niemand so thöricht gewest were, dass er auss dem Himmel künftige Dinge zu erlernen Hoffnung geschöpfft hette, so werest auch die Astronome so witzig nie worden ... Ja du hettest von dess Himmels Lauff gar nichts gewusst." (J. Kepler, Tertius interveniens, 1858, S. 561)

Brahe hatte es bis zu seinem plötzlichen Tod nicht vermocht, den Auftrag für neue Planetentafeln zu erfüllen und Kepler löste ihn erst nach fast 25jähriger Arbeit ein. Er hatte erkannt, daß alle neuen Tafeln Stückwerk bleiben mußten, wenn ihnen nicht neue Grundlagen gegeben würden. Die eine neue Grundlage war für ihn die copernicanische Theorie. Doch selbst mit dieser kam Kepler zunächst nicht zum Ziel, da gegenüber den Braheschen Beobachtungen ein allzu großer Fehler blieb, dessen Ursache nur in der Theorie liegen konnte. In langem Ringen suchte Kepler eine bessere Angleichung der Theorie an die empirischen Daten. Sie fand sich erst, als er das antike Kreisbahnaxiom aufgegeben hatte und der Planetenbewegung eine elliptische Bahnform beilegte. Daraus resultierten die heute sog. Keplerschen Gesetze, die in ihren modernen Formulierungen allgemein bekannt sind, weshalb hier die Worte Keplers, in die er seine Entdeckungen kleidete, folgen sollen:

[1. Gesetz.] Die Planetenbahn ist kein Kreis; sie geht auf beiden Seiten allmählich herein und dann wieder bis zum Umfang des Kreises im Perigäum hinaus. (J. Kepler, Neue Astronomie, 1929, S. 267)
[2. Gesetz.] Da ich mir bewußt war, daß es unendlich viele Punkte auf dem Exzenter und entsprechend unendlich viele Abstände gibt, kam mir der Gedanke, daß in der Fläche des Exzenters alle diese Abstände enthalten seien. (Ebd., S. 246)
[3. Gesetz.] Indessen ist es völlig sicher und exakt, daß das Verhältnis zwischen den Umlaufzeiten zweier Planeten genau dem anderthalbfachen Verhältnis ihrer mittleren Entfernung, d.h. der Planetensphären selbst ist.

(J. Kepler, Harmonice mundi, 1940, S. 302)

Der Weg, der zu dieser bahnbrechenden Erkenntnis führte, hört sich einfach und „folgerichtig" an, hatte in Wirklichkeit einen komplizierten geistesgeschichtlichen Hintergrund, ganz abgesehen von den enormen Mühen, die Kepler für ihre Erarbeitung aufzuwenden hatte. Daß Planeten auf Kreisbahnen laufen müssen, war eine Überzeugung, die sich seit der Antike als fester Grundbestandteil jeglicher Planetentheorie installiert hatte, darauf wurde schon mehrfach verwiesen. Die Planeten galten als unveränderliche Körper, die auf unabänderlichen, exakt berechenbaren Bahnen um die Erde ziehen, mithin als göttliche Körper. Denn was unveränderlich und unwandelbar ist, müsse vollkommen und deshalb göttlich sein. Dem entsprach in der Körperform die Kugel, in der Bewegung der Kreis. Auf diesem Wege war die keplersche Erkenntnis der elliptischen Bahnform mit weltanschaulichen Konsequenzen verbunden. Völlig

Bild 87 Ein Kupferstichblatt der Keplerschen „Tabulae Rudolphinae" zeigt Ptolemäus, Copernicus und Brahe mit astronomischen Beobachtungsgeräten und allegorischen Figuren. Im linken unteren Feld ist der Autor in seinem Arbeitszimmer zu sehen.
Nach: Johannes Kepler, Tabulae Rudolphinae. Ulm 1627.

ahistorisch wäre es, Copernicus wegen seines Festhaltes am Kreisbahnaxiom zu rügen, wie das gelegentlich in Verkennung der historischen Zusammenhänge getan wird:

Und doch war der Künder des neuen Weltsystems wiederum noch so befangen in überlieferten Anschauungen, daß er sich nicht frei machen konnte von der Vorstellung, nur der Kreis als die vollkommenste geometrische Figur komme als Bewegungsform der himmlischen Körper in Frage.

(H. Kienle, Das Weltsystem des Kopernikus und das Weltbild unserer Zeit, 1943, S. 1)

Aus welchem Grunde hätte denn Copernicus die Kreisbahnform aufgeben sollen? Der Fundus an genauen Beobachtungen, die den Unterschied zwischen kombinierter Kreisbewegung und Ellipse offenbarten, lag erst mit dem Lebenswerk Tycho Brahes vor. Für eine andere Bewegung der Himmelskörper als die auf Kreisen gab es zuvor nicht den geringsten Hinweis.

Welche praktischen Ergebnisse zeitigten die Keplerschen Gesetze? Seit 1617 hatte Kepler Planetenephemeriden veröffentlicht. Ihr Vergleich mit anderen gebräuchlichen Tafeln läßt die erhebliche Verbesserung der Genauigkeit der Planetenörter nach Kepler erkennen (V. Bialas, Nachbericht. In: J. Kepler, Gesammelte Werke, Bd. XI.1, 1983). Die keplersche Ephemeridenrechnung zeigte damit augenfällig den Theoriefortschritt in der Astronomie. Weil nun aber Planetentafeln den Prüfstein jeder astronomischen Theorie darstellten, mußten die Ergebnisse Keplers von erheblichem Einfluß auf die Anerkennung und Verbreitung der copernicanischen Lehre sein. Dennoch ist auch für Kepler die zu seiner Zeit noch allgemein akzeptierte Trennung zwischen Physik und Astronomie zu beachten. Die Resonanz auf Keplers Ableitungen war zunächst gering und bis zur Mitte des 17. Jahrhunderts wurden sie kaum akzeptiert (F. Krafft, Die Keplerschen Gesetze im Urteil des 17. Jahrhunderts, [1980], S. 75–98). Galileo Galilei beispielsweise erwähnt sie nie, obwohl sie ihm bekannt waren.

Im Sinne der Trennung zwischen Physik und Astronomie, die sich immer wieder als der Schlüssel zum Verständnis historischer Entwicklungen in der Astronomie erweist, wurden die Keplerschen Gesetze vorerst nur als rein mathematische Vorschriften aufgefaßt, keineswegs als reale physikalische Beschreibungen. In diesem Sinne ist es zu werten, wenn der Universalgelehrte Athanasius Kircher über Kepler urteilt,

> wo er Mathematiker ist, da ist niemand besser und genauer als er, niemand ist aber auch schlechter da, wo er Physiker ist ... [und setzt fort], daß ein bloßer Mathematiker, also auch ein Astronom, falsche Prinzipien benutzen könne, um daraus die sichersten Angaben abzuleiten, wenn auch die Sache, die er zugrunde lege, die falscheste sei und in der Natur nicht aufzufinden.

(A. Kircher, Magnes sive de arte magnetica, 1643, S. 486, 491)

Dennoch stellte die Ableitung der Gesetze der Planetenbewegung und die nun mögliche hohe Genauigkeit der Vorausberechnungen ein Argument zugunsten der copernicanischen Theorie dar, dies auch angesichts der Berühmtheit, die Kepler bereits zu Lebzeiten erlangte. Nachdem er 1627 die „Rudolphinischen Tafeln" publiziert hatte, entstanden nach und nach immer mehr Ephemeriden auf der Grundlage dieses Werkes. Aus deren hoher Zuverlässigkeit erwuchs der copernicanischen Lehre großes Ansehen. Selbst wenn sich dies zunächst auf die mathematischen Grundlagen sowohl des Systems, als auch der Keplerschen Gesetze reduzierte, gewann zunehmend der Gedanke Raum, daß hier nicht nur eine neue und erfolgreiche, also zweckmäßige mathematische Hypothese vorliege, sondern eine Wiederspiegelung der realen Verhältnisse. Damit begann sich die mehr als 1 800 Jahre währende Differenz zwischen Astronomie und Physik zu schließen, ein Prozeß, der mit der Aufstellung der newtonschen Physik seinen Abschluß fand. Nun galt es nicht mehr, die Phänomene zu „retten", sondern sie mit physikalischen Argumenten aus einer grundlegenden Theorie abzuleiten. In einem wichtigen Punkt war allerdings zu dieser Zeit das ursprüngliche copernicanische Weltmodell bereits überholt. Längst war klar, daß die Welt nicht heliozentrisch stukturiert ist, die Sonne zwar der Zentralkörper des Planetensystems, nicht jedoch der Welt ist. Für die Struktur der Welt in großen Dimensionen stand längst die Frage nach einem azentrischen, unendlichen Universum, in dem gar kein Punkt mehr einen ausgezeichneten Rang besaß. Und schon keimte darüber hinaus die Frage nach der historischen Gewordenheit kosmischer Körper auf der Grundlage natürlicher Prozesse auf, in der Mitte des 18. Jahrhunderts von

George Leclerc de Buffon und Immanuel Kant erstmals in großen Zügen, streng wissenschaftlich erklärt.

Die newtonsche Physik stellt den entscheiden Nachweis für die Richtigkeit des copernicanischen Systems dar. Mit Hilfe der Gravitationstheorie konnte physikalisch erwiesen werden, daß nur die Sonne mit ihrer beherrschenden Masse die Rolle eines Zentralkörpers im Planetensystem spielen könne. In diesem Wissenschaftsverständnis fand der Begriff der Hypothese eine gänzlich andere Bedeutung als zuvor, z. B. bei Andreas Osiander. Johannes Kepler wandte sich schon in einer 1601 für den Druck vorbereiteten, jedoch zu seinen Lebzeiten nicht erschienenen Verteidigungsschrift Tycho Brahes gegen Nicolaus Reimarus Ursus gegen das willkürliche Ersinnen von Hypothesen und entwickelte seinen eigenen Hypothesenbegriff („Apologia Tychonis contra Ursum", N. Jardine, The birth of history and philosophy of science, 1988). Danach solle eine Hypothese nicht beliebige Konstruktionen ersinnen, die nur nach Zweckmäßigkeitsgründen zu beurteilen sind, sondern muß die Beobachtungen darstellen und so den Bewegungen entsprechen sowie physikalischen Grundsätzen genügen. Während eine Rechnung von einer beliebigen Annahme ausgehen kann, darf eine Hypothese nur etwas sein, das der Welt gemäß ist. Sie sollte einmal das rechnerische Kalkül für die Darstellung der Planetenörter möglichst innerhalb der Beobachtungsgenauigkeit bereitstellen und zum anderen das physikalische Bahnmodell selbst und keine rein geometrische Fiktion. Sie wird deshalb nicht mit der Autorität der Heiligen Schrift wetteifern.

Das geozentrische Weltsystem hatte seine physikalische Begründung in der Physik des Aristoteles gefunden. Für Copernicus ergaben sich in dieser Beziehung große Schwierigkeiten. Ptolemäus konnte zur physikalischen Fundierung seines Systems auf Aristoteles sowie den unmittelbaren Augenschein verweisen. Die Widersprüche, zu denen die Einführung von Epizykeln, Exzentern und Ausgleichskreisen führten, fielen nicht sehr ins Gewicht, da diese zum rein mathematischen Teil der Astronomie gehören und nicht das kosmologische Modell betreffen sollten. Irgendein grundsätzliches, oder wenigstens dem Augenschein verhaftetes Prinzip hatte dagegen Copernicus nicht aufzuweisen. Er argumentierte in dem Sinne, daß alle Körper eine Bewegung zu demjenigen haben, mit dem sie durch eine Gleichartigkeit verbunden sind. Dahinter steckt in aristotelischer Terminologie der „natürliche Ort", von dem es nun jedoch nicht mehr nur einen einzigen gibt. Was die Kreisbewegung der Himmelskörper betrifft, meinte Copernicus lediglich, jedoch das Problem der fehlenden Physik für sein System nicht lösend, „es muß genügen, wenn nur jede einzelne Bewegung sich auf ihren eigenen Mittelpunkt stützt." (NCGA 3.1, Kap. 1.8)

Von großer Bedeutung in den Diskussionen um das copernicanische Weltsystem waren die ersten Himmelsbeobachtungen mit dem Fernrohr – die Entdeckung der Venusphasen, die vier ersten Jupitermonde, die Sonnenflecke, die Sterne in der Milchstraße sowie die Berge und Täler auf dem Mond. Ihr Stellenwert für die Durchsetzung des heliozentrischen Weltsystems ist jedoch recht unterschiedlich und wird oft überschätzt. So besaßen die Entdeckungen des Jupitermondsystems, der Mondformationen und der Sonnenflecke in dieser Hinsicht keine unmittelbare Beweiskraft. Auf diese Weise wurden lediglich einige, teilweise theologisch gefärbte Prinzipien der aristotelischen Physik erschüttert. Zu ihnen gehört die grundsätzliche Aussage, daß nur die Erde als in der Weltmitte stehend das Zentrum von Kreisbewegungen sein könne, der Mond zur kosmischen Region gehörig eine ideal ebene Oberfläche haben müsse und die Sonne

Bild 88 Ein Detail aus Bild 87: Eine der frühesten bildlichen Darstellungen des astronomischen Fernrohrs.

als Himmelskörper und Sinnbild Gottes in der Welt notwendig makellos sein müsse. Außerdem erschien es nach der Entdeckung von Sternen in der Milchstraße, die erst durch ein Fernrohr sichtbar werden, kaum noch glaubhaft, daß nach biblischer Aussage alle Gestirne erschaffen wurden, um dem Menschen zu dienen. Freilich besaßen diese Entdeckungen für die Anhänger des Copernicus, besonders für Galilei, eine große Überzeugungskraft, da sie vorhandene Zweifel an der Richtigkeit der aristotelischen Physik stärkten. Nebenbei sei angemerkt, daß die Existenz von Unebenheiten auf der Mondoberfläche zur Erklärung seines Aussehens schon im Mittelalter diskutiert wurden. So spricht Alexander Neckam um 1190 von Höhlungen auf dem Mond in welche das Sonnenlicht nicht scheint und die sich insofern als dunkle Flecke abheben (Alexander Neckam, De naturis rerum, 1863, I.XIV).

Mit der Entdeckung der auf den ersten Blick durch ein Fernrohr erdähnlich erscheinenden Mondoberfläche wurde der Mond ein Stück Erde und umgekehrt die Erde ein Stück Himmel, der grundsätzliche Unterschied zwischen Himmel und Erde, damit ein fundamentales Element der aristotelischen Physik, in Frage gestellt. Schwerer wog die Entdeckung der Lichtphasen der Venus, genauer gesagt, deren konkreter Ablauf. Unter der Voraussetzung, daß die Planeten kein eigenes Licht aussenden, ist die Entstehung von Lichtphasen der Planeten, hier speziell der Venus, eine Folge der unterschiedlichen Stellung von Erde, Sonne und Venus zueinander. Der Phasenverlauf ist im geo- und heliozentrischen System voneinander sehr verschieden (Bild 89). Im ersteren befindet sich die Venus stets zwischen Sonne und Erde, weshalb die Venus niemals als voll erleuchtete Scheibe sichtbar ist. Anders verhält es sich im heliozentrischen System, in dem die Venus alle Phasen der Lichtgestalt durchlaufen kann. Wie Galilei selbst angab, hatte er die Venus seit etwa Anfang Oktober 1610, zunächst als fast ganz erleuchtete Scheibe mit dem Fernrohr beobachtet (O. Gingerich, Phases of Venus, 1984). Anfang 1611 zeigte sich immer deutlicher die Sichelgestalt des Planeten, wie es nur mit dem System des Copernicus vereinbar ist. Ganz zu Recht erregte diese Beobachtung großes Interesse, war sie doch ein erstes wichtiges Argument zugunsten von Copernicus, noch vor Keplers Ephemeridenrechnungen, in ihrer Bedeutung damals jedoch kaum erkannt.

In der Geschichte der frühen Fernrohrbeobachtungen spielte Galileo Galilei eine herausragende Rolle, obwohl er durchaus nicht immer der erste und schon gar nicht der einzige Beobachter der genannten Erscheinungen war (und weshalb in diesem Zusammenhang Formulierungen, wie „Galilei entdeckte" nicht verwendet werden sollten, da sie in mehrfacher

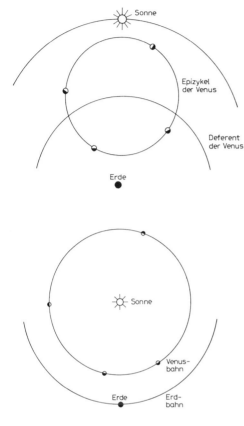

Bild 89 Wie der Mond zeigt auch die Venus Lichtgestalten, die sich im geozentrischen und heliozentrischen Planetensystem in ihrem Ablauf stark unterscheiden. Im geozentrischen System (oben) kann die Venus nie als vollständig leuchtende Scheibe gesehen werden, wohl aber im heliozentrischen (unten).

Weise ein falsches Bild der geschichtlichen Abläufe zeichnen!). Galilei war auch nicht immer der gründlichste Beobachter. Seine Stärke lag nicht in langen Beobachtungsreihen mit exakter Protokollierung. Ihn interessierte mehr die qualitative Seite der Phänomene, wie dies in Fragestellungen zum Ausdruck kommt, wie: Gehören die neben Jupiter gesehenen Gestirne zu diesem Planeten? Gibt es auf dem Mond Berge und Täler? Sind die vor der Sonne beobachteten dunklen Flecke Gebilde der Sonnenoberfläche, oder unseren Zentralstern umkreisende, planetenähnliche Körper? Waren diese Fragen für ihn geklärt, erlosch sein Interesse an der detaillierten Untersuchung der Phänomene zusehends. Allzuoft steigerte er sich stattdessen in fruchtlose und peinliche Polemiken um Prioritäten und Deutungen. Aus diesem Grund blieb es denn anderen Gelehrten vorbehalten, sich in Detailstudien zu vertiefen und erste Regeln und Gesetzmäßigkeiten zu entdecken. Deshalb stammt beispielsweise die erste brauchbare Darstellung der Mondoberfläche nicht von Galileis Hand, denn seine Skizze bietet kaum eine grobe Übersicht (G. Galilei, Schriften, Bd. 1, 1987, S. 95–144; O. van de Vyver, Lunar Maps of the XVIIth Century, 1971, Bild 90). Jedoch vermochte Galilei schon aus wenigen Beobachtungen durch scharfen Geist, logische Schlüsse und vom Boden seiner Parteinahme für Copernicus aus die Bedeutung des Geschauten zu erkennen. An faktischen Beweisen zugunsten des heliozentrischen Weltsystems hat Galilei dennoch kaum etwas beigetragen. Sein Versuch, Ebbe und Flut als Wirkung der täglichen Erddrehung zu deuten, eine Vorstellung, der Galilei ein so großes Gewicht beilegte, daß er ursprünglich seinen „Dialog über die beiden hauptsächlichen Weltsysteme" mit „Dialog über Ebbe und Flut" betiteln wollte, war vollkommen verfehlt und ging weit an dem vorbei, was schon die von ihm verlachten mittelalterlichen Gelehrten wußten. Die Argumente, die sich aus den Erscheinungsweisen der Sonnenflecke und der Venusphasen zugunsten der täglichen Erdbewegung bzw. der Bewegung der Erde um die Sonne ableiten ließen, nahm er dagegen gar nicht wahr.

Bild 90 Die Fernrohrbeobachtungen der Mondoberfläche von Galilei sind nur sehr grobe Skizzen. Erste Mondkarten entstanden jedoch schon aus der Hand seiner Zeitgenossen.
Nach: Galileo Galilei, Sidereus nuncius. Frankfurt a.M. 1610.

Galilei bleibt dennoch im Mittelpunkt des Interesses, weil die Auseinandersetzungen um das copernicanische Weltbild in seiner Person kulminierten. Zu Beginn des 17. Jahrhunderts wurde durch die Forschungen

Keplers und die ersten Fernrohrbeobachtungen deutlich, daß man konsequent daran ging, die heliozentrische Lehre nicht länger als mathematische Hypothese zu betrachten. Der nun erfolgende Angriff auf das alte Weltbild war so grundsätzlich und die weltanschaulichen Folgen so klar, daß der gegen Galilei angestrengte Inquisitionsprozeß mit der Verurteilung des Gelehrten endete und seine Schriften sowie das Werk des Copernicus auf den Index der verbotenen Bücher gesetzt wurde. Es muß angemerkt werden, daß es zugunsten von Copernicus bis dato keinen definitiven Beweis gab. Aus diesem Grunde erschien den im alten Denken verhafteten Gelehrten verständlicherweise die heliozentrische Lehre als eine sehr vage Vermutung, die gegen anerkannte Bibelinterpretationen verstieß. Für Galilei kam erschwerend hinzu, daß er gegen den noch immer uneingeschränkt anerkannten Charakter der Astronomie als einer rein mathematischen Wissenschaft ohne Wahrheitsanspruch verstieß. Hingegen konnten sich die Inquisitionsbehörden nicht nur hierauf, sondern scheinbar sogar auf die übereinstimmende Meinung von Copernicus (freilich in Wirklichkeit die des Osiander) berufen, wie sie es in ihren späteren Verbesserungsforderungen im Werk von Copernicus wirklich taten.

Oft wird undifferenziert vom Verbot des Werkes von Copernicus gesprochen, was nicht den Tatsachen entspricht. Die offizielle kirchliche Kritik begann am 5. März 1616 mit dem im Zusammenhang mit dem Prozeß gegen Galilei stehenden

Dekret der Hl. Kongregation der von unserem Hl. Vater, Papst Paul V., und dem Hl. Apostolischen Stuhl mit dem Index der Bücher und mit deren Genehmigung, Verbot, Reinigung und Druck in der gesamten Christenheit eigens beauftragten Hochwürdigsten Kardinäle der Hl. Römischen Kirche, welches überall zu verkünden ist.

Da seit einiger Zeit neben anderen auch einige Bücher an die Öffentlichkeit gelangt sind, die verschiedene Häresien und Irrtümer enthalten, wünschte die Hl. Kongregation der mit dem Index beauftragten Hochwürdigsten Kardinäle der Hl. Römischen Kirche, daß diese gänzlich verurteilt und verboten würden, damit nicht aus ihrer Lektüre von Tag zu Tag schwere Schäden in der ganzen Christenheit erwüchsen; so wie sie diese mit vorliegendem Dekret überhaupt verurteilt und verbietet, gleichviel wo und in welcher Sprache sie gedruckt sind oder gedruckt werden wollen, und befiehlt, daß fortan niemand, wes Ranges oder Standes auch immer, bei den vom Hl. Konzil zu Trient und vom Index der verbotenen Bücher vorgesehenen Strafen es wagen möge, sie zu drucken oder für ihren Druck zu sorgen, sie, wie auch immer, bei sich zu behalten oder zu lesen; und wer immer sie jetzt besitzt oder in Zukunft besitzen wird, solle bei ebendiesen Strafen gehalten sein, sie sofort nach Kenntnis des vorliegenden Dekrets den zuständigen Bischöfen oder Inquisitoren auszuliefern. Die Bücher aber sind im folgenden aufgeführt … [es folgen mehrere theologische Werke]. Und weil es auch zur Kenntnis der vorgenannten Hl. Kongregation gelangt ist, daß jene falsche und der Heiligen Schrift gänzlich entgegenstehende pythagoreische Lehre von der Bewegung der Erde und dem Stillstand der Sonne, welche Nicolaus Copernicus in De revolutionibus orbium coelestium und Diego de Zúñiga zum Buche Job auch lehren, sich schon verbreitet und von vielen übernommen wird …, hat sie daher beschlossen, damit eine derartige Meinung nicht zum Verderben der katholischen Wahrheit weiter um sich greife, daß besagte Bücher, das des Nicolaus Copernicus De revolutionibus orbium und das des Diego de Zúñiga zum Buche Job, zu suspendieren sind, bis sie korrigiert werden …

(zit. nach G. Galilei, Schriften, Bd. 2, 1987, S. 184–185)

Bild 91 Mit seinem vehementen Eintreten für Copernicus sorgte Galileo Galilei für eine breite Diskussion des heliozentrischen Weltsytems. Beweise für die Bewegung der Erde und den Stillstand der Sonne vermochte jedoch auch er, trotz gegenteiliger Beteuerungen, nicht zu liefern.

In aller Deutlichkeit sei hervorgehoben, daß das gänzliche Verbot mit allen schweren Folgen für Besitz und Verbreitung sich nicht auf das Werk des Copernicus bezieht, es nicht als ketzerisch erklärt wurde sondern nach „Verbesserung" zugelassen war. Ein völliges Verbot des Werkes hätte sich zu dieser Zeit ohne größere Schwierigkeiten nicht durchsetzen lassen. Schließlich war es Papst Paul III. gewidmet, hatte durch Einbeziehung der „Prutenischen Tafeln" bei der Ausarbeitung der Kalenderreform 1582 im Auftrag von Papst Gregor XIII. Verwendung gefunden und stand überhaupt in der Gelehrtenwelt in hohem Ansehen. Wissenschaftliche Argumente waren durchaus nicht so nebensächlich, wie oft zu lesen ist, auf das Problem der mangelnden Beweisbarkeit des Heliozentrismus wurde schon mehrfach hingewiesen. In diesem Zusammenhang dürfte es von größtem Interesse sein, daß Kardinal Robert Bellarmin, der eine wichtige Rolle im Galilei-Prozeß spielte, sich gerade auf diese prekäre Beweislage berief und seine Bereitschaft deutlich zu erkennen gab, wissenschaftlichen Argumenten zu folgen:

> Wenn es durch wahre Beweise demonstrirt würde, daß die Sonne im Centrum der Welt sei und die Erde um die Sonne geht, dann müßte man in der Erklärung der scheinbar entgegenstehenden Schrifttexte mit vieler Behutsamkeit vorgehen, und eher sagen, daß wir dieselben nicht verstehen, als sagen, daß falsch sei, was bewiesen ist.

> (Brief vom 12. Apr. 1615, zit. nach H. Grisar, Der Galilei'sche Proceß, 1878, S. 97 f.)

Was mit der Verbesserung im einzelnen gemeint ist, wurde von der Indexkongregation am 15. Mai 1620 festgestellt. Die wenigen monierten Stellen des Werkes beziehen sich auf die Behauptung der wirklichen Erdbewegung sowie eine den „hochwürdigsten Kardinälen" als zu freimütig (oder darf man sagen, als geradezu provokatorisch?) aufgefallene Äußerung in der Widmung an Papst Paul III. Gefordert wird die Korrektur in dem Sinne, wie es Osiander in seiner Praefatio ausgeführt hatte, nämlich als mathematische Hypothese:

> Die Väter der heiligen Congregation des Index waren zwar der Ansicht, daß die Schriften des berühmten Astronomen Nicolaus Copernicus über das Weltsystem gänzlich zu verbieten seien, aus dem Grunde, weil sie

Bild 92 Die Korrektur des Julianischen Kalenders, zu der Copernicus schon vor 1515 um seine Meinung gebeten wurde, erfolgte erst 1582 durch eine Gelehrtenkommission unter Papst Gregor XIII. Hierbei spielten die auf dem Werk von Copernicus beruhenden „Prutenischen Tafeln" Erasmus Reinholds eine Rolle.

über die Lage und die Bewegung der Erdkugel nicht in der Form einer Hypothese, sondern als durchaus wahr solcherlei Principien zu vertreten nicht anstehen, welche der heiligen Schrift und deren richtiger und katholischer Interpretation zuwider sind, was bei einem Christen keineswegs geduldet werden kann. Nichtsdestoweniger entschlossen sie sich einmüthig, in Rücksicht auf den ausgezeichneten Nutzen, den diese Schriften im Uebrigen darbieten, die Werke des Copernicus, die bis auf den heutigen Tag gedruckt sind, zu erlauben, wie diese Erlaubniß auch ertheilt wurde, aber unter der Bedingung, daß nach Angabe der hier beigefügten Emendationen jene Stellen verbessert werden, in welchen er nicht hypothetisch, sondern behauptend über die Lage und die Bewegung der Erde spricht.

(zit. nach H. Grisar, Die römischen Congregationsdecrete in der Angelegenheit des Copernicanischen Systems, 1878, S. 675)

Einige Beipiele für die geforderten „Verbesserungen" machen dies deutlich. Die zu tilgenden Worte aus der Widmung lauten:

Wenn auch leere Schwätzer auftreten werden, die sich trotz vollständiger Unkenntnis in den mathematischen Fächern ein Urteil über diese anmaßen und wegen irgendeines zu ihren Gunsten übel verdrehten Wortes der Heiligen Schrift wagen, mein vorliegendes Werk zu tadeln und anzugreifen, so mache ich mir nichts aus ihnen, sondern werde ihr haltloses Urteil verachten. Es ist ja bekannt, daß Laktanz, sonst ein berühmter Schriftsteller, aber ein schlechter Mathematiker, geradezu kindisch über die Form der Erde spricht, wenn er diejenigen verspottet, die gelehrt haben, daß die Erde eine Kugelgestalt besitze. Daher braucht es die gelehrten Männer nicht zu wundern, wenn manche dieser Menschen auch über mich lachen werden. Mathematik wird für die Mathematiker geschrieben.

(NCGA 3.1, Vorrede)

Zu korrigieren waren die Einleitungsworte zum 9. Kapitel des 1. Buches „Da also nichts die Beweglichkeit der Erde verbietet" in „Weil ich also angenommen habe, daß sich die Erde bewege" und die Überschrift des 11. Kapitels dieses Buches „Beweis der dreifachen Bewegung der Erde" in „Über die Hypothese der dreifachen Erdbewegung und deren Darlegung". In der folgenden Zeit wurde das Dekret versandt und ordnungsgemäß kirchlich bekannt gemacht. Viele Benutzer des Buches strichen die bezeichneten Stellen mit Tinte aus, überklebten oder korrigierten sie, wie noch heute in vielen erhaltenen Exemplaren zu sehen ist (O. Gingerich, The censorship of Copernicus, 1981). Ansonsten blieb die Wirkung gering. Denn zum einen war die Zahl der im Dekret beanstandeten Stellen minimal, fielen quantativ überhaupt nicht ins Gewicht. Zum zweiten entsprachen sie ohnehin der von der Mehrzahl der Leser Copernicus zugeschriebenen Intention des Osiander-Vorwortes, so daß diese ganz folgerichtig der gesamten Anlage des Werkes zu entsprechen schienen. Drittens folgten sie der allgemein anerkannten wissenschaftstheoretischen Auffassung von der Astronomie als hypothetisierender, mathematischer Disziplin und viertens sind die insgesamt so lobenden, die große Bedeutung und Verbreitung des Werkes betonenden Worte im Dekret nicht zu übersehen und werden ihre Wirkung nicht verfehlt haben. Für die aristotelisch denkenden Zeitgenossen nahm die Verurteilung der Indexkongregation eher den Charakter einer geringfügigen Beanstandung an. Diese Bewertung trifft auch auf das Bistum Ermland zu, wo das „Monitum" von 1620 im September 1622 öffentlich bekannt gemacht wurde, ohne daß dies der Verehrung des berühmten Domherren bei den Kapitelmitgliedern oder den Bischöfen in irgendeiner Weise Abbruch tat (E. Brachvogel, Das kirchliche Verbot des coppernicanischen Hauptwerkes, 1936–1938).

Der Widerstand maßgebender Kreise der Kirche hatte auf den Verlauf der wissenschaftlichen Arbeit nur einen geringen Einfluß. Die Wissenschaftler gingen über das Verbot hinweg, viele gewiß mit schwerem inneren Konflikt, sich in ihren Forschungen jedoch kaum beeinflussen lassend. Der Drang zur Suche nach Erkenntnis und Wahrheit war stärker. Das Verbot kam zu einer Zeit, als bereits so wichtige Argumente für das neue Weltbild vorlagen, daß sich dagegen nicht einmal mit der, ohnehin durch die Reformation eingeschränkten, päpstlichen Autorität erfolgreich vorgehen ließ. Auf der anderen Seite war im 16. Jahrhundert noch kein Eingreifen der Kirche notwendig gewesen, weil zu jener Zeit die wissenschaftlichen Widerstände gegen Copernicus ausgereicht hatten, um sein Weltsystem nicht zum Durchbruch kommen zu lassen und dessen Rezeption sich auf den mathematischen Teil reduzierte. Erst in dem Augenblick, als es Beobachtungsresultate gab, die darauf hinwiesen, daß Copernicus die Realität beschrieben hatte, mußte die weltanschauliche Opposition aktiv werden.

Infolge des Verbots stellten sich den Vertretern der neuen Astronomie manche Widerstände entgegen. Bekannt ist, daß René Descartes ein Manuskript über kosmologische Fragen für Jahre vom Druck zurückhielt. Johannes Kepler brauchte lange, bis er einen Druckort für seine Ephemeriden fand. Auf eine Anfrage bei Johann Cysat, einem der ersten Beobachter der Sonnenflecke, ob diese in Ingolstadt erscheinen könnten, bekam er die Antwort: ja, „wenn nichts gegen den katholischen Glauben darin enthalten wäre" – also nein (J. Kepler, Gesammelte Werke, Bd. XVIII, 1959, S. 64). Dennoch ist bekannt, daß die Jesuiten an ihren Lehranstalten die Werke von Copernicus sowie von Johannes Kepler benutzten, unbeschadet der Tatsache, daß sein Lehrbuch der copernicanischen Astronomie „Epitome astronomiae copernicanae" 1619 auf den Index der verbotenen Bücher gesetzt wurde. Und Galileis „Dialogo" erschienen bereits 1744 in Padua wieder im Druck, lediglich mit der vorangestellten Abschwörungsformel sowie einer „verbessernden" Dissertazione von Agostino Calmet (G. Galilei, Opere, 1744, S. 1–22). So kam man den kirchlichen Dekreten nach, ohne des in diesen Werken enthaltenen Wissens verlustig zu gehen.

Copernicus vermochte es nicht, in sein System eine dynamische Betrachtungsweise einzuführen, er konnte keine physikalischen Wirkungen benennen, aus denen sein heliozentrisches System folgt – doch er bereitete den Weg in diese Richtung, der über Johannes Kepler zu Isaac Newton führte. Indem Copernicus die Sonne in das Weltzentrum setzte, drängte sich unter Berücksichtigung der elliptischen Bahnen, in deren einem Brennpunkt die Sonne steht, die Frage nach der physikalischen Ursache dieser Bewegungen geradezu von selbst auf. Schon Kepler sprach von einer von der Sonne ausgehenden Kraft, welche die Planeten auf ihren Bahnen führt. Angeregt durch zeitgenössische physikalische Forschungen sah er diese Kraft im Magnetismus und stützt sich hierbei besonders auf das wegweisende Werk „De magnete ... et de magno magnete tellure" des Leibarztes des englischen Königs William Gilbert aus dem Jahre 1600. Gilbert vergleicht, wie schon aus dem Titel hervorgeht, die Erde mit einem Magneten, lehrt deren Drehung um die eigene Achse, jedoch nicht die Jahresbewegung um die Sonne. Hier findet Kepler den Anknüpfungspunkt und schreibt in seiner „Astronomia Nova" (1609):

Die Sonne ist rings im Kreis herum magnetisch und dreht sich auf der Stelle, wobei sie ihr Kraftfeld mit herumbewegt. Diese Kraft zieht die Planeten nicht an, sondern besorgt ihre Weiterleitung. Die Planeten dagegen sind an sich zur Ruhe geneigt an jedem Ort, an den sie gestellt werden. Damit sie daher von der Sonne bewegt werden, ist eine Kraftanstrengung notwendig. So geschieht es, daß die weiter entfernten von der Sonne langsam, die näheren schneller angetrieben werden.

(zit. nach E. Zinner, Entstehung und Ausbreitung, 1988, S. 324)

Die vollständige, quantitative Durcharbeitung der physikalischen Begründung des Heliozentrismus leistete dann Isaac Newton mit seiner Lehre von der allgemeinen Gravitation.

KAPITEL 11

Die Erdbewegung
wird „sichtbar" – 300 Jahre Suche
nach der Parallaxe

D as Werk des Copernicus eröffnete der astronomischen Forschung neue Perspektiven und hatte Auswirkungen, die weit über den Rahmen der Naturwissenschaften hinausreichten, beeinflußte die Anschauungen von der Stellung des Menschen in der Welt und griff tief in religiöses Denken ein. Es war ein tatsächlich revolutionierendes Werk, obwohl diese Dimension erst nach und nach deutlich wurde und durchaus nicht in der Absicht des Autors gelegen hatte. Nach dem Zeugnis von Rheticus sowie nach dem Bild, das wir uns insgesamt machen können, war Copernicus alles andere denn neuerungssüchtig:

Übrigens hält sich mein H. Lehrer ganz fern von dem, was dem Geist jedes Gutgesinnten, am meisten der philosophischen Natur widerspricht: so wenig glaubt er, daß er ohne wichtige Gründe und dringende Forderungen der Dinge selber, nur aus einem gewissen Neuerungstrieb heraus so ohne weiters von den Meinungen der Alten, welche die Wahrheit vernünftig erforschen, abweichen dürfte.

(G.J. Rheticus, Erster Bericht, 1943, S. 108)

Der heliozentrische Ansatz bildete die Grundlage für das astronomische Wirken von Kepler, Galilei und Newton, die gleichermaßen zur Weiterentwicklung und Anerkennung des Werkes von Copernicus wesentlich beitrugen. Für die beobachtende Astronomie leitete sich vor allem die Aufgabe der Entdeckung der parallaktischen Verschiebung der Sternörter als Folge der Jahresbewegung der Erde um die Sonne ab, auf die schon Copernicus hingewiesen hatte (Bild 93). Zunächst überschätzte man die Größe der Parallaxe erheblich und versuchte demzufolge, das Resultat mit völlig unangemessenen Beobachtungsinstrumenten zu erlangen. Mehrfach glaubte man, am Ziel zu sein – doch nie hielten die publizierten Ergebnisse der Kritik stand, erwiesen sich meistens als Beobachtungsungenauigkeiten. Der Parallaxenwinkel ist viel zu klein, um den im 16. und noch zu Beginn des 19. Jahrhunderts zur Verfügung stehenden Fernrohren zugänglich zu sein. Doch im Gefolge der darauf gerichteten Bemühungen gelangen den Astronomen durch immer verfeinerte Meßeinrichtungen

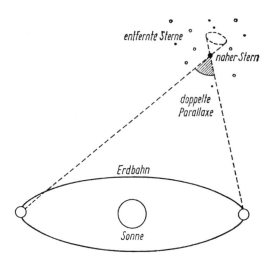

Bild 93 Als Parallaxe wird der Winkel bezeichnet, unter dem der Radius der Erdbahn von einem anderen Stern aus gesehen erscheint. Gemessen wird dieser Winkel von zwei gegenüberliegenden Punkten der Erdbahn.

„nebenbei" eine Reihe anderer Entdeckungen, die sie gar nicht beabsichtigt hatten.

Wie Copernicus selbst, rechnete Johannes Kepler fest damit, daß die parallaktische Verschiebung der Fixsternörter als direkte Widerspiegelung der Erdbewegung an den Sternen gefunden werde. Er schrieb hierzu 1598:

> Geschähe dies nicht und müßte ich glauben, daß die Entfernung der Fixsterne im Verhältnis zur Entfernung der Sonne schlechterdings nicht zu berechnen ist, so würde mir dieses eine Argument bei der Verteidigung des Kopernikus mehr zu schaffen machen, als die übereinstimmende Anschauung von tausend Generationen.

> (Johannes Kepler in seinen Briefen, Bd. 1, 1930, S. 89)

Aus diesen Worten spricht nicht nur das feste Bekenntnis zu Copernicus, sondern ebenso die enorme Bedeutung, die man der Auffindung der Parallaxe, schon zu so früher Zeit mit Recht beilegte.

Galilei verwies als erster auf die Methode der relativen Parallaxen. Er schlug vor, die jährliche Verschiebung der Sternpositionen zu messen, indem man den Ort eines helleren Sterns relativ zu einem schwächeren maß. Dies schien ihm eher erfolgversprechend, als der Weg über absolute Ortsbestimmungen, weil Messungen des Abstandes zweier Sterne voneinander mit höherer Genauigkeit möglich sind. Diesem Gedanken liegt die Annahme zugrunde, daß hellere Sterne in einem geringeren Abstand von uns stehen, als schwächere, was unzutreffend ist, weil die Sterne sehr unterschiedliche Durchmesser besitzen, so daß uns ein weit entfernter großer Stern heller erscheinen kann, als ein nahestehender kleiner. Dies blieb jedoch bis zum Anfang unseres Jahrhunderts unbekannt und deshalb begann Wilhelm Herschel 1779 mit der Suche nach eng benachbarten Sternen, die sich für die Parallaxenmessung eignen könnten. Seiner Suche liegt noch der zweite Irrtum zugrunde, daß die benachbarte Stellung zweier Sterne stets ein lediglich perspektivischer Effekt ist, während beide in Wirklichkeit weit voneinander entfernt, hintereinander, im All stehen. Im Verlaufe dieser, die Parallaxenmessungen vorbereitenden Arbeiten, entdeckte Herschel zunächst am 13. Mai 1781 den Uranus, den ersten, nicht schon im Altertum bekannten Planeten. Ein im darauffolgenden Jahr publizierter Katalog von 269 Sternpaaren brachte die zweite große Entdeckung: die der Doppelsterne. Herschel zog nämlich aus seinen Resultaten den richtigen Schluß, daß die Komponenten der Sternpaare nicht nur perspektivisch nebeneinanderstehen, sondern ein physisches System bilden. In einigen Fällen konnte er die Bewegung der Sterne umeinander direkt nachweisen. Die Suche nach der Parallaxe brachte den ersten Erfolg – nur nicht den eigentlich erhofften.

Schon 50 Jahre zuvor war James Bradley bei seinen Versuchen der Parallaxenmessung eine wichtige Entdeckung gelungen, die der Aberration. Sie macht sich in einer periodischen Veränderung der Gestirnsörter bemerkbar und beruht auf der endlichen Ausbreitungsgeschwindigkeit des Lichtes. Der Lichtstrahl eines Sterns benötigt eine außerordentlich kurze, aber doch nachweisbare Zeit zum Überwinden des Abstandes zwischen Fernrohrobjektiv und Okular. Während das Licht diese Entfernung zurücklegt, bewegt sich das Okular wegen der Bewegung der Erde ein Stückchen weiter. Da das Licht somit schräg in das Fernrohr eintritt, erscheint der Gestirnsort ein wenig verschoben. Effekte dieser geringen Quantität waren erst einem solch exzellenten Beobachter, wie James Bradley zugänglich, der 1728 eine auf der Aberration beruhende Positionsveränderung beim Stern γ Draconis (Sternbild Drachen) fand. Dies war zwar nicht der gesuchte, aber dennoch ein anderer Beweis der Erdbewegung, den Bessel so kommentierte:

Dieser Beweis ist so unzweideutig, daß er den eigensinnigsten Antico-
pernicaner hätte zum Schweigen bringen müssen, wenn noch einer hätte
vorhanden sein können, nachdem hinreichende Zeit zum Verständnis
der Newton'schen Lehre verstrichen war.

(F.W. Bessel: Populäre Vorlesungen, 1848, S. 234)

Die Möglichkeit der Parallaxenmessung hing jedoch nicht nur von den
Bemühungen der Astronomen ab, sondern ebenso von einem infolge all-
gemeiner gesellschaftlicher Entwicklungen eingetretenen Aufschwung im
Bau astronomischer Beobachtungsinstrumente seit dem Beginn des 19.
Jahrhunderts. Neue, präzise Instrumente waren notwendig, um die geringen Parallaxenwinkel zu messen. Dies war schließlich mit einem Spitzen-
erzeugnis der Feinmechanik aus der Werkstatt Joseph von Fraunhofers
möglich (Bild 95). Mit einem solchen Gerät hatte Bessel, Direktor der

Bild 94 Mit der ersten Parallaxenmessung erhielt Friedrich Wilhelm Bessel den entscheidenden,
doch historisch nicht mehr notwendige Beweis zugunsten des heliozentrischen Weltbildes. Wie
Bessel selbst erkannte, lag die Bedeutung dessen vielmehr in der damit verbundenen erstmaligen
Bestimmung einer Fixsternentfernung.

Universitätssternwarte in Königsberg (Bild 94), nicht weit von der Heimat des Copernicus entfernt, zwischen dem 16. August 1837 und dem 2. Oktober des folgenden Jahres den Stern 61 Cygni (Sternbild Schwan) beobachtet, der einen Doppelstern bildet, dessen eine Komponente jedoch tatsächlich wesentlich weiter entfernt ist, als die andere – die also kein

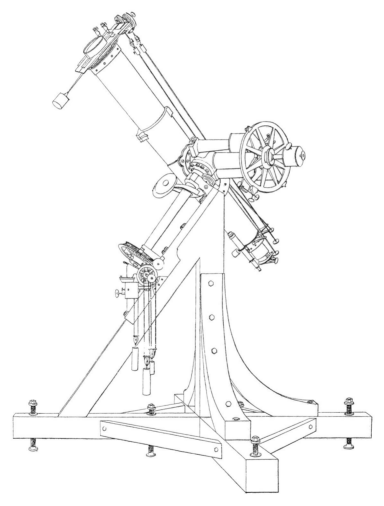

Bild 95 Mit dem „Heliometer", einem Meisterwerk aus der Hand Joseph von Fraunhofers, gelang Friedrich Wilhelm Bessel in Königsberg, unweit der einstigen Wirkungsstätte von Copernicus, 1837/38 der erste Nachweis einer Sternparallaxe.
Nach: Johann A. Repsold, Geschichte der astronomischen Meßwerkzeuge. Leipzig 1908.

physisch verbundenes Paar darstellen. Aus insgesamt 2900 Messungen der Abstände zwischen beiden leitete Bessel die Entfernung von 10,28 Lichtjahren ab, der mit dem heute gültigen von rund 11 Lichtjahren sehr gut übereinstimmt.

Interessant ist, daß nach jahrhundertelangen, vergeblichen Bemühungen nicht nur Bessel zum Erfolg kam, sondern etwa zeitgleich die Messung der Parallaxe zweier anderer Sterne gelang. Im November 1835 hatte der Direktor der Sternwarte in Dorpat (heute Tartu, Estland), Friedrich Georg Wilhelm Struve, eine Meßreihe begonnen, die das Ziel verfolgte, eine Parallaxe des hellen Sterns Wega, α Lyrae (Sternbild Leier) festzustellen und auf die Entfernung von 12,1 Lichtjahren führte. Als drittes wurde 1839 der Parallaxenwert des Sterns α Centauri (Sternbild Centaurus) durch den am Kap der Guten Hoffnung tätigen Astronomen Thomas Henderson publiziert, der sich freilich später als noch recht verbesserungsbedürftig erwies.

War die Suche nach der Parallaxe anfangs durch die Bemühung der empirischen Untermauerung des copernicanischen Weltsystems motiviert, trat dieser Aspekt mit der Zeit mehr und mehr zurück. Seit etwa 1700 gab es kaum noch ernsthafte Gegner des heliozentrischen Weltsystems, obwohl einer der wichtigsten Beweise, eben die Entdeckung der Parallaxe als „Sichtbarmachung" der Erdbewegung, noch ausstand. Als Beweis für Copernicus war die Parallaxenmessung nun nicht mehr erforderlich. Ihre Bedeutung lag vielmehr in der ersten Messung von Fixsternentfernungen, die nach und nach etwas von den wirklichen Dimensionen des Kosmos ahnen ließ. (D.B. Herrmann: Kosmische Weiten, 1989)

KAPITEL 12

Der Mensch im Kosmos – die copernicanische Wende und die Wissenschaft der Neuzeit

Während zwischen dem geozentrischen Weltsystem und den weltanschaulichen Forderungen der Theologie bis ins 16. Jahrhundert hinein Übereinstimmung bestand, tat sich mit der Durchsetzung des heliozentrischen Weltbildes ein Riß zwischen Astronomie und Theologie auf, der in der Folge nicht mehr zu schließen war, sondern zu einer Wandlung im theologischen Menschenbild führte. Ganz selbstverständlich liegt der Bibel die geozentrische Sicht in Form eines religiös geprägten Anthropozentrismus zugrunde. Die gesamte Schöpfung ist nur in der Beziehung auf den Menschen verstehbar. Die Himmelskörper sollten dem Menschen dienen, ihm „Zeichen, Zeiten, Tage und Jahre" geben, den Tag und die Nacht regieren (1 Mos. 1, 14ff.). In den Diskussionen um das wahre Weltsystem spielte immer wieder ein Zitat aus dem Buch Josua eine Rolle. Geschildert wird der Kampf der Kinder Israels unter der Führung Josuas gegen die fünf Amoriterkönige, der sich zugunsten Josuas neigte.

Da redete Josua mit dem Herrn des Tages, da der Herr die Amoriter dahingab vor den Kindern Israel, und sprach vor dem gegenwärtigen Israel: Sonne, stehe still zu Gibeon, und Mond, im Tal Ajalon! Da stand die Sonne und der Mond still, bis daß sich das Volk an seinen Feinden rächte ... Also stand die Sonne mitten am Himmel und verzog unterzugehen beinahe einen ganzen Tag.

(Jos. 10, 12–13)

Schon Luther hatte die Alternative, entweder dem neuen astronomischen System, oder der Bibel zu glauben, zugunsten letzterer entschieden („Denn Josua hieß die Sonne stillstehen, nicht die Erde", M. Luther, Werke. Kritische Gesamtausgabe. Tischreden, 4. Bd., 1916, Nr. 4638). Die Argumentation, die ganz im Sinne Luthers gegen Kepler und die späteren Anhänger des Copernicus stand, lautete: Wenn es in der Bibel nach göttlich geoffenbartem Wissen heißt, daß der Sonne und dem Mond befohlen wurde, stillzustehen, mußten sich diese zuvor bewegt haben und nicht die Erde. Der Umgang mit diesem Bibelwort ist ein theologisches Problem, das in die unterschiedlichen Interpretationsweisen der Heiligen Schrift eingebettet ist. Sei die Bibel wörtlich zu nehmen, in ihrem Literalsinn, oder ist sie auf der Grundlage des jeweiligen Standes der Naturerkenntnis zu interpretieren und in ihrem symbolischen Gehalt zu erschließen? Für Luther kam nur die Literalbedeutung in Frage. Copernicus und Kepler bestritten den Kompetenzbereich der Theologie für die Mathematik und die Naturwissenschaften – „Mathematik wird für die Mathematiker geschrieben", meinte Copernicus (vgl. Seite 309), während letzterer schrieb: „In der Theologie gilt das Gewicht der Autoritäten, in der Philosophie aber das der Vernunftgründe." (J. Kepler, Neue Astronomie, 1929, S. 33) Damit zielten sie gegen die Bevormundung wissenschaftlicher Forschung durch theologische Lehren, vermochten jedoch das Problem nicht zu lösen, da sie den allgemeinen Ansichten ihrer Zeit weit vorausgeeilt waren und hierin kein Chance der Anerkennung hatten.

Auch Galilei wurde im Verlaufe des gegen ihn geführten Inquisitionsprozesses mit dem Problem der Bibelinterpretation konfrontiert und nahm dazu in einem Brief an Benedetto Castelli vom 21. Dezember 1613 Stellung. Sein Vorhaben sei es, „einige allgemeine Betrachtungen über das Anführen der Heiligen Schrift bei Disputationen, die die Natur betreffen, anzustellen" und zielt speziell auf den genannten Josua-Text. Für ihn als gläubigen Menschen sei es eine Grundlage des Denkens, „daß die Heilige Schrift niemals lügen oder irren kann, sondern daß ihre Gebote von unanfechtbarer und unverletzlicher Wahrhaftigkeit sind", fügt aber sofort hinzu: „... wenngleich auch die Schrift nicht irren kann, so könne nichtsdestoweniger einer ihrer Erklärer und Ausleger manches Mal auf mancherlei Weise irren". Als wichtigste Quelle dieser Irrtümer versteht er, „wenn man sich stets an die bloße Bedeutung der Worte halten wolle, dergestalt würden nicht nur mancherlei Widersprüche, sondern sogar schwerwiegende Ketzereien und Gotteslästerungen in ihr zu finden sein". Man finde, meint Galilei, in der Bibel zahlreiche Sätze, „die der bloßen Bedeutung der Worte nach von der Wahrheit abzuweichen scheinen, aber auf diese Weise gefaßt wurden, um sich dem Unvermögen der Menge anzubequemen". Deshalb müßten die Bibelausleger den „wahren Sinngehalt herausstellen und die besonderen Gründe dafür aufzeigen, weshalb er in solchen Worten ausgesprochen worden ist". Aus diesen Überlegungen leitet Galilei die Überzeugung ab, daß der Bibel „in den Disputen über die Natur der letzte Platz vorbehalten sein sollte". Denn während in der Bibel wahre Dinge in einer Form vorgestellt werden, die „dem Verständnis der Menge" zugänglich sein soll und deswegen scheinbar Widersprüche in sich schließen kann, ist „hingegen die Natur unerbittlich und unwandelbar und unbekümmert darum …, ob ihre verborgenen Gründe und Wirkungsweisen dem Fassungsvermögen der Menschen erklärlich sind oder nicht". Mithin dürften Erkenntnisse der Wissenschaften „keinesfalls in Zweifel gezogen werden … durch Stellen der Schrift, die scheinbar einen anderen Sinn haben, weil nicht jeder Ausspruch der Schrift an so strenge Regeln gebunden ist wie jede Wirkung der Natur." (G. Galilei, Schriften, Bd. 2, 1987, S. 169 f.)

Im Prozeß gegen Galilei ging es also nicht nur um die unterschiedliche Interpretation einer Bibelstelle, was noch hätte toleriert werden können, sondern die Autorität der Bibel, wie man sie auffaßte, stand auf dem Spiel, mit ihr ein ganzes Menschenbild. In dem auf der Grundlage der aristotelischen Kosmologie entworfenen Weltbild ruht die Erde mit dem Menschen „unten" in der Weltmitte. Das gesamte Welttheater läuft für den Menschen ab, zu dessen Nutzen die Gestirne und die gesamte Natur geschaffen wurde. Der Himmel, das reine Lichtreich der Gestirne und schließlich das Reich der Seligen befindet sich „oben". Dieser Weltbau spiegelt zugleich eine sittliche Weltordnung wider, in der sich die Seligen sowie die Himmelskörper durch Gottesnähe auszeichnen, dagegen die erlösungsbedürftige Welt des Menschen, das Reich der Trübsal, von Geburt und Tod, der Vergänglichkeit, eine maximale Gottesferne aufweist, den kosmischen Harmonien entrückt. Dennoch war diese Gottesferne mit der Auszeichnung der Zentralstellung in der Welt verbunden. Der Mensch konnte sich eingeschachtelt, behütet durch die von den Astronomen ersonnenen Sphären fühlen, das sorgende Auge Gottes als Verheißung künftiger Erlösungsmöglichkeit auf sich gerichtet wissend.

Durch das heliozentrische Weltsystem wurde die sichtbare räumliche Bevorzugung des Menschen, wie sie die christlich-aristotelische Kosmologie konstruierte, gestürzt und in eine intellektuell anspruchsvollere, abstraktere, physisch nicht nachvollziehbare Erhebung des Menschen transformiert. Gerade hierin lag ein neuer Ansatz des Selbstbewußtseins, der Bestimmung der Stellung des Menschen im Kosmos. Denn die Nivellierung der räumlichen Existenz des Menschen bedeutet in religiöses Denken übersetzt, daß der Mensch durch sein Tun fähig ist, ohne die Auszeichnung der Existenz in der Weltmitte sein Leben zu gestalten, in einer Welt, die nun nicht mehr als für ihn geschaffen erscheint.

Infolge der Entfernung der Erde aus der Weltmitte war der einfache teleologische Gedanke, daß die ganze Weltmaschinerie auf den Menschen hin konstruiert sei, neu zu durchdenken. Da die Erde selbst zu einem

Himmelskörper geworden war, stand nicht mehr der Bedeutungsinhalt von Sonne und Mond, der Planeten und Sterne im Vordergrund des Erkennens, sondern die Erkenntnis der praktischen Nutzbarkeit des Laufes der Himmelskörper für das menschliche Leben, in einem Weltbau, in dem der Mensch nicht mehr abgesondert steht, sondern dessen integraler Bestandteil er ist.

Die philosophische Konsequenz führten einige Denker noch weiter. Wenn die Himmelskörper nicht nur eine Bedeutung in Rücksicht auf den Menschen besitzen und die Erde, ein normaler Himmelskörper, von Lebewesen bewohnt ist, könnte dann dies nicht ebenso für andere Planeten zutreffen? Denn warum sollte das Wunder der Erschaffung von Lebewesen gerade nur auf der durch nichts räumlich bevorzugten Erde geschehen sein? Hatte erstmals der radikale Copernicaner Giordano Bruno diese Frage gestellt, so war ein solcher Gedanke für Copernicus selbst genauso wie für Kepler noch vollkommen ausgeschlossen. Bruno dagegen führte die heliozentrische Kosmologie weiter zur Konzeption einer unendlichen Welt. Noch im 17. Jahrhundert wurde die mögliche Existenz anderer bewohnter Welten geradezu ein Modethema populärer astronomischer und philosophischer Literatur, besonders bekannt geworden durch Bernard de Fontenelles „Entretiens sur la pluralité des mondes" (Paris 1686), ab 1698 in vielen Auflagen auch in deutscher Übersetzung herausgegeben (ders., Gespräch von Mehr als einer Welt zwischen einem Frauen=Zimmer und einem Belehrten, 1698).

Die „Entthronung" des Menschen, die mit der Verdrängung der Erde aus der Weltmitte erfolgte, war erst der Beginn der Relativierung der Stellung des Menschen im Kosmos. Nach Copernicus blieb immerhin noch die überschaubare Weltstruktur mit der die im Weltzentrum stehende Sonne umkreisenden Erde. Daß Giordano Bruno in phantastischer Antizipation künftiger Forschungen die Unendlichkeit der Welten postulierte, blieb verständlicherweise ohne Folgen für die Wissenschaftsentwicklung. Wenn sich die Astronomen auch im Laufe des 17. und 18. Jahrhunderts als Folge der vergeblichen Parallaxenmessungen, wohl eher gefühlsmäßig, als mit wissenschaftlicher Erkenntnis mehr und mehr über die gewaltigen kosmischen Dimensionen klar wurden – die zu diesem Problem bedeutsamen Fakten konnten erst seit der Mitte des 18. Jahrhunderts gefunden werden.

Um 1750 rückten Himmelsobjekte in das Interesse der Astronomen, die bislang nur nebenher wahrgenommen wurden – die „nebligen" Sterne, von denen der Orion- und Andromedanebel die bekanntesten Vertreter sind, also Gas- und Staubnebel, planetarische Nebel, Sternhaufen und

Galaxien. Auch begann man, sich näher mit der Milchstraße zu beschäftigen, von der seit der Fernrohrerfindung bekannt war, daß sie aus fernen Sternen besteht. Im Jahre 1755 schlug der Philosoph Immanuel Kant einen kühnen Bogen von unserem Planetensystem zur Milchstraße und den Nebelsternen. Er erklärte nicht nur unser Milchstraßensystem in Analogie zum Planetensystem als eine abgeplattete Sterneninsel sowie die fernen Nebelsterne als ebensolche Systeme sondern lieferte eine geistreiche Theorie der Entwicklung von Sternen und Sternsystemen durch gravitative Kontraktion ursprünglich diffus verteilten Stoffes, die in der Geschichte der Wissenschaften eine große Rolle spielte.

Kant mußte die Beweise für seine Ansichten schuldig bleiben. Dreißig Jahre später fand Friedrich Wilhelm Herschel, ehemaliger Militärmusiker, Notenschreiber, Organist und Komponist, der Entdecker des Planeten Uranus, die ersten empirischen Belege für Kants Vorstellungen. Er hatte zunächst festgestellt, daß unser Milchstraßensystem tatsächlich eine gewaltige elliptische Ansammlung von Sternen darstellt. Ferner hatte er 1783 gefunden, daß die Sonne in diesem System durchaus keine besondere Position einnimmt, sondern sich mit einer Geschwindigkeit von 70 000 km/h um ein noch unbekanntes Milchstraßenzentrum bewegt. Das bedeutete eine erneute, weitergehende räumliche Relativierung des Menschen im Komsos. Noch einschneidender war die Erkenntnis, daß selbst das Zentrum unserer Milchstraße keineswegs ein besonderer Punkt im All ist. Im Jahre 1786 veröffentlichte Herschel einen Katalog von 1 000 Nebelflecken, dem bis 1802 zwei weitere mit insgesamt 1 500 Objekten folgten. Die Konsequenz war, daß es im Weltall nicht nur viele Planeten wie die Erde, nicht nur zahllose Sterne wie die Sonne, sondern auch zahllose Sternsysteme wie unser Milchstraßensystem gibt.

Zwar blieben die Forschungen Herschels nicht unbestritten, aber er war auf dem Weg, ein zutreffendes Bild vom Kosmos zu gewinnen. Mit seinen ersten Abschätzungen der Ausdehnung des extragalaktischen Raumes präsentierte er der erstaunten Mitwelt einen Kosmos ungeahnter Dimensionen. Die Entfernung der entlegensten Nebelflecke gab Herschel mit 2 Mill. Lichtjahren an, woraus sich gleichfalls fast unglaubliche Ansichten vom Alter der kosmischen Objekte ergaben. Denn eine Entfernung von 2 Mill. Lichtjahren bedeutet zugleich ein Alter von wenigstens 2 Mill. Jahren. Noch 100 Jahre zuvor hatte sich mancher Gelehrte gesträubt, das heliozentrische Weltsystem anzuerkennen. Nach den Forschungen Herschels brachte die Weiterführung des „Copernicanismus" die Einsicht in ein riesiges „vereinsamtes" Universum, dessen unvorstellbare Leere nur hier und da durch die Existenz einer Sternansammlung gestört wird. Dabei stand man mit Herschel erst ganz am Anfang der Erforschung der groß-räumigen Struktur des Kosmos. Der Andromedanebel, ein System von einigen zehn Milliarden Sternen steht ist mit einer Entfernung von 2,2 Mill. Lichtjahren ganz in der Nachbarschaft unserer Galaxis. Gemeinsam mit einigen anderen Sternsystemen bilden beide den Galaxienhaufen der „lokalen Gruppe". Diese bildet wiederum mit anderen Galaxienhaufen einen Superhaufen von Galaxien. Licht vom „Rande der Welt" kommt aus Entfernungen von 15 bis 18 Mill. Lichtjahren!

Für die Bezeichnung des Menschen in dieser Welt gibt es keine Worte, selbst der Vergleich mit einem Staubkorn wäre grenzenlose Übertreibung. Die Bedeutung des Menschen in der Welt erstreckt sich nicht weiter als auf den Menschen selbst sowie auf die ihm zur Gestaltung seines Lebens überantwortete, eng begrenzte Umwelt. Ob die Vision Giordano Brunos von einem Weltall mit zahllosen belebten Himmelskörpern der Realität entspricht, konnte trotz vielfacher Bemühungen der Wissenschaftler in den vergangenen Jahrzehnten nicht geklärt werden. Zwar hat die Vermutung, daß das Leben im Weltall wenn auch keine „alltägliche" Erscheinung, doch nicht auf einen einzigen Himmelskörper begrenzt ist, sehr viel für sich, entbehrt aber bislang eines Beweises. Doch weil das Leben sich auf der Erde aufgrund des Wirkens von Naturgesetzen herausgebildet hat, die in ihrem Zusammenwirken nicht zwingend an irdische Verhältnisse gebunden sind, sollte die Hoffnung auf die einstige Bekanntschaft mit unseren kosmischen Nachbarn nicht aufgegeben werden. Selbst wenn viele Faktoren, wie lebensfreundliche Temperaturen, Beleuchtung durch einen Stern, eine feste Planetenoberfläche usw. sehr spezielle Voraussetzungen darstellen, spricht dies angesichts der unvorstellbar großen Zahl von Sternen und vermutlich ebenso Planeten, nicht gegen ferne bewohnte Welten. Damit hätte der Mensch in Vollendung des copernicanischen Prinzips sein letztes Vorrecht als das einzige vernunftbegabte Lebewesen des Kosmos aufzugeben.

Anhänge

1. Vorrede an Seine Heiligkeit, Papst Paul III., zu den Büchern von den Umschwüngen des Nicolaus Copernicus

Heiliger Vater, wie ich mir ganz gut denken kann, wird es so kommen, daß gewisse Leute, sobald sie vernommen haben, daß ich in meinen vorliegenden Büchern, die ich über die Umschwünge der Weltsphären geschrieben habe, der Erdkugel bestimmte Bewegungen zuschreibe, die laute Forderung erheben, man müsse mich mit einer solchen Meinung sofort verwerfen. Denn ich habe an meinen eigenen Gedanken kein so großes Gefallen, daß ich nicht abwäge, welches Urteil andere über sie fällen werden. Und obwohl ich weiß, daß die Gedanken des Philosophen über das Urteil der Menge erhaben sind, weil es ja sein Streben ist, in allen Dingen, soweit dies der menschlichen Vernunft von Gott erlaubt ist, die Wahrheit zu erforschen, so glaube ich doch, daß man Meinungen, die ihr ganz widersprechen, vermeiden muß. Als ich daher überlegte, wie sinnlos die Lehre denen erscheinen müßte, welche die herrschende Ansicht von der unbewegten Erde in der Mitte des Himmels als seinem Mittelpunkt mit dem Urteil vieler Jahrhunderte als bestätigt anerkennen, und wenn ich nun im Gegensatz dazu behaupten würde, daß die Erde sich bewege, so war ich lange unentschlossen, ob ich meine zum Beweis ihrer Bewegung verfaßten Bücher der Öffentlichkeit übergeben sollte. Wäre es nicht im Gegenteil besser, dem Beispiel der Pythagoreer und einiger anderer Gelehrte zu folgen, welche, wie der Brief des Lysis an Hipparch beweist, die Gewohnheit hatten, die Geheimnisse der Philosophie nicht schriftlich, sondern nur Verwandten und Freunden mündlich mitzuteilen. Aber mir scheint, daß sie dies nicht, wie manche meinen, aus einer Art von Neid gegen die Veröffentlichung ihrer Lehren getan haben, sondern damit die schönsten und durch vielen Fleiß bedeutender Männer entdeckten Wahr-

heiten nicht von Leuten verachtet werden, die entweder nur auf einträgliche Wissenschaften große Mühe verwenden mögen oder aber, wenn sie
durch Wort und Beispiel anderer zum edlen Studium der Philosophie
angeregt werden, dennoch wegen ihrer geistigen Stumpfheit unter den
Philosophen wie die Drohnen unter den Bienen leben. Während ich also
diese Gesichtspunkte erwog, hätte mich die Verachtung, die ich wegen der
unerhörten Neuartigkeit meiner Meinung zu befürchten hatte, beinahe
veranlaßt, das begonnene Werk völlig einzustellen. Aber meine Freunde
brachten mich trotz meines langen Zögerns und sogar Sträubens wieder
darauf zurück. Unter ihnen befand sich als erster Nikolaus Schönberg,
Kardinal von Capua, ein in allen Zweigen der Wissenschaft berühmter
Mann. Als nächsten nenne ich meinen vertrauten Freund Tiedemann Giese, Bischof von Kulm, ein eifriger Förderer der Religion und aller schönen
Wissenschaften. Er hat mich oft ermahnt und manchmal mit Vorwürfen
gedrängt, dieses Buch herauszugeben und endlich erscheinen zu lassen,
das sich bei mir nicht nur ins neunte Jahr, sondern annähernd ins vierte
Jahrneunt verborgen gehalten hatte. Viele andere ganz hervorragende
und gelehrte Männer setzten sich für das gleiche Ziel bei mir ein und
ermahnten mich, ich solle mich wegen einer eingebildeten Furcht nicht
länger weigern, meine Mühe dem allgemeinen Nutzen derer, die Mathematik betreiben, zu widmen. Je unsinniger jetzt den meisten meine Lehre
von der Bewegung der Erde erscheinen würde, um so mehr Bewunderung
und Gefallen würde sie ernten, nachdem sie gesehen haben, daß infolge
der Veröffentlichung meiner Bücher der Nebel der Unsinnigkeit durch
klare Beweise zerstreut ist. Vom Zureden dieser Männer und durch diese
Hoffnung bewogen erlaubte ich meinen Freunden schließlich die Herausgabe des Werkes, die sie lange von mir erbeten hatten, zu besorgen.

Aber Eure Heiligkeit wird sich vielleicht nicht so sehr darüber wundern,
daß ich diese Ergebnisse meiner nächtlichen Arbeit herauszugeben gewagt
habe, nachdem ich ohne Zögern meine Gedanken über die Bewegung der
Erde sogar schriftlich niederlegte, sondern Ihr werdet wohl Auskunft darüber erwarten, wie mir der Einfall gekommen ist, daß ich gegen die
anerkannte Meinung der Mathematiker und sogar gegen die allgemeine
Anschauung gewagt habe, mir irgendeine Bewegung der Erde vorzustellen. Darum soll es Eurer Heiligkeit nicht verborgen bleiben, daß mich
nichts anderes zum Nachdenken über eine andere Art, die Bewegungen
der Weltsphären herzuleiten, veranlaßt hat, als die Einsicht, daß die Mathematiker bei ihren Forschungen nicht konsequent bleiben. Erstens sind
sie nämlich über die Bewegung der Sonne und des Mondes so unsicher,
daß sie nicht einmal die unveränderliche Größe des Jahres beschreiben

und berechnen können. Zweitens benutzen sie bei der Bestimmung der Bewegungen sowohl der genannten, wie auch der anderen fünf Wandelsterne nicht die gleichen Grundsätze und Annahmen sowie die gleichen Ableitungen der scheinbaren Umläufe und Bewegungen. Denn die einen verwenden nur homozentrische Kreise, andere Exzenter und Epizykel, und doch erreichen sie mit ihnen das Gesuchte nicht vollständig. Mögen nämlich auch die einen, die auf homozentrischen Kreisen bauen, nachgewiesen haben, daß aus ihnen einige ungleichmäßige Bewegungen zusammengesetzt werden können, so erlangten sie doch daraus nichts Sicheres, das wirklich den Erscheinungen entspricht. Und wenn auch die Forscher, welche die Exzenter angenommen haben, den Anschein erwecken, die scheinbaren Bewegungen hiermit größtenteils mit richtigen Zahlenwerten dargestellt zu haben, so müssen sie indessen doch sehr viele Zugeständnisse machen, die offensichtlich mit den ersten Grundsätzen über die Gleichmäßigkeit der Bewegungen in Widerspruch stehen. Auch konnten sie die Hauptsache, nämlich die Gestalt der Welt und den unbestreitbaren Zusammenhang ihrer Teile nicht finden oder aus jenen erschließen. Im Gegenteil, es erging ihnen deshalb wie jemandem, der von verschiedenen Vorlagen die Hände nähme, die Füße, den Kopf und andere Glieder, die zwar von bester Beschaffenheit, aber nicht nach dem Bild eines einzigen Körpers gezeichnet sind und in keiner Beziehung zueinander passen, weshalb eher ein Ungeheuer als ein Mensch aus ihnen entstände. Deshalb findet man, daß sie im Verlauf des Beweisgangs, den sie Methode nennen, entweder etwas Notwendiges übergangen oder etwas Unpassendes und keineswegs zur Sache Gehöriges hinzugenommen haben. Das wäre ihnen nie zugestoßen, wenn sie gesicherte Prinzipien befolgt hätten. Denn wenn die von ihnen angenommenen Hypothesen nicht trügerisch wären, würde ohne Zweifel alles, was aus ihnen folgt, bestätigt werden. Wenn auch das eben Gesagte schwer verständlich sein mag, wird es doch an der entsprechenden Stelle klarer werden.

Ich dachte also lange Zeit über diese Unsicherheit der überlieferten mathematischen Lehren von der Berechnung der Umdrehungen der Weltsphären nach. Dabei empfand ich allmählich Widerwillen darüber, daß den Philosophen kein einigermaßen sicheres Gesetz für die Bewegungen der Weltmaschine bekannt sein sollte, die doch um unseretwillen vom besten und genauesten Werkmeister eingerichtet wurde, während dieselben Philosophen sonst hinsichtlich der geringsten Umstände dieses Kreislaufes so gründliche Untersuchungen anstellten. Daher machte ich mir die Mühe, die Bücher aller Philosophen, derer ich habhaft werden konnte, von neuem durchzulesen, um zu erforschen, ob einer vermutet habe, daß die Bewegungen der Weltsphären andere seien, als die Lehrer der Mathematik in den Schulen annehmen. Und in der Tat fand ich als erstes bei Cicero, daß Hiketas der Meinung gewesen sei, die Erde bewege sich. Später entdeckte ich bei Plutarch, daß auch andere derselben Ansicht gewesen sind. Ich halte es für gut, seine Worte hierher zu setzen, damit sie jedem zu Gesicht kommen: „Andere sagen zwar, die Erde stehe still, aber der Pythagoreer Philolaos behauptet, sie kreise um das Feuer in einem geneigten Kreis, ähnlich wie die Sonne und der Mond. Heraklid von Pontos und der Pythagoreer Ekphantos lassen dagegen die Erde zwar nicht fortschreiten, doch festgehalten wie ein Wagenrad sich um ihre eigene Achse vom Untergang zum Aufgang bewegen.“ Das war also für mich der Anlaß, über die Beweglichkeit der Erde nachzudenken. Wenn auch diese Meinung absurd erschien, glaubte ich doch, daß wenn anderen vor mir die Freiheit zugestanden wurde, alle beliebigen Kreise zur Erklärung der Erscheinungen an den Gestirnen zu ersinnen, es auch mir ohne weiteres gestattet sei, auszuprobieren, ob bei den Umdrehungen der himmlischen Kugelschalen unter der Voraussetzung irgendeiner Bewegung der Erde Beweise gefunden werden könnten, die die früheren an Überzeugungskraft überträfen.

Und so nahm ich die Bewegungen an, die ich später in meinem Werk der Erde zuschreibe und fand durch vieles und langes Beobachten schließlich folgendes heraus: Wenn die Bewegungen der übrigen Gestirne mit der Kreisbewegung der Erde zusammengesetzt und jeweils nach der Umlaufzeit eines jeden Gestirns berechnet werden, so ergeben sich hieraus nicht nur die Erscheinungen bei jenen, sondern auch die Rangordnungen und Größen der Gestirne und aller Kreisbahnen, und der Himmel selber kommt in einen solchen inneren Zusammenhang, daß an keiner Stelle von ihm etwas verstellt werden kann, ohne seine übrigen Teile und das ganze Weltall in Unordnung zu bringen. Daher habe ich auch bei der Ausarbeitung des Werkes die folgende Anordnung eingehalten.

Im ersten Buch beschreibe ich die Anordnung aller Kreisbahnen zusammen mit den von mir der Erde zugesprochenen Bewegungen, so daß dieses Buch gewissermaßen den ganzen Aufbau des Weltalls enthält. In den übrigen Büchern setze ich dann die Bewegungen der übrigen Gestirne und aller Kreisbahnen mit der Bewegung der Erde zusammen, damit daraus geschlossen werden kann, bis zu welchem Grad die Bewegungen und Erscheinungen der übrigen Gestirne und Bahnen gerettet werden können, wenn sie auf die Erdbewegung bezogen werden. Ich bezweifle nicht, daß geistreiche und gelehrte Mathematiker mir vollkommen beipflichten werden, wenn sie entsprechend der ersten Forderung der Philosophie willens sind, die von mir in diesem Werk zur Ableitung der in Frage stehenden angeführten Tatsachen nicht oberflächlich, sondern gründlich kennenzulernen und abzuwägen.

Damit aber Gelehrte und Laien gleichermaßen sehen, daß ich mich keines Menschen Urteil entziehen will, möchte ich diese nächtlichen Arbeiten von mir lieber Eurer Heiligkeit als irgendeinem anderen widmen; besonders auch deshalb, weil man Euch in diesem entlegensten Erdenwinkel, in dem ich weile, an Würde des Amtes und an Liebe zu allen Wissenschaften und zur Mathematik für die hervorragendste Persönlichkeit hält, so daß Ihr durch Euer Ansehen und Urteil die hämischen Angriffe der Verleumder leicht in Schach halten könnt, obwohl ein Sprichwort sagt, daß es gegen den Biß des Verleumders kein Heilmittel gibt.

Wenn auch leere Schwätzer auftreten werden, die sich trotz vollständiger Unkenntnis in den mathematischen Fächern ein Urteil über diese anmaßen und wegen irgendeines zu ihren Gunsten übel verdrehten Wortes der Heiligen Schrift wagen, mein vorliegendes Werk zu tadeln und anzugreifen, so mache ich mir nichts aus ihnen, sondern werde ihr haltloses Urteil verachten. Es ist ja bekannt, daß Laktanz, sonst ein berühmter Schriftsteller, aber ein schlechter Mathematiker, geradezu kindisch über die Form der Erde spricht, wenn er diejenigen verspottet, die gelehrt haben, daß die Erde eine Kugelgestalt besitze. Daher braucht es die gelehrten Männer nicht zu wundern, wenn manche dieser Menschen auch über mich lachen werden.

Mathematik wird für die Mathematiker geschrieben, aber wenn mich meine Meinung nicht täuscht, werden unsere hier vorliegenden Arbeiten auch für das kirchliche Gemeinwesen, dessen Leitung jetzt in den Händen Eurer Heiligkeit liegt, recht nützlich sein. Denn als vor nicht allzulanger Zeit auf dem Laterankonzil unter Leo X. die Frage der Verbesserung des Kirchenkalenders beraten wurde, blieb diese einzig und allein aus dem Grund unentschieden, weil man der Meinung war, daß die Dauer der Jahre und Monate sowie die Bewegungen der Sonne und des Mondes noch nicht genügend exakt berechnet seien. Seit dieser Zeit war ich, aufgefordert von dem berühmten Herrn Paul, Bischof von Fossombrone, der damals die Arbeit leitete, bestrebt, diese Fragen genau zu beachten. Was ich nun dabei zuwegegebracht habe, stelle ich vorzüglich dem Urteil Eurer Heiligkeit sowie aller anderen gelehrten Mathematiker anheim. Und um nicht den Eindruck zu erwecken, daß ich Eurer Heiligkeit über den Nutzen des Werkes mehr verspreche, als ich leisten kann, gehe ich jetzt an das begonnene Werk. (NCGA 3.1, Vorrede)

2. Vorrede zum 1. Buch von „De revolutionibus"

Aus der bunten Fülle der wissenschaftlichen und künstlerischen Betätigungen, die den Geist der Menschen erquicken, verdienen meines Erachtens unsere Liebe und eifrigste Förderung hauptsächlich die Gebiete, die sich mit den schönsten und wissenswertesten Dingen beschäftigen. Solcher Art sind aber die Untersuchungen, welche die göttlichen Kreisbewegungen der Welt, den Lauf, die Größe, die Abstände, den Auf- und Untergang der Gestirne und die Ursachen der übrigen Himmelserscheinungen erforschen und schließlich alle Schönheit erklären. Was ist aber schöner als der Himmel, der ja alles Schöne enthält? Das künden sogar schon die bloßen Namen „caelum" und „mundus", der letztere bedeutet Reinheit und Zierde, der erstere Kunstwerk. Wegen seiner überwältigenden Erhabenheit nannten ihn ja die meisten Philosophen den sichtbaren Gott. Wenn daher der Rang der Wissenschaft nach dem Gegenstand, den sie behandeln, eingeschätzt wird, dann wird diese weitaus die hervorragendste sein; die einen nennen sie nämlich Astronomie, die anderen Astrologie, viele der Alten aber die Krönung der Mathematik. Kein Wunder, denn sie, das Haupt der freien Künste, die des freigeborenen Menschen würdigste Wissenschaft, stützt sich fast auf alle Zweige der Mathematik. Die Arithmetik, Geometrie, Optik, Geodäsie, Mechanik und alle anderen Fächer, die es noch geben mag, widmen sich ihr.

Wenn es die Aufgabe aller Wissenschaften ist, den Geist des Menschen von den Lasten abzulenken und dem Besseren zuzuwenden, kann unsere Wissenschaft diese Aufgabe in überreichem Maße erfüllen und daneben das Menschenherz unglaublich beseligen. Denn wer würde nicht durch anhaltende Beschäftigung mit den Dingen, die er in bester Ordnung geschaffen und von göttlichem Walten gelenkt sieht, durch ihren sozusagen trauten Umgang zum Höchsten begeistert werden und den Schöpfer aller Dinge, in dem alle Glückseligkeit und jedes Gut beruht, bewundern? Würde denn jener gottbegeisterte Psalmist nicht grundlos von sich sagen, daß er sich am Geschöpfe Gottes erfreue und aufjauchzen möchte bei den Werken seiner Hände, wenn wir nicht durch diese Mittel gleichwie auf einem Gefährt zur Betrachtung des höchsten Gutes hingezogen würden? Wieviel Nutzen und Verschönerung sie aber dem Staat bringt – um die unzähligen Vorteile für den Einzelnen zu übergehen – bemerkt Platon sehr wohl. Denn er meint im 7. Buch der Gesetze, man müsse deshalb besonders nach ihr trachten, weil mit ihrer Hilfe die Tage in Monate und Jahre geordnet werden und so die auch in Fest- und Opferabschnitte eingeteilten Zeiten den Staat in frischer Kraft und Regsamkeit erhalten. Und wenn jemand, so sagt er, ihre Notwendigkeit für einen Menschen, der irgendeine der besten Wissenschaften lehren will, leugnen sollte, dann wird er töricht denken; auch meint er, schwerlich könne jemand Künder der Zukunft werden oder heißen, der weder von der Sonne, vom Mond, noch von den übrigen Gestirnen das nötige Wissen hat.

Auf der anderen Seite fehlt es dieser eher göttlichen als menschlichen Wissenschaft, die über die höchsten Dinge nachforscht, nicht an Schwierigkeiten. Das dürfte besonders der Grund dafür sein, daß die meisten, welche die Untersuchung dieser Fragen angegriffen haben, über die Grundlagen und Annahmen, die bei den Griechen Hypothesen heißen, uneinig gewesen sind und sich daher nicht auf die gleichen Überlegungen gestützt haben; daß man außerdem erst mit der Zeit und nach vielen Beobachtungen, durch welche die Bewegungen der Nachwelt, um mich so auszudrücken, von Hand zu Hand überliefert wurden, imstande gewesen ist, den Lauf der Sterne und die Kreisbewegung der Planeten durch zuverlässige Zahlen festzulegen und zu vollkommener Kenntnis zu bringen. Denn wenn auch der Alexandriner C. Ptolemäus, der die übrigen an bewunderungswürdiger Findigkeit und Sorgfalt weit übertrifft, aus den Beobachtungen von vierhundert und mehr Jahren diese Wissenschaft fast vollendet hat, so daß nichts mehr zu fehlen schien, was er nicht berührt hätte, so sehen wir doch, daß sehr vieles nicht mit dem übereinstimmt, was aus seiner Überlieferung folgen sollte, während sogar neue Bewegungen entdeckt wurden, die ihm noch nicht bekannt waren. Daher sagt auch Plutarch an der Stelle, wo er das tropische Sonnenjahr behandelt: Bislang entzieht sich die Bewegung der Gestirne der Kenntnis der Mathematiker. Denn, um gerade das Jahr als Beispiel zu nehmen, so halte ich es für bekannt, wie verschieden die Meinungen darüber gewesen sind, so sehr, daß viele daran gezweifelt haben, eine zuverlässige Methode für seine Berechnung finden zu können.

Damit es aber nicht so scheint, als hätte ich mein Ausweichen mit diesen Schwierigkeiten bemänteln wollen, werde ich, wenn Gott, ohne den wir nichts vermögen, mir hilft, von anderen Sternen her eine ausführliche Prüfung dieser Fragen versuchen, da wir um so mehr Hilfsmittel zur Unterstützung unseres Vorhabens besitzen, je größer der Zeitraum ist, der zwischen den Begründern dieser Wissenschaft und uns liegt; denn wir können mit ihren Entdeckungen vergleichen, was wir von neuem gefunden haben. Übrigens gestehe ich, daß ich vieles auf andere Art vortragen werde als die Früheren, natürlich auf Grund ihres Verdienstes, da sie ja zuerst den Weg zur Erforschung dieser Dinge gebahnt haben. (NCGA 3.1, 1. Buch, Anm. 2)

3. Tiedemann Giese an Georg Joachim Rheticus, Brief vom 26. Juli 1543

An Joachim Rheticus

Bei meiner Rückkehr aus Krakau von der Hochzeitsfeier des Königs fand ich in Löbau die zwei von Dir gesandten Stücke des eben gedruckten Werkes unseres Copernicus, von dessen Ableben ich beim Betreten Preußens Kenntnis erhielt. Den Schmerz über den Heimgang des Bruders, des hervorragenden Mannes, hätte ich ausgleichen können durch das Lesen seines Buches, das ihn mir gleichsam lebend wieder gab; aber gleich beim Anfang bemerkte ich die Fälschung und, wie Du es richtig nennst, die Ruchlosigkeit des Petreius, der in mir eine Entrüstung, schlimmer als die vorhergehende Trauer, hervorrief. Denn wer müßte sich nicht tief verletzt fühlen bei einer solchen unter dem Schutz vollen Vertrauens begangenen Schandtat! Doch ist vielleicht diese Untat weniger dem vom Wohlwollen anderer abhängigen Drucker zuzuschreiben als irgendeinem Neider, der aus Schmerz darüber, daß er seine alte Überzeugung aufgeben müßte, wenn dieses Buch Ruhm erlangte, vielleicht die Arglosigkeit des Verlegers mißbraucht hat, um das Vertrauen zu dem Werk nicht aufkommen zu lassen.

Damit aber der nicht straflos ausgehe, der sich von einem andern zum Betrug mißbrauchen ließ, habe ich in einem Schreiben an den Nürnberger Rat dargelegt, was meines Erachtens geschehen muß, um dem Verfasser das volle Vertrauen wieder zu verschaffen. Ich schicke Dir die Eingabe an den Rat mit einer Abschrift derselben, damit Du nach Lage der Dinge beurteilen kannst, wie Du die Sache angehen mußt. Denn ich finde zur Durchführung dieser Aufgabe beim Senat bei niemandem größere Eignung oder auch größere Bereitwilligkeit als bei Dir. Denn Du hast ja bei

Aufführung dieses Stückes die Rolle des Chorführers innegehabt, daß die Wiederherstellung des Verderbten für Dich von gleichem Wert ist wie für den Verfasser. Um Deine Sache geht es, und deshalb bitte ich Dich dringend, Du mögest die Angelegenheit mit größter Sorgfalt betreiben.

Die ersten Blätter müssen neu gedruckt werden und ich meine, Du sollst eine Vorrede anfügen, durch die auch die bereits versandten Stücke vom Makel der Fälschung gereinigt werden. Dann möchte ich, daß Du die Lebensbeschreibung des Verfassers, die Du mit so viel Geschick abgefaßt hast – es ist lange her, seit ich sie las – voranstellst; Du brauchst dieser meines Erachtens nur das Lebensende nachzutragen, daß er nämlich infolge eines Blutsturzes und nachfolgender Lähmung der rechten Seite am 24. Mai verschieden ist, nachdem ihn schon viele Tage vorher Gedächtnis und Geisteskraft verlassen hatten, und daß er sein fertiges Werk erst am Todestage schauen konnte, als er bereits in den letzten Zügen lag. Daß dieses schon vor seinem Tode die Presse verlassen hatte, hat nichts zu sagen, denn das Jahr stimmt und den Tag der Fertigstellung hat der Drukker nicht angegeben.

Auch mögest Du Deine kleine Schrift beifügen, in der Du die Erdbewegung vom Vorwurf des Widerspruchs mit der Heiligen Schrift so erfolgreich befreit hast. So wirst Du die richtige Größe des Bandes bekommen und auch das Versäumnis ausgleichen, daß Dein Lehrer in der Vorrede zu seinem Werk Dich nicht erwähnt hat. Ich bin der Ansicht, daß er dies nicht aus Geringschätzung Deiner Person getan hat, sondern daß es ihm infolge einer gewissen Schwerfälligkeit und Nachlässigkeit (er war ja in allen Dingen, die sich nicht auf die Wissenschaft beziehen, etwas sorglos), zumal bei seiner langen Krankheit eben zugestoßen ist; ich weiß ja nur zu gut, wie hoch er immer Deine Arbeit und Deine Bereitwilligkeit, mit der Du ihm zur Seite gestanden hast, geschätzt hat.

Daß Du mir zwei Exemplare des Werkes gesandt hast, dafür bin ich Dir, dem Geber, zu großem Dank verpflichtet. Sie werden mir wie ein unvergängliches Denkmal dazu dienen, ein treues Andenken nicht bloß dem Verfasser, den ich immer lieb gehabt habe, zu bewahren, sondern auch Dir selbst. Denn wie Du Dich einst für ihn bei seiner mühevollen Arbeit gleich einem Theseus voll Tatkraft eingesetzt hast, hast Du es jetzt durch Deine Mühe und Sorgfalt für uns erreicht, daß wir uns am fertigen Werk erfreuen können. Wie viel Dank wir Dir alle für diese Deine Mühewaltung schulden, ist allen bekannt.

Ich bitte Dich um Nachricht, ob an den Papst ein Buch geschickt ist. Wenn nicht, so möchte ich dem Verstorbenen diesen Dienst erweisen. Lebe wohl! (NCGA 3.1, Nachwort)

4. Leseprobe aus der Übersetzung von „De revolutionibus" vom Nicolaus Reimarus Ursus (um 1589), Kapitel 1.10
(Universitätsbibliothek Graz, cod. 560, Bl. 12ᵛ–13)

Derohalben do der erste grundt fest bleibt, dann niemandt wirdt ein füglichere bringen können, dann dos die große der krays, die lenge der zeit bescheidt, So Uolgt die Ordtnung dieser krayß, Uon den Obersten seinen anfang nehmet, Der Erst Unnd Oberste aus allen, ist die ‚Sphaera' der Steiffen Stern, welcher sich Unndt alles anders in sich begreifft: Unndt derentwegen Unbeweglich alls der ein Ort alles, nach dem die bewegung, Unndt folg aller anderer stern sich richten. Dos sich aber ein Uerenderung daran zutragen soll, werden wir dieses, in ausfahrung der Erden warumb es dos ansehen habe, andere Ursachen einwenden. Nach diesen ‚firmament' ist der erste ‚Saturnus' der in 30 Jahrn seinen lauff Uollendt, nach dem ‚Jupiter' in 12 Jharen, darnach ‚Mars' in zweyen, die Uierte stell hatt die Jahrliche ‚reuolution' darinnen wir die Erdt mit dem Mondtkreyß alls ihren Neben Cirkel losiret, zum fünfften ‚Venus' inn 9. Monat die sechste stell ‚Mercurius' der in 80. tagen herumb khommet, in der mitten aber zwischen allen helt sich die Sonn, dann wer will inn solchen schonen gebew oder Tempel dos liecht Unndt lampe an einen bessern Ort stellen, dann Uon dannen es alles zugleich möge erleuchten, dann sie etliche Ja nicht Unfüglich die leuchte der Welt, ander dessen gemüth andere dessen Regerirer genandt, ‚Trismegistus' ein sichtbaren Gott, die Electra ‚Sophoclis', den der alles anschawet. Ja fürwor sizet die Sonn gleichsam auf einem königlichen stul, Unndt leitet Unndt Regiert dos herumbstehende Uolck der stern, So brauch sich auch die Erdt des Montes dienst, sondern wie ‚Aristoteles de animalibus' schreibet haben diese bede sehr gross kundtschafft miteinander. Unndt empfehet auch Unterdessen die Erdt Uon der Sonn Unndt wirdt mit Jahrlicher frucht geschwengert.

Glossar

Die nachstehenden Begriffserklärungen stellen keine Definitionen im strengen Sinne dar, sondern sind bezogen auf den hier vorliegenden Gegenstand. Für ein tieferes Interesse an diesen Dingen sei auf die entsprechenden Fachlexika und Spezialabhandlungen verwiesen.

ägyptische Hypothese   Die ä.H. erklärt die besonderen Erscheinungen der Bewegung von Venus und Merkur als innere Planeten durch die Annahme, beide würden sich zunächst um die Sonne und erst mit dieser gemeinsam um die Erde bewegen (s. S. 53–55).

antiker Heliozentrismus   Im 4./3. Jh. v. Chr. entwarf Aristarch von Samos ein nur aus späteren Berichten bekanntes heliozentrisches System. Von einigen astronomischen Fakten ausgehend (z. B. der relativen Größe von Sonne und Erde) sowie pythagoreischen Ansichten des Feuers als edelstem Element lehrte Aristarch u. a. die Zentralstellung der Sonne und die um sie erfolgende Bewegung der Erde (s. S. 56–63).

Äquinoktien und Solstitien   Die Ä. sind die Zeitpunkte, in denen die Sonne in den beiden Schnittpunkten zwischen Ekliptik und Himmelsäquator steht und demzufolge Tag und Nacht für alle Orte der Erde gleich sind (Frühlings- bzw. Herbstanfang). In den S. erreicht die Sonne ihren größten nördlichen bzw. südlichen Abstand vom Himmelsäquator und damit ihre größte bzw. kleinste Höhe über dem Horizont (Sommer- bzw. Winteranfang).

Armillarsphäre Die A. besteht aus ineinandergeschachtelten, beweglichen Kreisringen, die die Kreise des Himmels (Ekliptik, Horizont, Äquator usw.) darstellen. Durch Visiereinrichtungen war die A. als Beobachtungsinstrument zu verwenden, wobei die Gestirnskoordinaten an den Skalen der betreffenden Ringe abgelesen werden konnten (s. Bilder 35 und 55).

Artistenfakultät s. Sieben freie Künste

Astrolab Das A. besteht aus einer runden Scheibe, die auf der einen Seite die Darstellung des Sternenhimmels, auf der anderen eine Visiereinrichtung sowie verschiedene Skalen trägt. Das A. ist somit nicht nur für die Bestimmung von Gestirnsörtern sondern auch zu Lösung verschiedener Aufgaben aus der sphärischen Astronomie verwendbar.

Astrologie Die A. galt in der Antike und der Renaissance als Lehre von der Natur der Himmelskörper und ihres Einflusses auf irdische Verhältnisse, stellte also den physischen Teil des Weltbildes dar. Neben der philosophisch orientierten A. als Versuch der Erkenntnis der Einheit der Welt, der Stellung des Menschen in der Welt und der natürlichen Bedingungen seines Handelns, gab es die menschliches Tun hemmende Horoskopastrologie.

Astronomie In geozentrischer Prägung ist die A. die mathematische Theorie der Bewegung der Gestirne und beschreibt nicht den wahren Weltbau, der ein Gebiet der aristotelischen Physik ist. Die Aufgabe der A. besteht in der Berechnung der Gestirnsörter mit beliebigen geometrischen, hypothetischen Konstruktionen, die lediglich zweckmäßig zu sein haben.

Äther Der Ä. ist in der aristotelischen Physik der „fünfte Elementarkörper" (die „quinta essentia"), aus dem die Himmelskörper bestehen. Er ist physikalisch von den vier Elementen völlig verschieden, womit die Vorstellung der als unveränderlich, göttlich und vollkommen gedachten Himmelskörper verbunden ist.

Ausgleichspunkt Zur besseren Darstellung der Planetenbewegung wurde neben den Epizykeln und Exzentern der A. (punctum aequans) eingeführt. Demzufolge sollte die Gleichmäßigkeit der Planetenbewegung nicht relativ zum Deferentenmittelpunkt oder der Erde gewährleistet sein, sondern hinsichtlich des rein mathematisch zu bestimmenden A. (s. Bild 12)

Bewegung Wesentliche Elemente der antiken Bewegungslehre ergeben sich aus der aristotelischen Physik. So können sich Körper entweder in natürlicher oder erzwungener B. befinden. Für die schweren Elemente Erde und Wasser ist die natürliche B. die zum Erdmittelpunkt gerichtete, für die leichten Luft und Feuer die von diesem weggerichtete. Für den Äther und damit die Himmelskörper ist die natürliche B. die auf vollkommenen Kreisen um den Weltmittelpunkt (=Erdmittelpunkt).

Deferent s. Epizykel

Deklination Die D. ist neben der Rektaszension eine der wichtigsten astronomischen Koordinaten. Sie bezeichnet den Winkelabstand eines Gestirns vom Himmelsäquator in Richtung zum Nord- bzw. Südpol des Himmels.

Dreistab Der D. besteht aus zwei Stäben, von denen der eine eine Visiereinrichtung, der zweite eine Skale trägt; beide sind an einem senkrechten Stab so drehbar befestigt, daß sie sich zu einem Dreieck ergänzen. Mittels des Skalenwertes kann die Höhe des beobachteten Gestirns gemessen werden (s. Bilder 58 und 59).

Ekliptik Die E. ist die einen Großkreis am Himmel bildende scheinbare Jahresbahn der Sonne, welche die Himmelskugel in zwei Hälften teilt. Sie ist gegen den Himmelsäquator um rd. 23°27′ (Schiefe der Ekliptik) geneigt und schneidet ihn im Frühlings- und Herbstpunkt.

Elemente In der aristotelischen Physik wird die Welt in zwei streng voneinander getrennte Bereiche unterteilt. Im sublunaren Bereich sind die Körper aus den Elementen Erde, Wasser, Luft und Feuer zusammengesetzt, deren natürliche Bewegung entweder zum Erdmittelpunkt hin- bzw. von ihm weggerichtet ist. Diese Körper sind infolgedessen in ständigem Werden und Vergehen begriffen, sind unvollkommen. Dagegen ist die supralunare Region jenseits des Mondes mit den aus dem Äther bestehenden Weltkörpern unveränderlich, vollkommen und göttlich (s. S. 26–29).

Ephemeriden Als E. werden Tabellen der geozentrischen Örter der Planeten bezeichnet, die aus grundlegenden Tafelwerken (z.B. Alphonsinische und Prutenische Tafeln) berechnet werden. E. können die Daten für ein Jahr, eine Reihe von Jahren oder sogar für Jahrzehnte enthalten. Sie sind wichtig für die Vorbereitung astronomischer Beobachtungen, sowie für die Berechnung von Kalendern, astrologischen Prognostiken und Horoskopen.

Epizykel Der E. ist ein Kreis, auf welchem mit gleichbleibender Geschwindigkeit der Planet herumgeführt wird, während sein Mittelpunkt auf einem zweiten Kreis, dem Deferenten (Trägerkreis) umläuft. Bei geeigneter Wahl der Dimensionen sowie der Umlaufgeschwindigkeit beider Kreise ließ sich mit dem epizyklischen Modell die Schleifenbewegung und die wechselnde Helligkeit der Planeten gut darstellen. Die Erde kann hierbei sowohl im Zentrum des Deferenten stehen oder dazu exzentrisch gedacht werden (exzenterepizyklisches Modell). Weiterhin sind auch Epizykel höherer Ordnung (Epizykel auf Epizykel) möglich (s. S. 41f.).

erster Beweger Der Bewegungsantrieb liegt nach der aristotelischen Physik außerhalb der Welt, ist als „das erste unbewegte Bewegende" (das „primum mobile") als rein geistiges Prinzip unkörperlich und unräumlich. Es setzt die Welt allein durch seine Existenz, seine Vollkommenheit in Bewegung. In christlicher Umformung wird daraus der göttliche „Erste Beweger" (s. S. 36f.).

exzentrisch Als e. wird ein Kreis bezeichnet, dessen Mittelpunkt nicht mit einem angenommen Bezugspunkt identisch ist. Die Einführung der exzentrischen Lage der Erde war z.B. für die Darstellung der scheinbaren Sonnenbewegung (unterschiedliche Länge der Jahreszeiten) erforderlich.

Frühlingspunkt Als F. wird der Schnittpunkt zwischen Ekliptik und Himmelsäquator bezeichnet, an dem die Sonne auf ihrer scheinbaren Jahresbahn den Himmelsäquator erreicht und an die nördliche Himmelshalbkugel tritt; dagegen ist der Herbstpunkt der Eintritt in die südliche Himmelshalbkugel. Der F. befindet sich derzeit im Sternbild Fische und wandert langsam infolge der Präzession.

geozentrisches Weltbild Das g.W. beinhaltet die Erklärung des Aufbaus der Welt und aller Erscheinungen der Gestirnsbewegung aus der Annahme der Zentralstellung der Erde. Es enstand aus einfachen empirischen Beobachtungen und wurde in der Antike zu einem komplexen wissenschaftlichen System entwickelt. Mit dem g.W. ist eine geozentrische Weltanschauung mit weitreichenden Konsequenzen für die Stellung des

Menschen in der Welt verbunden. Im Gegensatz hierzu steht das heliozentrische Weltbild und die heliozentrische Weltanschauung.

Himmelsäquator   Der Himmelsäquator ist die Projektion des Erdäquators an den Himmel, der durch diesen in zwei Halbkugeln geteilt wird. Der H. ist die Bezugsgröße der astronomischen Koordinaten Deklination und Rektaszension.

Himmelspole   Die H. sind die Durchstoßpunkte der verlängerten Rotationsachse der Erde durch die scheinbare Himmelskugel. Sie wandern langsam infolge der Präzession.

homozentrische Sphären   Das Modell der h.S. stellt die Planetenbewegung mittels eines Systems ineinandergeschachtelter, zum Erdmittelpunkt konzentrischer, gleichmäßig um diesen rotierende Kugelschalen dar, deren Achsen eine Neigung zueinander aufweisen. Durch geeignete Wahl der Umlaufzeiten und -richtungen sowie der Neigung der Achsen zueinander konnte teilweise eine gute Darstellung der scheinbaren Planetenbewegung erreicht werden (s. Bild 10).

Hypothese   Im Rahmen der geozentrischen Astronomie, der Trennung zwischen Astronomie und Physik, kam ersterer die Aufgabe zu, mathematische Hypothesen als fiktive Annahmen zur zweckmäßigen Darstellung der Planetenbewegung zu ersinnen, ohne Anspruch auf Realität. Copernicus war zwar in der Lage, einen Teil der Gestirnsphänomene als notwendige Folgerung aus der Erdbewegung zu beschreiben, war aber für die technische Ausgestaltung seines Systems auf die gängigen hypothetischen Annahmen (Epizykel, Exzenter) angewiesen. Einen neuen Hypothesenbegriff entwickelte Johannes Kepler (s. S. 227–234, 274).

innere Planeten   Als i.P. werden Venus und Merkur bezeichnet, deren Bahnen von der Erdbahn umschlossen werden, also sonnennäher als diese sind. Daraus resultiert ihre Besonderheit, daß sie nur in einem maximalen Winkelabstand von der Sonne (Elongation) gesehen werden können, der 47° bzw. 27° beträgt. Dies war Anlaß zur Aufstellung der ägyptischen Hypothese.

Jakobstab   Der J. besteht aus einem geraden Stab mit Skalenteilung sowie auf diesem längs verschiebbaren Querstäben genau definierter Länge. Indem zwei Gestirne über den Enden eines der Querstäbe beobachtet

wurden, konnte mit der bekannten Länge dieses Stabes und des Skalenwertes auf dem Hauptstab deren Abstand berechnet werden.

Konjunktion   Als K. im weiteren Sinn wird die von der Erde aus gese-
hene nahe Begegnung zweier Himmelskörper (im strengen Sinn deren
Winkelabstand von 0°) bezeichnet, als „große Konjunktion" die in der
Astrologie besonders wichtige zwischen Saturn und Jupiter. Bei der
Mondbewegung führt die Konjunktion zwischen Sonne und Mond zum
Neumond. Dagegen bezeichnet die Opposition eine Winkeldifferenz von
180° und die betreffenden Himmelskörper stehen sich gegenüber (hin-
sichtlich der Mondphasen ist Vollmond).

Kugelgestalt und Kreisbahn   Die Vorstellung von der Kugelgestalt der
Himmelskörper fand nach antiker Weltanschauung ihre Begründung darin, daß ihnen als göttliche Wesen nur diese Körperform als Ausdruck
höchster Vollkommenheit angemessen sei. Die Erde war hier einbegrif-
fen, doch ergibt sich ihre Kugelgestalt aus der aristotelischen Elementenlehre: Wenn die schweren Elemente Erde und Wasser bestrebt sind, dem
mit dem Weltmittelpunkt identischen Erdmittelpunkt möglichst nahe zu
kommen, muß notwendig eine Kugel entstehen.
   Der Kugel für die Körperform entspricht die Kreisbahn hinsichtlich der
Bewegung. Die Rückführung der Gestirnsbewegung mit ihren Ungleichheiten auf kombinierte Kreisbewegungen war bis ins 16. Jahrhundert
hinein eine der wichtigsten Aufgaben der theoretischen Astronomie. Erst
Kepler brach mit dieser Vorstellung, indem er die elliptische, ungleichmäßige Bewegung der Planeten entdeckte.

Kulmination   Die K. ist der Zeitpunkt, an dem ein Gestirn im Meridian
(Süden) seinen größten Abstand vom Horizont besitzt.

Meridian   Als Meridian wird der Großkreis an der scheinbaren Himmelskugel bezeichnet, der durch Zenit und Nadir (Haupt- und Fußpunkt des
Himmels) sowie die Himmelspole verläuft. Er schneidet den Horizont
rechtwinklig im Südpunkt. Im M. erreichen die Gestirne ihren maximalen
Abstand vom Horizont, sie kulminieren.

Parallaxe   Als (jährliche) P. wird der von einem Himmelskörper aus ge-
messene Winkel zwischen Erde und Sonne (der Radius der Erdbahn)
bezeichnet. Gemessen wird er als die Winkeldifferenz zwischen den Ör-
tern dieses Gestirns, wie sie von zwei unterschiedlichen Punkten der

Erdbahn aus erscheint (s. Bild 93). Die P. ist eine direkte Konsequenz aus dem heliozentrischen System. Ihr Nachweis gelang wegen der Kleinheit des P.-Winkels infolge der großen Sternentfernungen erst 1837/38 durch F. W. Bessel.

Präzession   Die P. ist das „Vorrücken" der Schnittpunkte zwischen Himmelsäquator und Ekliptik durch eine langsame Veränderung der Richtung der Erdrotationsachse im Raum. Infolgedessen beschreibt der Frühlingspunkt im Verlaufe von 25 700 Jahren einen Umlauf in der Ekliptik.

punctum aequans   s. Ausgleichspunkt

pyrozentrische Weltbilder   Ausgehend von der pythagoreischen Lehre des Feuers als edelstem Element wurden in der Antike den tradierten geozentrischen Weltbildern entgegenstehenden p.W. entwickelt. Wie z. B. im Weltbild des Philolaos (um 400 v. Chr.) wird ein mythisches Zentralfeuer in die Weltmitte gesetzt, um das sich die fünf Planeten, die Erde, die Sonne, der Mond, die Fixsternsphäre sowie eine zur Komplettierung der 10-Zahl angenommene Gegenerde bewegen. Diese Weltbilder sind philosophischer Natur und nicht an fachwissenschaftlichen Kriterien zu messen (s. S. 64–66).

Quadrant   Der Q. besteht aus einer mit einer Viertelkreisteilung versehenen quadratischen Platte (oder eines Rahmens) und einer in einem Eckpunkt drehbaren Visiereinrichtung. Mit Hilfe letzterer konnte die Höhe eines Gestirns gemessen werden (s. Bild 38).

Rektaszension   Als R. wird der Winkel zwischen dem Frühlingspunkt und dem Schnittpunkt des Himmelsäquators mit dem Stundenwinkel eines Gestirns bezeichnet. Die R. wird in Stunden, Minuten usw., entgegengesetzt zur täglichen Bewegung der Gestirne gemessen.

Rettung der Phänomene   Aus der Einsicht, daß die Bewegung der sich entsprechend der aristotelischen Physik gleichmäßig auf Kreisen bewegenden Himmelskörper nicht gleichmäßig erscheint, entstand für die Astronomie die Aufgabe der R.d.P. Die Astronomie sollte folglich nicht als physikalische Disziplin den wirklichen Weltbau beschreiben, sondern lediglich mit beliebigen mathematischen Hypothesen (dazu gehörte auch die rein mathematische Annahme der Zentralstellung der Sonne) eine möglichst gute Berechenbarkeit der „Phänomene" gewährleisten.

Schiefe der Ekliptik   Die S.d.E. ist der Winkel zwischen Ekliptik und Himmelsäquator und beträgt rd. 23°27'.

Sieben freie Künste (Septem artes liberales)   Die S.f.K. nahmen im mittelalterlichen Bildungskanon einen zentralen Platz ein. Jeder Student einer mittelalterlichen Universität begann seine Ausbildung mit einem Kurs an der Artistenfakultät. Die Unterweisung in den Fächern Dialektik, Grammatik, Rhetorik (dem „Trivium") sowie Arithmetik, Geometrie, Musik und Astronomie (dem „Quadrivium") schufen in heutigen Begriffen das dem Gymnasialabschluß vergleichbare Niveau der Vorkenntnisse für weitere Studien der Jurisprudenz, Theologie oder Medizin. Ein großer Teil der Studenten, die sich nur auf eine mittlere Verwaltungs- oder Lehrtätigkeit vorzubereiten suchte, verließ die Universität bereits nach drei oder vier Jahren des Studiums der artes.

Solstitien   s. Äquinoktien

Ungleichheiten   Als U. werden die Abweichungen der Planetenbewegung von der gleichförmigen Kreisbewegung bezeichnet. Man unterscheidet die 1. Ungleichheit, die unterschiedliche Geschwindigkeit der Planeten auf verschiedenen Bahnstücken und die 2. Ungleichheit, die Schleifenbewegung und Helligkeitsschwankungen (Änderung des Abstandes von der Erde). Mathematisch dargestellt werden die U. im geozentrischen Weltsystem mit Epizykeln (s. S. 38).

Zirkumpolarsterne   Sterne, deren Winkelabstand vom Himmelspol an einem bestimmten Ort kleiner ist, als die Höhe des Himmelspols über dem Horizont, gelangen bei ihrer scheinbaren täglichen Bewegung nicht unter den Horizont und heißen Z. Für den Erdnord- und -südpol sind alle Sterne zirkumpolar, am Äquator gibt es keine Z.

Bibliographie

Die Literatur zu Copernicus ist geradezu ins Unermeßliche gewachsen, wobei die Qualität der Veröffentlichungen im umgekehrten Verhältnis zu ihrer Anzahl steht, nicht nur in den Jubiläumsjahren 1943 und 1973. Besonders seit den 70er Jahren bis zum Ende des 19. Jahrhunderts sowie zu Beginn der 40er Jahre unserers Jahrhunderts ist durch ausgedehnte archivalische Forschungen sehr viel dokumentarisches Material aufgefunden worden, das die Biographie von Copernicus auf eine viel sichere Grundlage stellen konnte, als vordem – dennoch bleiben viele Punkte, bei denen man über Vermutungen oder indirekte Schlüsse nicht hinauskommt. Zur fachwissenschaftlichen Einordnung des Werks von Copernicus trugen einige grundsätzliche Arbeiten neuerer Zeit bei. Durch die bisher drei Bände der polnischen Ausgabe der Werke von Copernicus sind viele auch der kleineren Arbeiten und Handschriften von Copernicus leicht zugänglich geworden. Für die Zukunft sind weitere Aufschlüsse im Zusammenhang mit der auf 10 Bände veranschlagten Nicolaus Copernicus Gesamtausgabe zu erwarten. Diese wird auch einen Band mit einer annotierten Bibliographie der wissenschaftlichen Sekundärliteratur umfassen, der sich in Vorbereitung befindet.

Für die Literaturnachweise der vorliegenden Biographie wurden nur grundsätzliche sowie im Text erwähnte Arbeiten aufgenommen. Der Versuch, z. B. alle Detailangaben zur Biographie zu belegen, hätte eine unvertretbare Ausweitung des Umfangs zur Folge gehabt. Für eine nähere Beschäftigung mit diesen Dingen sei vor Erscheinen der betreffenden Bände der Copernicus Gesamtausgabe auf die „Regesta Copernicana" von Marian Biskup verwiesen. Die umfangreichste Bibliographie der

Schriften zu Copernicus liegt in mehreren Teilen von Baranowski vor, allerdings ohne inhaltliche Erschließung, während eine annotierte Auswahlbibliographie in Edward Rosens „Three copernican treatises" (2. und 3. Aufl.) enthalten ist.

Abkürzungen:

GW   Gesamtkatalog der Wiegendrucke (s.u.)
H   Hain, Repertorium (s.u.)
Mitt.   Mitteilungen
ZGAE   Zeitschrift für die Geschichte und Altertumskunde Ermlands
ZKaaD   Zentralkatalog alter astronomischer Drucke (s.u.)

Die Zitate aus dem Hauptwerk von Copernicus werden nach dem Band 3.1 der Nicolaus Copernicus Gesamtausgabe unter der Abkürzung NCGA 3.1 sowie dem entsprechenden Kapitel angegeben.

Werke von Nicolaus Copernicus

De lateribus et angulis triangulorum. Wittenberg: J. Lufft 1542 (ZKaaD 814).
De revolutionibus libri VI. Nürnberg: J. Petreius 1543 (ZKaaD 815).
Dass., Faksimiledruck mit einem Vorwort von Johannes Müller. Leipzig und New York-London 1965.
De revolutionibus orbium coelestium libri VI. Basel: H. Petri 1566 (ZKaaD 816).
Dass., Faksimiledruck, cum commentariis manu scriptis Tychonis Brahe. Prag 1971.
Astronomia instaurata libri sex comprehensa, qui de revolutionibus orbium coelestium inscribuntur. Amsterdam: W. Jansonius 1617 (ZKaaD 817); Titeldrucke Amsterdam 1640 und 1646.
De revolutionibus orbium coelestium libri sex. Accedit G. Ioachimi Rhetici Narratio prima, cum Copernici nunnullis scriptis nunc primum collectis, ejusque vita. Warschau 1854.
De revolutionibus orbium coelestium libri VI. Ex autographo recudi curavit Societas Copernicana Thorunensis. Accedit Georgii Ioachimi Rhetici de libris Revolutionum Narratio prima. Thorun 1873.
Gesamtausgabe. Hrsg. von Fritz Kubach. 1. Opus de revolutionibus caelestibus, manu propria. Faksimileausgabe. München 1944. 2. De revo-

lutionibus orbium caelestium. Textkritische Ausgabe. München 1949 [mehr nicht erschienen].

Nicolaus Copernicus Gesamtausgabe, herausgegeben von Heribert M. Nobis und Menso Folkerts. 1. De revolutionibus. Faksimile des Manuskripts, hrsg. Heribert M. Nobis. Hildesheim 1974. 2. De revolutionibus. Kritischer Text, bearbeitet von Heribert Maria Nobis und Bernhard Sticker. Hildesheim 1984. 3,1. Über die Umschwünge der himmlischen Kugelschalen, Nach der Übers. von Karl Zeller bearbeitet von Jürgen Hamel. Berlin 1994.

Complete works. 1. The manuscript of Nicholas Copernicus' „on the revolutions". Ed. Pawel Czartoryski et al. Faksimile. Warschau [u.a.] 1972. 2. On the revolutions. Ed. Jerzy Dobrzycki. Warschau [u.a.] 1978. 3. Minor works. Ed. Pawel Czartoryski. Warschau [u.a.] 1985 [enth. die Übers. der Briefe des Theophilactus Simokattes, den „Commentariolus", den „Brief gegen Werner", die Denkschriften zur Münzreform, die „Locationes mansorum" sowie Briefe und andere Dokumente in engl. Sprache].

(Coppernicus, Nicolaus:) Über die Kreisbewegungen der Weltkörper. Übers. und mit Anm. von C.L. Menzzer. Thorn 1879, fotomechan. Nachdruck, mit einem Vorwort von J. Hopmann. Leipzig 1939.

On the revolutions of the heavenly spheres. A new translation from the Latin, with an introduction and notes by A.M. Duncan. New Abbot [u.a.] 1976.

Nicolai Copernici de hypothesibus motuum coelestium a se constitutis commentariolus. Ed. Arvid Lindhagen. Bihang till K. Svenska Vet. Akad. Handlingar, Vol. 6, Nr. 12. Stockholm 1881.

(Kopernikus, Nikolaus:) Mikołaja Kopernika, Lokacjełanow opuszczonych = Nicolai Copernici, Locationes mansorum desertorum, wydal Marian Biskup. Olsztyn 1970.

(Kopernikus, Nikolaus:) Erster Entwurf seines Weltsystems. Hrsg. Fritz Rossmann. Darmstadt 1986.

Sekundärliteratur

Albohazen Haly: In iudiciis astrorum. Venedig: E. Ratdolt 1485 (H 8349).

Albrecht, Herzog, s. Hieronymus Schürstab.

Alphonsus X.: Tabulae astronomicae. Venedig: J. Hamman 1492 (GW 1258).

Apelt, Ernst Friedrich: Die Reformation der Sternkunde. Ein Beitrag zur deutschen Culturgeschichte. Jena 1852.

Apianus, Petrus: Instrumentum primi mobilis. Nürnberg: J. Petreius 1534 (ZKaaD 130).

Archimedes: Opera, quae quidem extant, omnia. Basel: J. Herwagen 1544 (ZKaaD 156).

Archimedes: Über schwimmende Körper und die Sandzahl. Übers. und mit Anm. versehen von Arthur Czwalina. Leipzig 1925, Reprint Leipzig 1987 (Ostwalds Klassiker der exakten Wissenschaften; 213).

Aristoteles: Werke in deutscher Übersetzung, Bd. 11, Physikvorlesung. Berlin 1979.

Aristoteles: Werke in deutscher Übersetzung, Bd. 12, Meteorologie; Über die Welt. Berlin 1979.

Aristoteles: Über den Himmel; Vom Werden und Vergehen. Hrsg. Paul Gohlke. Paderborn 1958.

Baranowski, Henryk, Bibliografia Kopernikowska 1509–1955. Warschau 1958.

Baranowski, Henryk: Bibliografia Kopernikowska. 2: 1956–1971. Warschau 1973.

Baranowski, Henryk: Copernican Bibliography. Selected materials for the years 1972–1975. In: Studia Copernicana 18 (1977), S. 179–201.

Bender, Georg: Archivalische Beiträge zur Familiengeschichte des Nikolaus Coppernicus. In: Mitt. des Coppernicus-Vereins für Wissenschaft und Kunst 3 (1881), S. 61–126.

Bender, Georg: Weitere archivalische Beiträge zur Familien-Geschichte des Nikolaus Coppernicus. In: Mitt. des Coppernicus-Vereins für Wissenschaft und Kunst 4 (1882), S. 84–116.

Bender, Georg: Heimat und Volkstum der Familie Koppernik (Coppernicus). Breslau 1920 (Darstellungen und Quellen zur schlesischen Geschichte; 27).

Benz, Ernst: Der kopernikanische Schock und seine theologische Auswirkung. In: Eranos-Jahrbuch 44 (1977), S. 15–60.

Benzing, Josef: Die Buchdrucker des 16. und 17. Jahrhunderts im deutschen Sprachgebiet. Wiesbaden 1963.

Bernoulli, Johann: Johann Bernoulli's Reisen durch Brandenburg, Pommern, Preußen, Curland, Rußland und Pohlen in den Jahren 1777 und 1778, Bd. 3. Leipzig 1779.

Bessel, Friedrich Wilhelm: Populäre Vorlesungen über wissenschaftliche Gegenstände. Hrsg. Heinrich Christian Schumacher. Hamburg 1848.

Bialas, Volker: Die Planetenbeobachtungen des Copernicus. Zur Genauigkeit der Beobachtungen und ihre Funktion in seinem Weltsystem. In: Philosophia naturalis 14 (1973), S. 328–352.

Bialas, Volker: Nachbericht. In: Johannes Kepler, Gesammelte Werke, Bd. XI.1. München 1983.

Bibliotheca Warmiensis oder Literaturgeschichte des Bisthums Ermland. Hrsg. Franz Hipler, Bd. 1. Braunsberg; Leipzig 1872.

Birkenmajer, Ludwig: Mikołaj czesc pierwsza studya nad pracami Kopernika oraz materiały biograficzne. Krakow 1900. Engl. Übers.: Nicolas Copernicus. Studies on the works of Copernicus and biographical materials. Ann Arbor; London 1981.

Birkenmajer, Ludwig: Stromata Copernicana. Krakau 1924.

Birkenmajer, Ludwig: Nicolaus Copernicus und der deutsche Ritterorden. Krakau 1937.

Biskup, Marian: Regesta Copernicana (Calendar of Copernicus' Papers). Wrocław [u. a.] 1973 (Studia Copernicana; 8).

Blumenberg, Hans: Die Genesis der kopernikanischen Welt. Frankfurt a.M. 1985.

Bornkamm, Heinrich: Kopernikus im Urteil der Reformatoren. In: Archiv für Reformations-Geschichte 40 (1943), S. 171–183.

Boyer, Carl B.: Note on epicycles and the ellipse from Copernicus to Lahire. In: Isis 38 (1947–48), S. 54–56.

Brachvogel, Eugen: Das Coppernicus-Grab im Dom zu Frauenburg. In: ZGAE 27 (1939–42), S. 273–281.

Brachvogel, Eugen: Nikolaus Koppernikus im neueren Schrifttum. In: Altpreußische Forschungen 2 (1925), S. 5–46.

Brachvogel, Eugen: Zur Koppernikusforschung. In: ZGAE 25 (1933–35), S. 237–245 [1. Nachricht von einem von Koppernikus im Jahre 1535 verfaßten Almanach, 2. Des Koppernikus Priesterweihe, Übernahme des ermländischen Canonicats, Magistertitel, deutsches Volkstum].

Brachvogel, Eugen: Neues zur Coppernicusforschung. In: ZGAE 26 (1936–38), S. 638–653.

Brachvogel, Eugen: Das kirchliche Verbot des coppernicanischen Hauptwerkes im Ermland. In: ZGAE 26 (1936–38), S. 653–657.

Brachvogel, Eugen: Die Sternwarte des Copernicus in Frauenburg. In: ZGAE 27 (1939–42), S. 338–366.

Brachvogel, Eugen: Des Coppernicus Dienst im Dom zu Frauenburg. In: ZGAE 27 (1939–42), S. 568–591.

Brahe, Tycho: Über die mathematischen Wissenschaften. Eine Rede Tycho Brahes (De disciplinis mathematicis). Übers. und eingel. von K. Zeller. In: Die Sterne 11 (1931), S. 98–123.

Bruno, Giordano: Das Aschermittwochsmal. In: Ders., Gesammelte Werke. Hrsg. Ludwig Kuhlenbeck, Bd. 1. Leipzig 1904.

Buczkowski, Malgorzata: Beitrag zum gegenwärtigen Stand der Forschung über die ärztliche Tätigkeit des Nicolaus Copernicus. München, Univ., Diss., 1989.

Burmeister, Karl Heinz: Georg Joachim Rheticus. Eine Bio-Bibliographie, 3 Bde. Wiesbaden 1967–1968.

Calcagnini, Celio: Des Celio Calcagnini Abhandlung von der immerwährenden Bewegung der Erde. In: Natur und Offenbarung 25 (1879), S. 586–602.

Cicero, Marcus Tullius: Lehre der Akademie, übers. und erl. von J.H. v. Kirchmann. Leipzig 1874 (Philosophische Bibliothek; 24).

Classen, Johannes: Die Irrtümer über Sternwarte und Grab des Copernicus. Veröff. der Sternwarte Pulsnitz/Sachsen Nr. 24 (1989).

Copernicus: Yesterday and today. Proceedings of the commemorative conference held in Washington in honor of Nicolaus Copernicus. Ed. Arthur Beer. Vistas in Astronomy 17 (1975).

The Cracow circle of Nicholas Copernicus. Ed. Józef Gierowski. Warschau [u. a.] 1973 (Copernicana Cracoviensia; 3).

Crastonius, Johannes: Dictionarium graecum cum interpretatione latina. Modena: D. Bertochus 1499–1500. I. Lexicon Graecolatinum, 20. Okt. 1499, II. Index latinus, nach dem 5. Juli 1500 (GW 7815).

Crüger, Peter: Cupediae Astrosophicae Crügerianae. Das ist, Frag und Antwort, Darinnen die allerkunstreichesten und tieffesten Geheimnüsse, der Astronomie ... außgeführet. Breslau: G. Baumann o.J. [nach 1631] (ZKaaD 850).

Curtze, Maximilian: Nicolaus Coppernicus. Eine biographische Skizze. Berlin 1899 (Sammlung populärer Schriften, hrsg. von der Gesellschaft Urania zu Berlin; 54).

Curtze, Maximilian: Domenico Maria Novara da Ferrara, der Lehrer des Copernicus in Bologna. In: Altpreußische Monatsschrift, N.F. 6 (1869), S. 735–743.

Cynarski, Stanisław: Reception of the copernican theory in Poland in the seventeenth and eighteenth century. Warschau [u. a.] 1973 (Copernicana Cracoviensia; 5).

Czartoryski, Pawel: The library of Copernicus. In: Studia Copernicana 16 (1978), S. 355–396.

Diogenes Laertius: Leben und Meinungen berühmter Philosophen, 2 Bde. Berlin 1955 (Philosophische Studientexte).

Dobrzycki, Jerzy: Katalog gwiazd w de Revolutionibus. In: Studia i Materiały z Dziejow Nauki Polskiej, Ser. C, 7 (1963), S. 109–153.

Drewnowski, Jerzy: Mikołaj Kopernik w s'wietle swej korespondencji. Wrocław [u.a.] 1978 (Studia Copernicana; 18).

Ehlers, Dietrich: Zum problemlösenden Verhalten bei Nicolaus Copernicus. Berlin, Humboldt-Univ., Diss., 1975.

Ehlers, Dietrich: Das Problem und das Gesetz der Reihenfolge in der Entwicklung der Astronomie bei Copernicus. In: NTM-Schriftenreihe für Geschichte der Naturwissenschaft, Technik und Medizin 13 (1976) 2, S. 54–61.

Eis, Gerhard: Zu den medizinischen Aufzeichnungen des Nicolaus Coppernicus. In: Lychnos (1952), S. 186–209.

Epistolae diversorum philosophorum, oratorum, rhetorum. Venedig: Aldus Manutius 1499 [Bl. φ 2–ψ 5^b die Briefe des Theophilactus Simocattes, Bl. γ 6^b–7^b Brief des Lysis an Hipparch] (GW 9367).

Erotische Briefe der griechischen Antike. Aristainetos, Alkiphron, Ailianos, Philostratos, Theophylaktos Simokattes. Hrsg. Bernhard Kytzler. München 1967.

Euclides: Elementa geometriae. Venedig: E. Ratdolt 1482 (H 6693).

Eukleides: Elemente [griech.]. Basel: J. Herwagen 1533.

Faust, August: Nikolaus Kopernikus. In: Kant-Studien, N.F. 43 (1943), S. 1–52.

Fellmann, Ferdinand: Scholastik und kosmologische Reform. Münster 1971 (Beiträge zur Geschichte der Philosophie und Theologie des Mittelalters, N.F.; 6).

Fontenelle, Bernhard v.: Gespräch von Mehr als einer Welt zwischen einem Frauen=Zimmer und einem Belehrten. Leipzig 1698 (ZKaaD 1122).

Galilei, Galileo: Opere, tomo quarto. Padua 1744.

Galilei, Galileo: Schriften. Briefe. Dokumente. Hrsg. Anna Mudry, 2 Bde. Berlin 1987.

Gassendi, Pierre: Tychonis Brahei, equitis Dani astronomorum coryphaei vita. Accessit Nicolai Copernici, Georgii Peurbachii & Ioannis Regiomontani astronomorum celebrum vita. Paris: M. Dupuis 1654 (ZKaaD 1202).

Gearhart, C.A.: Epicycles, eccentrics and ellipses. The predictive capabilities of copernican planetary models. In: Archive for History of exact Sciences 32 (1985), S. 207–222.

Die Geldlehre des Nicolaus Copernicus. Texte, Übersetzungen, Kommentare. Hrsg. Erich Sommerfeld. Berlin 1978; Vaduz 1978.

Gesamtkatalog der Wiegendrucke. Hrsg. Deutsche Staatsbibliothek Berlin. – Abk.: GW.

Gilbert, William: De magnete, magneticis que corporibus, et de magno magnete tellure. London 1600 (ZKaaD 1323).

Gingerich, Owen: The Mercury theory from antiquity to Kepler. In: XIIe Congrès international d'Histoire des Sciences, Paris 1968. Actes, Tome III A. Paris 1971, S. 57–64.

Gingerich, Owen: The role of Erasmus Reinhold and the Prutenic Tables in the dissemination of copernican theory. In: Studia Copernicana 6 (1973), S. 43–62.

Gingerich, Owen: Copernicus and Tycho. In: Scientific America 229 (1973), S. 86–101.

Gingerich, Owen: From Copernicus to Kepler: Heliozentrism as model and as reality. In: Proceedings of the American Philosophical Society 117 (1973), S. 513–522.

Gingerich, Owen: The astronomy and cosmology of Copernicus. In: Highlights of Astronomy 3 (1974), S 67–85.

Gingerich; Owen: Early copernican ephemerides. In: Studia Copernicana 16 (1978), S. 403–417.

Gingerich, Owen: The censorship of Copernicus' De Revolutionibus. In: Estratto da Annali dell'Instituto e Museo di Storia della Scienza di Firenze 6 (1981), S.45–61.

Gingerich, Owen: Phases of Venus in 1610. In: Journal for the History of Astronomy 15 (1984), S. 209–210.

Gingerich, Owen: An annotated census of Copernicus' De revolutionibus (Nuremberg 1543 and Basel 1566), in prep. (schriftl. Mitt. an den Autor).

Glowatzki, Ernst; Helmut Göttsche: Die Tafeln des Regiomontanus. Ein Jahrhundertwerk. München 1990 (Algorismus; 2).

Goldbeck, Ernst: Plato und Copernicus. In: Ders., Der Mensch und sein Weltbild im Wandel vom Altertum zur Neuzeit. Leipzig 1925, S. 61–83.

Goldstein, Bernhard R.: The Astronomy of Levi ben Gerson (1288–1344). New York [u. a.] 1985 (Studies in the History of Mathematics and Physical Sciences; 11).

Grasshoff, Gerd: The history of Ptolemy's star catalogue. New York [u. a.] 1990 (Studies in the History of Mathematics and Physical Sciences; 14).

Gregorian Reform of the calendar. Proceedings of the Vatican conference to commemorate its 400th anniversary 1582–1982. Specola Vaticana 1983.

Grigorjan, I.A.: Das wissenschaftliche Erbe von Nicolaus Copernicus in Rußland. In: NTM-Schriftenreihe für Geschichte der Naturwissenschaften, Technik und Medizin 10 (1973) 2, S. 1–7.

Grisar, H.: Der Galilei'sche Proceß auf Grund der neuesten Actenpublicationen historisch und juristisch geprüft. In: Zeitschrift für katholische Theologie 2 (1878), S. 65–128.

Ders.: Die römischen Congregationsdecrete in der Angelegenheit des Copernicanischen Systems historisch und theologisch erläutert. In: ebd., S. 673–736.

Günther, Siegmund: Der Wapowski-Brief des Coppernicus und Werner's Tractat über die Präcession. In: Mitt. des Coppernicus-Vereins für Wissenschaft u. Kunst 2 (1880), S. 1–11.

Hain, Ludwig: Repertorium bibliographicum, 2 Bde. in 4 Teilen. Paris 1826–1838.

Hajdukiewicz, Leszek: Biblioteka Macieja z Miechowa. Wrocław 1960 (Monografie z dziejów nauki i techniki; 16).

Hartner, W.: Ptolemy, Azarquali, ibn-al Shātir, and Copernicus on Mercury. A study of parameters. In: Arch. Intern. Hist. Sci. 24 (1974), S. 5–25.

Heath, Th.: Aristarchus of Samos, the ancient Copernicus. Oxford 1913.

The heritage of Copernicus. Theories „pleasing to the mind". The copernican volume of the National Academy of Sciences. Ed. Jerzy Neyman. Cambridge, Mass. [u. a.] 1974.

Herneck, Friedrich: Nicolaus Copernicus und die Typologie der Gelehrten. In: Geschichte und Popularisierung der Astronomie. Berlin-Treptow 1974 (Mitt. der Archenhold-Sternwarte; 6).

Herrmann, Dieter B.: Kosmische Weiten. Leipzig 1989 (Wissenschaftliche Schriften zur Astronomie).

Hipler, Franz: Nikolaus Kopernikus und Martin Luther. Nach ermländischen Archivalien. In: ZGAE 4 (1867–69), S. 475–549.

Hipler, Franz: Die Biographen des Nikolaus Kopernikus. In: Altpreußische Monatsschrift, N.F. 10 (1873), S. 192–218.

Hipler, Franz: Die Vorläufer des Nicolaus Coppernicus, insbesondere Celio Calcagnini. In: Mitt. des Coppernicus-Vereins für Wissenschaft und Kunst 4 (1882), S. 49–80.

Hipler, Franz: Beiträge zur Geschichte der Renaissance und des Humanismus aus dem Briefwechsel des Johannes Dantiscus. In: ZGAE 9 (1887–90), S. 471–572.

Hipler, Franz: Die ermländische Bischofswahl im Jahre 1549. In: ZGAE 11 (1894–97), S. 61.

Hirsching, Friedrich Karl Gottlob: Versuch einer Beschreibung sehenswürdiger Bibliotheken Teutschlands, Bd. 3. Erlangen 1788; Reprint
Hildesheim; New York 1971.

Hooykaas, R.: G.J. Rheticus' treatise on holy scripture and the motion of
the earth. Verhandelingen der Koninklijke Nederlandse Akademie van
Wetenschappen, Afd. Letterkunde, N.R., 124, 1984.

Horaz: Episteln, lateinisch und deutsch. Übers. und erl. von Christoph
Martin Wieland, 1963 (Rowohlts Klassiker der Literatur und der Wissenschaften. Lateinische Literatur; 5).

Humboldt, Alexander v.: Kosmos. Entwurf einer physischen Weltbe-
schreibung, Zweiter Band. Stuttgart 1847.

Inedita Copernicana. Aus den Handschriften zu Berlin, Frauenburg, Up-
sala und Wien. Hrsg. Maximilian Curtze. In: Mitt. des Coppernicus-
Vereins für Wissenschaft und Kunst 1 (1878), S. 1–73.

Jardine, N: The birth of history and philosophy of science. Kepler's de-
fense of Tycho against Ursus with essay on its provenance and signifi-
cance. Cambridge, New York [u. a.] 1988.

Jastrow, Ignaz: Kopernikus' Münz- und Geldtheorie. In: Archiv für So-
zialwissenschaft und Sozialpolitik 38 (1914), S. 734–751.

Johannes de Cuba: Hortus sanitatis. Straßburg: J. Prüss, ca. 1497 (H
8942).

Johannes Regiomontan: Tabulae directionum. Augsburg: E. Ratdolt 1490
(H 13801, ZKaaD 1577).

Johannes Regiomontan: Calendarium. Augsburg: E. Ratdolt 1492 (H
13781).

Johannes Regiomontan: Ephemeriden 1491–1506. Augsburg: E. Ratdolt
1492 (H 13796).

Johannes Regiomontan; Georg Peuerbach: Epitome in almagestum. Ve-
nedig: J. Hamman 1496 (HC 13806, ZKaaD 1580). Photomechan.
Nachdruck in Joannis Regiomontani Opera collectanea. Hrsg. Felix
Schmeidler. Osnabrück 1972.

Johannes Regiomontan: Ephemerides. Venedig: P. Liechtenstein 1498 (H
13798).

Johannes Regiomontan: De triangulis omnimodis libri quinque. Nürnberg: J. Petreius 1533 (ZKaaD 1595).

Johannes de Sacrobosco: Sphaera mundi. Georg Peuerbach, Theoricae
novae planetarum. Venedig: S. Bevilaqua 1499 (H 14125, ZKaaD
1623).

Johannes de Sacrobosco: Liber de sphaera. Wittenberg: J. Clug 1531
(ZKaaD 1540).

Johannes de Sacrobosco: Libellus, de sphaera. Wittenberg: J. Clug 1538 (ZKaaD 1641).

Johnson, Francis R., Sanford V. Larkey: Thomas Digges, the copernican system, and the idea of the infinity of the universe in 1576. In: The Huntington Library Bulletin, No. 5, 1934, S. 69–117.

Jürss, Fritz: Die Entwicklung des Weltbildes in der Antike. In: Nicolaus Copernicus 1473–1973. Das Bild vom Kosmos und die Copernicanische Revolution in den gesellschaftlichen und geistigen Auseinandersetzungen. Berlin 1973, S. 21–51.

Kepler, Johannes: Tertius Interveniens. Das ist Warnung an etliche Theologos, Medicos und Philosophos. In: Ders., Gesammelte Werke, Bd. 4. München 1941, S. 147–258.

Kepler, Johannes: Gesammelte Werke, Bd. XVIII, Briefe 1620–1630. Hrsg. M. Caspar. München 1959.

Kepler, Johannes: Gesammelte Werke, Bd. XX,1. Manuskripta astronomica (1), bearb. von Volker Bialas. München 1988.

Johannes Kepler in seinen Briefen. Hrsg. M. Caspar, Bd. 1. München; Berlin 1930.

Kepler, Johannes: Neue Astronomie. Übers. und eingel. von Max Caspar. München; Berlin 1929.

Kienle, Hans: Das Weltsystem des Kopernikus und das Weltbild unserer Zeit. In: Die Naturwissenschaften 31 (1943), S. 1–12.

Kircher, Athanasius: Magnes sive de arte magnetica opus tripartitum. Köln: J. Kalcovius 1643 (ZKaaD 1778).

Klug, Rudolf: Johannes von Gmunden, der Begründer der Himmelskunde auf deutschem Boden. Sitzungsber. der Kais. Akad. der Wiss., Phil.-hist. Kl., Bd. 222, 4. Abh. (1943).

Kontrakt des Pfalzgrafen Johann Casimir mit Valentin Otho über die Herausgabe des Werkes von Georg Joachim Rheticus, 1587–1592. Generallandesarchiv Karlsruhe 43/2414.

Koyré, Alexandre: The copernican revolution. Copernicus-Kepler-Borelli. London 1980.

Krabbe, Johann: Practica Astrologica. Auff das Jahr nach der Gnadenreichen geburt unsers Herrn und Heylandes Jhesu Christi. M.C.LXXXXII. Magdeburg: P. Donat o.J. (ZKaaD 4132).

Krafft, Fritz: Physikalische Realität oder mathematische Hypothese? Andreas Osiander und die physikalische Erneuerung der antiken Astronomie durch Nicolaus Copernicus. In: Philosophia naturalis 14 (1973), S. 243–275.

Krafft, Fritz: Die Keplerschen Gesetze im Urteil des 17. Jahrhunderts. In: Kepler-Symposion. Zu Johannes Keplers 350. Todestag. Hrsg. Rudolf Haase. Linz [1980], S. 75–98.

Krókowski, Georgius: De „Septem Sideribus", quae Nicolao Copernico vulgo tribuuntur. Krakau 1926.

Kuhn, Thomas: Die kopernikanische Revolution. Braunschweig; Wiesbaden 1981 (Facetten der Physik; 5).

Luther, Martin: Werke. Kritische Gesamtausgabe. Tischreden, 1. Bd. Weimar 1912.

Luther, Martin: Werke. Kritische Gesamtausgabe. Tischreden, 4. Bd. Weimar 1916.

Mackensen, Ludolf von: Die erste Sternwarte Europas mit ihren Instrumenten und Uhren. 400 Jahre Jost Bürgi in Kassel. München 1988.

Malagola, Karl: Der Aufenthalt des Coppernicus in Bologna. In: Mitt. des Coppernicus-Vereins für Wissenschaft und Kunst 2 (1880), S. 13–119.

Martianus Capella: De nuptiis Philologiae et Mercurii. Vincentia: H. de Sanctis 1499 (H 4370, ZKaaD 2075).

Melanchthon, Philipp: Initia doctrinae physicae. Wittenberg: J. Lufft 1549; 2. Aufl. Frankfurt a.M.: C. Egenolff 1550 und Basel: J. Oporinus 1550; 3. Aufl. Wittenberg: J. Lufft 1550 und folg. Auflagen (ZKaaD 2111 ff.).

Misocacus, Wilhelm: Prognosticum Oder Practica, auffs Jar nach der geburt unsers Herrn und Seligmachers Jesu Christi, 1580. Danzig: J. Rhode o.J. (ZKaaD 3933).

Mittelstraß, Jürgen: Die Rettung der Phänomene. Ursprung und Geschichte eines antiken Forschungsprinzips. Berlin 1962.

Moesgaard, Kristian Peder: The 1717 Egyptian years and the copernican theory of precession. In: Centaurus 13 (1969), S. 120–138.

Moesgaard, Kristian Peder: Success and failure in Copernicus' planetary theories. In: Arch. Intern. Hist. Sci. 24 (1974), S. 73–111, 243–318.

Moller, Tobias: Prognosticon Astrologicum: Dieses Jars nach Jesu Christi unsers Herrn und Seligmachers Geburt. M.D.LXXXVII. Eisleben: U. Gaubisch o.J. (ZKaaD 4037).

Münster, Sebastian: Rudimenta mathematica. Basel: J. Kündig & H. Petri 1551 (ZKaaD 2234).

Neckam, Alexander: De naturis rerum libri duo. Ed. Thomas Wright. London 1863.

Nakayama, Shigeru: On the introduction of heliocentric system into Japan. In: Scientific Papers of the College of General Education 11 (1961), S. 163–176.

The nature of scientific discovery. A symposium commemorating the 500th anniversary of the birth of Nicolaus Copernicus. Ed. Owen Gingerich. Washington 1975.

Neodomus, Nicolaus: Prognosticon Auff das Jar nach der gnadenreichen Geburt unsers einigen Herrn, Erlösers und Heilandes Jesu Christi, M.D.LXXVII. Königsberg i.P.: G. Osterburger o.J. (ZKaaD 3895).

Neugebauer, Otto: Three copernican tables. In: Centaurus 12 (1968), S. 97–106.

Neugebauer, Otto: On the planetary theory of Copernicus. In: Vistas in Astronomy 10 (1968), S. 89–103.

Nikolaus Kopernikus. Bildnis eines großen Deutschen. Hrsg. Fritz Kubach. München 1943 [u. a. mit den Beiträgen Fritz Kubach: Leben und Schaffen des Nikolaus Kopernikus, Hans Schmauch: Nikolaus Kopernikus' deutsche Art und Abstammung, August Faust: Die philosophiegeschichtliche Stellung des Kopernikus, Bruno Thüring: Nikolaus Kopernikus – der große deutsche Astronom, Hans Schmauch: Nikolaus Kopernikus und der deutsche Osten, Eberhard Schenk zu Schweinsberg: Kopernikus-Bildnisse].

Nissen, Theodor: Die Briefe des Theophilaktos Simokattes und ihre lateinische Übersetzung durch Nikolaus Coppernicus. In: Byzantinisch-neugriechische Jahrbücher 13 (1936–1937), S. 17–56.

Nobis, Heribert M.: Werk und Wirkung von Copernicus als Gegenstand der Wissenschaftsgeschichte. Methodologische Bemerkungen zur Copernicus-Forschung. In: Sudhoffs Archiv 61 (1977), S. 118–143.

Nobis, Heribert M.: Die Vorbereitung der copernicanischen Wende in der Wissenschaft der Spätscholastik. Festschrift für Helmuth Gericke. Hrsg. Menso Folkerts. Stuttgart 1985, S. 265–295 (Boethius; 12).

Nowak, Zenon: Czy Mikołaj Kopernik byłuczniem szkoły Toruńskiej i Chełmińskiej? [Besuchte N. Copernicus die Schulen in Thorn und Kulm?] In: Zapiski Histryczne 38 (1973) 3, S. 9–33.

Oeser, Erhard: Copernicus und die ägyptische Hypothese. Ein Beitrag zur Frage nach der Struktur wissenschaftlicher Revolutionen. In: Philosophia naturalis 14 (1974), S. 276–308.

Oestmann, Günther: Die Straßburger Münsteruhr: Funktion und Bedeutung eines Kosmos-Modells des 16. Jahrhunderts. Stuttgart 1993.

Pastor, Ludwig v.: Geschichte der Päpste seit dem Ausgang des Mittelalters. Freiburg i.B. 1909.

Paul von Middelburg: Secundum compendium correctionis calendarij. Rom 1516.

Petrus de Argellata: Chirurgia. Venedig 1499 (GW 2324).

Peucer, Caspar: Elementa doctrinae de circulis coelestibus, et primo motu. Wittenberg: J. Crato 1551 und folg. Aufl. (ZKaaD 2413 ff.).

Peuerbach, Georg: Theoricae novae planetarum. Nürnberg: J. Regiomontan o.J. [um 1473 und zahlr. weitere Ausgaben] (HC 13595, ZKaaD 2439).

Planetary astronomy from the Renaissance to the rise of astrophysics. Part A: Tycho Brahe to Newton. Ed. Rene Taton, Curtis Wilson. Cambridge [u. a.] 1989 (General History of Astronomy; 2 A).

Platon: Sämtliche Dialoge, Bd. VI und VII. Hrsg. Otto Apelt. Hamburg 1988.

Plinius Sec. d. Ä., Cajus: Historia naturalis. Rom: C. Sweynheim, A. Pannartz 1473 (H 13090).

Plinius Sec. d. Ä., Cajus: Historia naturalis. Venedig: M. Saracenus 1487 (H 13096, ZKaaD 2532).

Plinius Sec. d. Ä., Caius: Naturkunde, lateinisch-deutsch, Buch II. Hrsg. Roderich König. o. O. 1974.

Pottel, Bruno: Das Domkapitel von Ermland im Mittelalter. Ein Beitrag zur Verfassungs- und Verwaltungsgeschichte der deutschen Domkapitel. Borna; Leipzig 1911.

Prowe, Leopold: Zur Biographie von Nicolaus Copernicus. I. Ueber die Thorner Familien Koppernigk und Watzelrode. II. Ueber die Zeit der Geburt und des Todes von Nicolaus Copernicus. Thorn 1853.

Prowe, Leopold: Nicolaus Copernicus in seinen Beziehungen zu dem Herzoge Albrecht von Preussen. Thorn 1855.

Prowe, Leopold: Ueber den Sterbeort und die Grabstätte des Copernicus. In: Preußische Provinzial-Blätter, 3. F. 11 (1866), S. 213–245.

Prowe, Leopold: Monumenta Copernicana. Berlin 1873.

Prowe, Leopold: Coppernicus als Arzt. In: Leopoldina. Amtl. Organ der Kaiserl. Leopoldina-Carolinischen Deutschen Akad. der Naturforscher 17 (1881), S. 29–32, 42–45, 69–72, 85–88, 94–97, 141–144, 148–151.

Prowe, Leopold: Nicolaus Coppernicus. Bd. 1.1, 1.2, 2. Berlin 1883–1884.

Ptolemäus, Claudius: Almagestum astronomorum pricipiis. Venedig: P. Liechtenstein 1515 (ZKaaD 2686).

Ptolemäus, Claudius: Magnae constructionis, id est perfectae coelestium motuum pertractionis lib. XIII. Basel: J. Walder 1538 (ZKaaD 2694).

Ptolemäus, Claudius: Handbuch der Astronomie. Deutsche Übers. von Karl Manitius, 2 Bde. Leipzig 1963.

The reception of Copernicus' heliocentric theory. Proc. of the Intern. Union of History and Philosophy of Science. Torun 1973, Ed. Jerzy Dobrzycki. Dordrecht 1973.

Redondi, Pietro: Galilei, der Ketzer. München 1991.

Reinhold, Erasmus: Commentarius in opus revolutionum Copernici. Staatsbibliothek zu Berlin, Preußischer Kulturbesitz, Ms. lat. fol. 391.

Reinhold, Erasmus: Prutenicae tabulae coelestium motuum. Tübingen: U. Morhard 1551; Ebd. 1562; Tübingen: O. & G. Gruppenbach 1571; Wittenberg: M. Welack 1585 (ZKaaD 2762, 2764–2766).

Reliquiae Copernicanae. Hrsg. Maximilian Curtze. Leipzig 1875 [enth. einen großen Teil der Bucheintragungen von Copernicus]..

Reusner, Nicolaus: Icones sive imagines virorum literis illustrium. Straßburg 1599. Reprint Leipzig 1973.

Rheticus, Georg Joachim an Herzog Albrecht von Preußen, Briefe vom 28. und 29. Aug. 1541. Geheimes Staatsarchiv Preußischer Kulturbesitz, Berlin-Dahlem, Sign. XX. HA StA Königsberg, HBA A 4, Kasten 206.

Rheticus, Georg Joachim: Ad clarissimum virum D. Ioannem Schonerum, de libris revolutionum eruditissimi viri, & mathematici excellentissimi, reverendi D. Doctoris Nicolai Copernici. Danzig: F. Rhode 1540.

Rheticus, Georg Joachim: De libris revolutionum eruditissimi viri, et mathematici excellentiss. reverendi D. Doctoris Nicolai Copernici ... Narratio prima. Basel: R. Winter 1541 (ZKaaD 2805).

Rheticus, Georg Joachim: Ephemerides novae [1551 bis 1582]. Leipzig: W. Günter 1550 (ZKaaD 2808).

Rheticus, Georg Joachim: Opus palatinum de triangulis. o.O. 1596 (ZKaaD 2810).

Rheticus, Georg Joachim: Narratio prima. Editio critique, traduction et commentaire par Henri Hugonnard. Wrocław [u.a.] 1982 (Studia Copernicana; 20).

Rheticus, Georg Joachim: Erster Bericht über die 6 Bücher des Kopernikus von den Kreisbewegungen der Himmelsbahnen. Übers. u. eingel. von Karl Zeller. München; Berlin 1943.

Röhrich: Die Kolonisation des Ermlandes. In: ZGAE 12 (1898), S. 601–724.

R*** [Römer, Kasimir Lucyan Ignaz]: Beiträge zur Beantwortung der Frage nach der Nationalität des Nicolaus Copernicus. Breslau 1872.

Rosen, Edward: The authentic title of Copernicus' major work. In: Journal of History of Ideas 4 (1943), S. 457–474.

Rosen Edward: Galileo's misstatement about Copernicus. In: Isis: 49 (1958), S. 319–330.

Rosen, Edward: Copernicus was not a priest. In: Proceedings of the American Philosophical Society 104 (1960), S. 635–661.

Rosen, Edward: Was Copernicus a Pythagorean? In: Isis 53 (1962), S. 504–508.

Rosen, Edward: Three copernican treatises; the commentariolus of Copernicus, the letter against Werner, the narratio prima of Rheticus, with a biography of Copernicus and Copernicus bibliographies, 3rd Ed. New York 1971 [1st Ed. 1939, 2nd Ed. 1959].

Rosen, Edward: Was Copernicus' revolutions approved by the Pope? In: Journal of the History of Ideas 36 (1975), S. 531–542.

Rosen, Edward: The earliest translation of Copernicus' ‚Revolutions' into German. In: Sudhoffs Archiv 66 (1982), S. 301–305.

Rybka, Eugeniusz: The influence of the Cracow intellectual climate at the end of the fifteenth century upon the origin of the heliocentric system. In: Vistas in astronomy 9 (1967), S. 165–169.

Schiaparelli, Giovanni V.: Die Vorläufer des Copernicus im Alterthum. In: Altpreußische Monatsschrift, N.F. 13 (1876), S. 1–46, 97–128, 193–221.

Schmauch, Hans: Zur Koppernikusforschung. In: ZGAE 24 (1930–32), S. 439–460.

Schmauch, Hans: Die Rückkehr des Koppernikus aus Italien im Jahr 1503. In: ZGAE 25 (1933–1935), S. 225–233.

Schmauch, Hans: Nicolaus Coppernicus und der Deutsche Ritterorden. In: Jomsburg 5 (1941), S. 69–80.

Schmauch, Hans: Die Gebrüder Coppernicus bestimmen ihre Nachfolger. In: ZGAE 27 (1942), S. 261–273.

Schmauch, Hans: Nicolaus Coppernicus und die Wiederbesiedlungsversuche des ermländischen Domkapitels um 1500. In: ZGAE 27 (1942), S. 474–541.

Schmauch, Hans: Neue Funde zum Lebenslauf des Coppernicus. In: ZGAE 28 (1943), S. 53–99.

Schürstab, Hieronymus (für Herzog Albrecht) an Herzog Johann Friedrich von Sachsen (1503–1554) und die Wittenberger Universität, Briefe vom 1. Sept. 1541. Geheimes Staatsarchiv Preußischer Kulturbesitz, Berlin-Dahlem, Sign. XX Ostpreuß. Fol. 17, S. 206–207.

Scultetus, Bartholomäus: Prognosticon Uber das Jahr nach Christi Geburt 1592. Görlitz: A. Fritsch o.J. (ZKaaD 4143).

Seebaß, Gottfried: Das reformatorische Werk des Andreas Osiander. Nürnberg 1967.

Silvaticus, Matthaeus: Liber pandectarum medicinae. Venedig: B. Locatellus 1498 (H 15202).

Sommerfeld, Erich: Die Selbstbildnisse des Nicolaus Copernicus. Berlin-Treptow 1981 (Mitt. der Archenhold-Sternwarte Berlin-Treptow; 134).

Specilegium Copernicanum. Hrsg. Franz Hipler. In: Abriß der ermländischen Literaturgeschichte nebst Specilegium Copernicanum. Braunsberg 1872 [enthält Auszüge aus dem Hauptwerk, die kleineren astronomischen und humanistischen Schriften, die Münzdenkschriften sowie Briefe und Dokumente].

Steinmetz, Valentin: Practica Auff das Jahr nach der Frewdenreichen Geburt und Menschwerdung Jesu Christi unsers einigen Erlösers und Seligmachers, M.D.LXXXI. Leipzig: J. Beyer o.J. (ZKaaD 3955).

Der Sternkatalog des Almagest. Die arabisch-mittelalterliche Tradition. Hrsg. Paul Kunitzsch, I. Die arabischen Übersetzungen, II. Die lateinische Übersetzung Gerhards von Cremona, III. Gesamtkonkordanz der Sternkoordinaten. Wiesbaden 1986–1991.

Stöffler, Johannes; Jakob Pflaum: Almanach nova. Ulm: J. Reger 1499 (H 15085, ZKaaD 3141).

Stöffler, Johannes: Calendarium romanum magnum. Oppenheim: J. Köbel 1518 (ZKaaD 3147).

Swerdlow, N.M.: The derivation and firstdraft of Copernicus's planetary theory. A translation of the Commentariolus with commentary. In: Proceedings of the American Philosophical Society 117 (1973), S. 423–512.

Swerdlow, N.M.; O. Neugebauer: Mathematical astronomy in Copernicus's De revolutionibus, 2 Vol. New York [u. a.] 1984 (Studies in the History of Mathematics and Physical Sciences; 10).

Theodoricus, Sebastian: Novae quaestiones sphaerae. Wittenberg: C. Schleich & A. Schöne 1573 (ZKaaD 3252).

Theologische Realexzyklopädie, Bd. XIX, Berlin-New York 1990, S. 1–32, Kirchenrechtsquellen I.

Theophilactus Simocattes: Epistolae morales, rurales, et amatoriae interpretatione latina. Krakau 1509.

Thoren, Victor E.: The Lord of Uraniborg. Biography of Tycho Brahe. Cambridge [u. a.] 1990.

Thorndike, Lynn: The sphere of Sacrobosco and its commentators. Chicago 1949.

Thimm, Werner: Nicolaus Copernicus Warmiae Commissarius. In: ZGAE 35 (1971), S. 171–179.

Veh, Otto: Untersuchungen zu dem byzantinischen Historiker Theophilaktos. Fürth 1957 (Wissenschaftliche Beilage zum Jahresbericht 1956/57 des Humanistischen Gymnasiums Fürth).

Vitelius: Optik [griech.]. Nürnberg: J. Petreius 1535.

Vyver, O. van de: Lunar Maps of the XVIIth Century. Vatican Observatory Publ., Vol. 1, No. 2 (1971).

Waerden, B.L. van der: Die Astronomie der Pythagoreer. Verhandelingen der Koninklijke Nederlandse Akademie van Wetenschappen, afd. Natuurkunde. Amsterdam 1951.

Der Weg der Naturwissenschaft von Johannes von Gmunden zu Johannes Kepler. Hrsg. Günther Hamann, Helmuth Grössing. Wien 1988 (Österreichische Akademie der Wissenschaften, Philos.-Hist. Kl., Sitzungsber.; 497).

Werner, Helmut; Felix Schmeidler: Synopsis der Nomenklatur der Fixsterne. Stuttgart 1986.

Werner, Johannes: In hoc opere haec continentur. Libellus super vigintiduobus elementis conicis ... De motus octavae sphaerae. Nürnberg: F. Peypus 1522 (ZKaaD 3532).

Wohlwill, Emil: Melanchthon und Copernicus. In: Mitt. zur Geschichte der Medizin und Naturwissenschaft 3 (1904), S. 260–267.

Wollgast, Siegfried: Nicolaus Copernicus – zu seiner Leistung und Philosophie. In: Deutsche Zeitschrift für Philosophie 21 (1973) 4, S. 439–453.

Zentralkatalog alter astronomischer Drucke in den Bibliotheken der DDR (bis 1700), bearb. von Jürgen Hamel. Teil 1–5, Veröff. der Archenhold-Sternwarte, Berlin-Treptow 1987–1993. – Teil 5 unter dem Titel: Zentralkatalog ... in den Bibliotheken der deutschen Bundesländer Mecklenburg-Vorpommern, Brandenburg, Berlin, Sachsen-Anhalt, Thüringen und Sachsen (Abk.: ZKaaD).

Zinner, Ernst: Leben und Wirken des Johannes Müller von Königsberg, genannt Regiomontanus. München 1938.

Zinner, Ernst: Geschichte und Bibliographie der astronomischen Literatur in Deutschland zur Zeit der Renaissance. Leipzig 1941; 2. Aufl. 1964.

Zinner, Ernst: Entstehung und Ausbreitung der copernicanischen Lehre. 2. Aufl., durchgesehen und ergänzt von Heribert M. Nobis und Felix Schmeidler. München 1988.

Bildnachweis

Personenverzeichnis

Sachregister